2021年版全国二级建造师执业资格考试
真题汇编及解析

建设工程施工管理
真题汇编及解析

全国二级建造师执业资格考试真题汇编及解析编写委员会　编写

中国建筑工业出版社
中国城市出版社

图书在版编目(CIP)数据

建设工程施工管理真题汇编及解析／全国二级建造师执业资格考试真题汇编及解析编写委员会编写. — 北京：中国城市出版社，2021.1
2021年版全国二级建造师执业资格考试真题汇编及解析
ISBN 978-7-5074-3341-8

Ⅰ.①建… Ⅱ.①全… Ⅲ.①建筑工程－施工管理－资格考试－题解 Ⅳ.①TU71-44

中国版本图书馆CIP数据核字(2020)第266689号

责任编辑：田立平　牛　松　张国友
责任校对：芦欣甜

2021年版全国二级建造师执业资格考试真题汇编及解析
建设工程施工管理真题汇编及解析
全国二级建造师执业资格考试真题汇编及解析编写委员会　编写
*
中国建筑工业出版社、中国城市出版社出版、发行(北京海淀三里河路9号)
各地新华书店、建筑书店经销
北京红光制版公司制版
北京建筑工业印刷厂印刷
*

开本：787毫米×1092毫米　1/16　印张：22¼　字数：497千字
2021年3月第一版　　2021年3月第一次印刷
定价：**56.00**元
ISBN 978-7-5074-3341-8
(904331)

版权所有　翻印必究
如有印装质量问题，可寄本社图书出版中心退换
(邮政编码 100037)

出 版 说 明

为了满足广大考生应试复习的需要，便于考生准确理解《二级建造师执业资格考试大纲》的要求，正确把握考试的深度和宽度，更好地适应考试，我们组织二级建造师考试领域的权威专家编写了这套《2021年版全国二级建造师执业资格考试真题汇编及解析》。丛书共8册，涵盖二级建造师执业资格考试的全部科目，分别为：

- 《建设工程施工管理真题汇编及解析》
- 《建设工程法规及相关知识真题汇编及解析》
- 《建筑工程管理与实务真题汇编及解析》
- 《公路工程管理与实务真题汇编及解析》
- 《水利水电工程管理与实务真题汇编及解析》
- 《矿业工程管理与实务真题汇编及解析》
- 《机电工程管理与实务真题汇编及解析》
- 《市政公用工程管理与实务真题汇编及解析》

本套丛书与我社出版的全国二级建造师执业资格考试《考试大纲》《考试用书》《考试辅导》互为补充，又环环相扣，各具特色，能分别满足考生在不同阶段的复习需要。本套丛书具有以下特点：

全面收录近年真题。本套丛书收录了2013—2020年连续8年总计8套全国二级建造师执业资格考试的真题，以便于读者体会考试的命题规律和趋势。考虑到《考试大纲》的版本差异，以及早年考试真题的命题思路和难度水平与目前已有较大差异，丛书未收录2013年以前的真题，以使考生复习更有针对性。

权威专家执笔编写。本套丛书由建造师考试领域的权威专家执笔编写。专家具有多年工作与教学经验，善于理论联系实际，对每一道考题都指出了考点名称，并进行了详细解析，以帮助考生深刻领会命题思路，快速提高考试成绩。

答案准确、解析详实。答案依据相关权威标准，最大程度保证答案的正确性。同时，书中对每道题目都进行了全面、深入、细致的解析，对有更新的知识点进行了注明，力争帮助考生举一反三、触类旁通。

总之，考试真题命题严谨，思路稳定，对广大考生复习备考具有重要的引领作用。利用好本丛书，将有效地帮助考生迅速熟悉考试题型和难度，发现命题思路和规律，从而提高复习的针对性，顺利通过考试。

本套《真题汇编及解析》在编写过程中，虽经多次校核和修改，仍难免有不妥甚至疏漏之处，恳请广大读者批评指正，以便我们修订再版时完善。

中国建筑工业出版社
中国城市出版社
2020 年 12 月

目 录

第一部分 考试分析 ·· 1
1. 往年考试情况回顾 ·· 1
2. 历年真题重要考点分析 ·· 1
3. 复习技巧、答题方法、答题卡填涂与填涂技巧 ·· 4

第二部分 真题汇编及解析 ·· 7
2020 年度二级建造师执业资格考试试卷 ·· 7
2020 年度参考答案及解析 ·· 22
2019 年度二级建造师执业资格考试试卷 ·· 51
2019 年度参考答案及解析 ·· 68
2018 年度二级建造师执业资格考试试卷 ·· 101
2018 年度参考答案及解析 ·· 117
2017 年度二级建造师执业资格考试试卷 ·· 140
2017 年度参考答案及解析 ·· 157
2016 年度二级建造师执业资格考试试卷 ·· 180
2016 年度参考答案及解析 ·· 197
2015 年度二级建造师执业资格考试试卷 ·· 222
2015 年度参考答案及解析 ·· 239
2014 年度二级建造师执业资格考试试卷 ·· 264
2014 年度参考答案及解析 ·· 281
2013 年度二级建造师执业资格考试试卷 ·· 305
2013 年度参考答案及解析 ·· 321

第一部分 考 试 分 析

1. 往年考试情况回顾

二级建造师考试制度建立以来,每年的报考人数稳步增长,尤其是近年来增速更加明显,近年建设工程施工管理课程报考人数统计见下表。

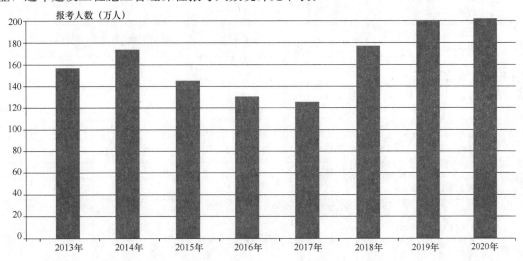

近年建设工程施工管理科目报考人数统计

2. 历年真题重要考点分析

(1) 历年试题题量及分布

建设工程施工管理历年试题题量及分布见下表。

建设工程施工管理历年试题题量及分布

章	节	2013年		2014年		2015年		2016年		2017年		2018年		2019年		2020年	
		单选	多选	单选	多选	单选	多选	单选	多选	单选	多选	单选	多选	单选	多选	单选	多选
2Z101000 施工管理	2Z101010 施工方的项目管理	2		1		2		2		2		2		2		2	
	2Z101020 施工管理的组织	3	2	2	1	2		2		2	1	2		2	1	1	1	2	1
	2Z101030 施工组织设计的内容和编制方法	2		1		1		1		1		1		1		1	1
	2Z101040 建设工程项目目标的动态控制	1		1				2		2		2		2		2	
	2Z101050 施工方项目经理的工作性质、任务和责任	2		2	2	2		2		2		2	2	1	1	2	2

续表

章	节	2013年		2014年		2015年		2016年		2017年		2018年		2019年		2020年	
		单选	多选	单选	多选	单选	多选	单选	多选	单选	多选	单选	多选	单选	多选	单选	多选
2Z101000 施工管理	2Z101060 施工风险管理	2	1	1		1		1		1		1		1		1	
	2Z101070 建设工程监理	2		2		2		2		2		2		2		2	
		14	4	10	3	12	5	12	4	12	4	11	4	10	3	12	4
2Z102000 施工成本控制	2Z102010 建筑安装工程费用项目的组成与计算	4	2	3	2	2	1	2	1	2	1	2	1	2	12	2	2
	2Z102020 建设工程定额	3	1	2	2	1	2	1	2	1	2	1	2	1	3	1
	2Z102030 施工成本管理与施工成本计划	3	1	4		5		5		4		5		4		2	
	2Z102040 施工成本控制与施工成本分析	3	1	3	1	2	1	4	1	3	1	1	5	2	4	1
	2Z102050 建筑安装工程费用的结算	2	1	3	1	3	1	2	1	3	1	3	1	1	1	4	1
		15	6	15	5	14	4	15	4	14	4	14	4	14	5	15	5
2Z103000 施工进度控制	2Z103010 建设工程项目进度控制的目的和任务	2		2	1	1	1	1	1	3	1	1	1	2	2	2	2
	2Z103020 施工方进度计划的类型及其作用	2	1		1	2	1	1	1		1	1	1		1	1	1
	2Z103030 施工进度计划的编制方法	5	2	6	1	5	1	5	1	4	1	7	1	5	3	4	1
	2Z103040 施工方进度控制的任务和措施	1	1	2	1	3	1	2	1	2	1	2	1	2	1	2	
		10	4	10	4	11	4	9	4	9	4	11	4	9	4	9	4
2Z104000 施工质量控制	2Z104010 施工质量管理	2		2	1	3	1	2		2	1	2	1	2	1	2	1
	2Z104020 施工质量管理体系的建立和运行	2		3	1	2	1	1	1	3	1	2		2	1	2	1
	2Z104030 施工质量控制的内容和方法	4	1	4		3		4		3		3		4		3	
	2Z104040 施工质量事故处理	2	1	2	1	2	1	3	1	1	1	2	1	2	1	2	1
	2Z104050 施工质量的政府监督	1	1	2	1	2	1	2	1	2	1	2	1	2	1	2	1
		11	3	13	4	12	4	12	4	11	4	11	4	12	4	11	4

续表

章	节	2013年 单选	多选	2014年 单选	多选	2015年 单选	多选	2016年 单选	多选	2017年 单选	多选	2018年 单选	多选	2019年 单选	多选	2020年 单选	多选
2Z105000 建设工程职业健康安全与环境管理	2Z105010 职业健康安全管理体系与环境管理体系	5	2	1	1	2	1	2	1	1	1	2	1	2	1	2	1
	2Z105020 施工安全管理	4	1	4	2	2	1	2	1	3	1	2	1	3	1	3	1
	2Z105030 生产安全事故应急预案和事故处理			2	1	2	1	2	1	3	1	2	1	2	1	2	1
	2Z105040 施工现场文明施工和环境保护的要求			3		3		2		3		3		2		2	
		9	3	10	4	9	3	8	3	10	3	9	3	9	3	9	3
2Z106000 施工合同管理	2Z106010 施工发承包模式	3		2		2		2		2		2		2		2	1
	2Z106020 施工合同与物资采购内容	3	2	3	1	2	1	3	1	4	1	3	1	4	1	3	1
	2Z106030 施工计价方式	2		2	2	3	1	3	1	2	1	3	1	3	1	2	1
	2Z106040 施工合同执行过程的管理	1	1	2	1	1	1	2	1	2	1	1	1	2	1	1	1
	2Z106050 施工合同的索赔	1	1	2	2	3	1	2	1	2	1	3	1	2	1	4	1
		10	4	11	5	11	5	13	5	13	5	12	5	13	5	13	5
2Z107000 施工信息管理	2Z107010 施工信息管理的任务和方法	1		1		1		1		1				1		1	
	2Z107020 施工文件档案管理			1		1		1		1		1		1		1	
		1	1	1	1	1	1	1	1	1	1	1	1	1	1	1	1

从上面的统计表可以看出:

1) 命题要求覆盖面全,教材每一章节都有题;

2) 题量在各章节的分布基本稳定。各章总题量保持恒定,只在题量分布上个别节有所增减。

(2) 命题趋势

1) 考核点覆盖面增大

增大考核点覆盖面的方法之一是采用"关于……的说法,正确(错误)的是(有)( )"、"下列……中,属于……的是(有)( )"等题型。经统计,此类题型出现的数量为：2010年（福建）13题，2010年16题，2011年20题，2012年（上半年）29题，2012年（下半年）17题，2013年16题，2014年27题，2015年21题，2016年26题。考核的知识点可能是同一范畴，也可能是互不关联的。这类题量始终较大的原因是不仅每题考核点含量大，而且命题难度小。

2）试题呈现细微化边缘化趋势

二级注册建造师自开考以来，经过了10个年度。由于命题受到允许重复率的限制，近年来呈现细微化趋势。主要反映在三个方面：一是拿到考题感到很熟悉或有似曾相识的感觉，但该题并未重复而是变换了提问的方式或问得更细，如读书不细仍可能丢分；二是在考试用书中看来不重要或不显眼的一句话就出了一道题；三是不需要硬记的数字题，甚至是教材列表中的数字题。后两者对考生无疑是感到莫大的困惑，可以说"防不胜防"。但是这类题量有限，历年统计此类题大致不超过10道。

3. 复习技巧、答题方法、答题卡填涂与填涂技巧

（1）复习技巧

随着命题向着综合性、实践性、细微性的发展，考试难度日益加大。作为在职人员的考生，面临的最大矛盾是复习时间少且零散。解决这一矛盾的根本方法是：明确目标，抓住重点，定好计划，静心复习。

所谓明确目标，就是复习的目的是应试过关保及格（建设工程施工管理科目满分120分），不是素质教育。

所谓抓住重点，这里指的不是知识在实际工作中的重要性与否，而是各知识点在命题中的地位。作为应试命题的重点就是复习的重点。当然确定复习重点除去研究历年命题规律外，仍需要结合本人的现状（原有的专业知识、工作生活实践等）。

定好计划首先要根据个人当前至考试这段时间工作、家庭的负担情况，偏于保守地估计能拿出的最少复习时间，然后按照选定的重点合理地分配到各章节。这是控制性计划，而每次复习不管是两小时，还是一个晚上，还要有个小安排，即今天要做什么、做多少。每次的小安排一定要完成，使每次结果都有个小小的成就感或满足感，这对完成大计划和不断增强信心至关重要。

静心复习是在每次小安排时间里，专注地、别无杂念地、少受干扰地看书、做题和思考。做不到这一点，小安排完不成，大计划没保障，目标难以实现。

（2）复习程序

一般情况下，首先是粗读教材，读完一节（或两节）开始做题，然后自检答案。正确的一次性过，答错的带着问题返回教材所在段落仔细看书、思考，直到想通。全书读完后做模拟自测题，在150分钟内做完，自检打分，成绩在80分以上的，正式考试在180分钟内考及格应该不成问题。

（3）应试技巧

1）单项选择题的答题技巧

单项选择题由1个题干和4个备选项组成，备选项中只有1个答案最符合题意，其余

3个都是干扰项。如果选择正确，该题得1分；选择错误不得分。这部分考题大都是考试用书中的基本概念、原理和方法，题目较简单。

单项选择题一般解题方法和答题技巧有以下几种：

①直接选择法。即直接选出正确项，如果应考者对该考点比较熟悉，可采用此方法，以节约时间。

②间接选择法，即排除法。如正确答案不能直接马上看出，逐个排除不正确的干扰项，最后选出正确答案。

③感觉猜测法。通过排除法仍有2个或3个备选项不能确定，甚至4个备选项均不能排除，可以凭感觉随机猜测。一般来说，排除的答案越多，猜中的概率越高，千万不要空缺。

④比较法。命题者水平再高，有时为了凑选项，句子或用词不是那么专业化或显得又太专业化，通过对答案和题干进行研究、分析、比较可以找出一些陷阱，去除不合理备选项，从而再应用排除法或猜测法选定答案。

⑤逻辑推理法。采用逻辑推理的方法思考、判断和推理正确的答案。

2）多项选择题的答题技巧

多项选择题由1个题干和5个备选项组成，备选项中至少有2个符合题意选项和至少1个干扰项，所选正确答案将是2个、3个或4个。如果应考者所选答案中有错误选项，该题得零分；如果所选答案中没有错误选项，但是正确选项未全部选出，则选择的每个选项得0.5分，所以拿不准的宁可不选；如果所选答案中没有错误选项，且全数选出正确选项，则该题得2分。

多项选择题有一定难度，考试成绩的高低及考试科目是否通过，往往取决于多项选择题的得分。多项选择题每题的分值是单项选择题的两倍，所以应考者应抓紧时间，保证在考试时间内把所有的题目都做一遍，尽量把多项选择题做完。

多项选择题的解题方法也可采用直接选择法、排除法、比较法和逻辑推理法，但一定要慎用感觉猜测法。应考者做多项选择题时，要十分慎重，对正确选项有把握的，可以先选；对实在没有把握的选项最好不选，宁缺毋滥。在做题时，应注意多项选择题至少有两个正确选项，如果已经确定了两个（或以上）正确选项，则对只略有把握的选项，最好不选；如果已经确定的正确选项只有1个，则对略有把握的选项，可以选择。如果对每个选项的正误都没有把握，可以使用感觉猜测法，至少随机猜选1个。总之，要根据自己对各选项把握的程度合理安排应答策略。

(4) 考试时间分配及注意事项

《建设工程施工管理》考试时间为180分钟。考试题型为单项选择题70题，多项选择题25题。答题在答题卡上涂卡作答。为了提高考试成绩，必须合理利用考试时间，将考试时间进行有效分配。

一般来说，单项选择题控制在每题1分钟以内，多项选择题控制在每题2分钟以内。对于计算题和复杂的题可适当增加1分钟。这样，单项选择题控制在75分钟内做完，多项选择题控制在 55 分钟内做完。

在答题时应当注意，任何一道题都不应当超出上述控制时间，如果在这个控制时间内答不出来，那就将这道题留到所有题都答完后再做。总的做题时间加起来控制在 130 分钟以内，再留出 25 分钟的检查时间，25 分钟的涂卡时间，总用时为 180 分钟。

在检查时应当注意，不要轻易更改答案，只有做题时由于审题不细等原因，造成答案明显错误的情况或者本来做答时就拿不准的情况，才可以更改答案。否则，容易在检查时将本来答对的题又改错了。涂卡时，主要应当注意题号别涂串行，注意涂的横线规范。

（5）应试者在标准化考试中最容易出现的问题是填涂不规范，以致在机器阅读答题卡时产生误差，影响考试的成绩。考生最好在考试前，去文具商店购买专用的考试填涂用笔，或自己事先将 2B 铅笔削好（铅笔不要削得太细太尖，应削成方形），这样，一个答案信息点最多涂两笔就可以涂好，既快又标准。

在进入考场拿到答题卡后，不要忙于答题，而应在监考老师的统一组织下将答题卡表头中的个人信息、考场考号、科目信息按要求进行填涂，即用蓝色或黑色钢笔、签字笔填写姓名和准考证号，用 2B 铅笔涂黑考试科目和准考证号。不要漏涂、错涂考试科目和准考证号。

在填涂选择题时，应试者应根据自己的习惯选择相应的填涂方式：

先答后涂法——应试者在拿到试题后，先审题，并将自己认为正确的答案轻轻记录在试卷相应的题号旁，或直接在自己认为正确的备选项上作标记。待全部题目做完后，经反复检查确认不再改动后，将各题答案移至答题卡上。采用这种方法时，需要在最后留有充足的时间进行答案的填涂，以免答案填涂的时间不够。

边答边涂法——应试者拿到试题后，一边审题，一边在答题卡相应位置上填涂，边审边涂。采用这种方法时，一旦要改变答案，需要特别注意将原来的填涂记号用橡皮擦干净。

边答边记加重法——应试者在拿到试题后，一边审题，一边将所选择的答案用铅笔在答题卡相应位置上轻轻记录，待审定确认答案不再改动后，再加重涂黑。采用这种方法时，需要在最后留有足够的时间进行加重涂黑。

第二部分 真题汇编及解析

2020年度二级建造师执业资格考试试卷

一、单项选择题（共70题，每题1分。每题的备选项中，只有1个最符合题意）

1. 建设工程项目决策期管理工作的主要任务是（   ）。
   A. 确定项目的定义   B. 组建项目管理团队
   C. 实现项目的投资目标   D. 实现项目的使用功能

2. 在施工总承包管理模式中，与分包单位直接签订施工合同的单位一般是（   ）。
   A. 业主方   B. 监理方
   C. 施工总承包方   D. 施工总承包管理方

3. 在工作流程图中，菱形框表示的是（   ）。
   A. 工作   B. 工作执行者
   C. 逻辑关系   D. 判别条件

4. 某项目管理机构设立了合约部、工程部和物资部等部门，其中物资部下设采购组和保管组，合约部、工程部均可对采购组下达工作指令，则该组织结构模式是（   ）。
   A. 强矩阵组织结构   B. 弱矩阵组织结构
   C. 职能组织结构   D. 线性组织结构

5. 编制施工组织总设计时，编制资源需求量计划的紧前工作是（   ）。
   A. 拟定施工方案   B. 编制施工总进度计划
   C. 施工总平面图设计   D. 编制施工准备工作计划

6. 施工成本动态控制过程中，在施工准备阶段，相对于工程合同价而言，施工成本实际值可以是（   ）。
   A. 施工成本规划的成本值   B. 投标价中的相应成本项
   C. 招标控制价中的相应成本项 D. 投资估算中的建安工程费用

7. 下列项目目标动态控制工作中,属于事前控制的是(　　)。
   A. 确定目标计划值,同时分析影响目标实现的因素
   B. 进行目标计划值和实际值对比分析
   C. 跟踪项目计划的实际进展情况
   D. 发现原有目标无法实现时,及时调整项目目标

8. 关于建造师执业资格制度的说法,正确的是(　　)。
   A. 取得建造师注册证书的人员即可担任项目经理
   B. 实施建造师执业资格制度后可取消项目经理岗位责任制
   C. 建造师是一个工作岗位的名称
   D. 取得建造师执业资格的人员表明其知识和能力符合建造师执业的要求

9. 下列施工现场文明施工措施中,属于组织措施的是(　　)。
   A. 现场按规定设置标志牌   B. 建立各级文明施工岗位责任制
   C. 结构外脚手架设置安全网   D. 工地设置符合规定的围挡

10. 施工承包人向发包人索赔的第一步工作是(　　)。
    A. 向发包人递交索赔报告   B. 向监理人递交索赔意向通知书
    C. 将索赔报告报监理工程师审查   D. 分析确定索赔额

11. 根据《建设工程施工合同(示范文本)》,关于安全文明施工费的说法,正确的是(　　)。
    A. 若基准日期后合同所适用的法律发生变化,增加的安全文明施工费由发包人承担
    B. 承包人对安全文明施工费应专款专用,合并列项在财务账目中备查
    C. 承包人经发包人同意采取合同以外的安全措施所产生的费用由承包人承担
    D. 发包人应在开工后42天内预付安全文明施工费总额的50%

12. 施工单位应根据本企业的事故预防重点,对综合应急预案每年至少演练(　　)次。
    A. 2   B. 1
    C. 3   D. 4

13. 采用定额组价的方法确定工程量清单综合单价时,第一步工作是(　　)。
    A. 测算人、料、机消耗量   B. 计算定额子目工程量
    C. 确定人、料、机单价   D. 确定组合定额子目

14. 某工程发生的质量事故导致 2 人死亡，直接经济损失 4500 万元，则该质量事故等级是（   ）。
   A. 较大事故   B. 一般事故
   C. 重大事故   D. 特别重大事故

15. 政府质量监督机构参加工程竣工验收会议的目的是（   ）。
   A. 签发工程竣工验收意见
   B. 对工程实体质量进行检查验收
   C. 对验收的组织形式、程序等进行监督
   D. 检查核实有关工程质量的文件和资料

16. 根据《建筑工程施工质量验收统一标准》，对施工单位采取相应措施消除一般项目缺陷后的检验批验收，应采取的做法是（   ）。
   A. 按验收程序重新组织验收   B. 经原设计单位复核后予以验收
   C. 经检测单位鉴定后予以验收   D. 按技术处理方案和协商文件进行验收

17. 根据《建设工程工程量清单计价规范》，关于投标人投标报价的说法，正确的是（   ）。
   A. 投标人可以进行适当的总价优惠
   B. 规费和税金不得作为竞争性费用
   C. 投标人的总价优惠不需要反映在综合单价中
   D. 不同承发包模式对于投标报价高低没有直接影响

18. 编制人工定额时，对于同类型产品规格多、工序重复、工作量小的施工过程，常用的定额制定方法是（   ）。
   A. 比较类推法   B. 统计分析法
   C. 技术测定法   D. 经验估计法

19. 下列施工质量控制工作中，属于"PDCA"处理环节的是（   ）。
   A. 纠正计划执行中的质量偏差   B. 确定项目施工应达到的质量标准
   C. 按质量计划开展施工技术活动 D. 检查施工质量是否达到标准

20. 根据《企业会计准则》，下列费用中，属于间接费用的是（   ）。
   A. 材料装卸保管费   B. 项目部的固定资产折旧费
   C. 周转材料摊销费   D. 施工场地清理费

21. 施工项目综合成本分析的基础是(　　)。
   A. 月度成本分析　　　　　　　　　B. 年度成本分析
   C. 单位工程成本分析　　　　　　　D. 分部分项工程成本分析

22. 施工合同履行过程中发生如下事件,承包人可以据此提出施工索赔的是(　　)。
   A. 工程实际进展与合同预计的情况不符的所有事件
   B. 实际情况与承包人预测情况不一致最终引起工期和费用变化的事件
   C. 仅限于发包人原因引起承包人工期和费用变化的事件
   D. 实际情况与合同约定不符且最终引起工期和费用变化的事件

23. 项目监理规划编制完成后,其审核批准者为(　　)。
   A. 监理单位技术负责人　　　　　　B. 业主方驻工地代表
   C. 总监理工程师　　　　　　　　　D. 政府质量监督人员

24. 项目监理机构在施工阶段进度控制的主要工作是(　　)。
   A. 合同执行情况的分析和跟踪管理
   B. 定期与施工单位核对签证台账
   C. 审查单位工程施工组织设计
   D. 监督施工单位严格按照合同规定的工期组织施工

25. 根据《环境管理体系 要求及使用指南》,下列环境因素中,属于外部存在的是(　　)。
   A. 组织的全体职工　　　　　　　　B. 组织的管理团队
   C. 影响人类生存的各种自然因素　　D. 静态组织结构

26. 下列影响施工质量的环境因素中,属于管理环境因素的是(　　)。
   A. 施工现场平面布置和空间环境　　B. 施工现场道路交通状况
   C. 施工现场安全防护设施　　　　　D. 施工参建单位之间的协调

27. 项目总进度目标论证的主要工作有:①确定项目的工作编码;②编制总进度计划;③编制各层进度计划;④进行进度计划系统的结构分析。这些工作的正确顺序是(　　)。
   A. ④—①—③—②　　　　　　　　B. ①—④—③—②
   C. ②—④—③—①　　　　　　　　D. ③—②—①—④

28. 施工招标过程中,若招标人在招标文件发布后,发现有问题需要进一步澄清和修改,正确的做法是(　　)。

A. 在招标文件要求的提交投标文件截止时间至少10天前发出通知
B. 可以用间接方式通知所有招标文件收受人
C. 所有澄清和修改文件必须公示
D. 所有澄清文件必须以书面形式进行

29. 下列施工进度控制措施中，属于组织措施的是（　　）。
A. 选择适合进度目标的合同结构　　B. 编制资金使用计划
C. 编制进度控制的工作流程　　D. 编制和论证施工方案

30. 混凝土预制构件出厂时的混凝土强度不宜低于设计混凝土强度等级值的（　　）。
A. 50%　　B. 65%
C. 75%　　D. 90%

31. 某地铁工程项目，发包人将14座车站的土建工程分别发包给14个土建施工单位，对应的机电安装工程分别发包给14个机电安装单位，该发承包模式属于（　　）模式。
A. 施工总承包　　B. 施工平行发承包
C. 施工总承包管理　　D. 项目总承包

32. 某单代号网络图如下图所示，关于各项工作间逻辑关系的说法，正确的是（　　）。

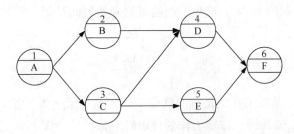

A. A完成后进行B、D　　B. B的紧后工作是D、E
C. C的紧后工作只有E　　D. E的紧前工作只有C

33. 施工定额的研究对象是（　　）。
A. 分项工程　　B. 工序
C. 分部工程　　D. 单位工程

34. 施工生产安全事故应急预案体系由（　　）构成。
A. 综合应急预案、专项应急预案、现场处置方案
B. 综合应急预案、单项应急预案、重点应急预案

C. 企业应急预案、项目应急预案、人员应急预案
D. 企业应急预案、职能部门应急预案、项目应急预案

35. 下列施工进度控制工作中,属于施工进度计划检查的内容是( )。
A. 增加施工班组人数　　　　　　B. 根据业主指令改变工程量
C. 根据现场条件改进施工工艺　　D. 工程量的完成情况

36. 编制实施性施工进度计划的主要作用是( )。
A. 论证施工总进度目标　　　　　B. 确定施工作业的具体安排
C. 确定里程碑事件的进度目标　　D. 分解施工总进度目标

37. 下列工作内容中,不属于BIM技术应用方面的是( )。
A. 进行管线碰撞模拟　　　　　　B. 进行正向设计
C. 进行企业人力资源管理　　　　D. 进行正向设计

38. 根据《标准施工招标文件》,缺陷责任期最长不超过( )年。
A. 2　　　　　　　　　　　　　　B. 1
C. 3　　　　　　　　　　　　　　D. 4

39. 网络计划中,某项工作的最早开始时间是第4天,持续2天,两项紧后工作的最迟开始时间是第9天和第11天。该项工作的最迟开始时间是第( )天。
A. 6　　　　　　　　　　　　　　B. 8
C. 7　　　　　　　　　　　　　　D. 9

40. 网络计划中,某项工作的持续时间是4天,最早第2天开始,两项紧后工作分别最早在第8天和第12天开始。该项工作的自由时差是( )天。
A. 4　　　　　　　　　　　　　　B. 6
C. 8　　　　　　　　　　　　　　D. 2

41. 根据《建设工程施工合同(示范文本)》,发包人累计扣留的质量保证金不得超过工程价款结算总额的( )。
A. 3%　　　　　　　　　　　　　B. 2%
C. 5%　　　　　　　　　　　　　D. 10%

42. 根据《标准施工招标文件》,承包人在施工中遇到不利物质条件时,采取合理措施后继续施工。承包人可以据此提出( )索赔。

A. 费用和利润 B. 风险费和利润
C. 工期和风险费 D. 费用和工期

43. 企业质量管理体系文件应由（ ）等构成。
A. 质量目标、质量手册、质量计划和质量记录
B. 质量手册、程序文件、质量计划和质量记录
C. 质量方针、质量手册、程序文件和质量记录
D. 质量手册、质量计划、质量记录和质量评审

44. 项目施工成本的过程控制程序主要包括（ ）。
A. 管理行为控制程序和指标控制程序
B. 管理控制程序和评审控制程序
C. 管理人员激励程序和指标控制程序
D. 管理行为控制程序和目标考核程序

45. 施工质量事故的处理工作包括：①事故调查；②事故处理；③事故原因分析；④制定事故处理方案。仅就上述工作而言，正确的顺序是（ ）。
A. ①—②—③—④ B. ①—③—②—④
C. ③—①—②—④ D. ①—③—④—②

46. 下列施工现场质量检查项目中，适宜采用试验法的是（ ）。
A. 混凝土坍落度的检测 B. 砌体的垂直度检查
C. 钢筋的力学性能检验 D. 沥青拌合料的温度检测

47. 关于网络计划线路的说法，正确的是（ ）。
A. 线路段是由多个箭线组成的通路
B. 线路中箭线的长度之和就是该线路的长度
C. 线路可依次用该线路上的节点代号来表示
D. 关键线路只有一条，非关键线路可以有多条

48. 施工合同履行过程中，发包人恶意拖欠工程款所造成的风险属于施工合同风险类型中的（ ）。
A. 项目外界环境风险 B. 管理风险
C. 合同工程风险 D. 合同信用风险

49. 根据《建设工程施工劳务分包合同（示范文本）》，下列合同规定的相关义务中，

属于劳务分包人义务的是（   ）。

 A. 组建项目管理班子

 B. 负责编制施工组织设计

 C. 负责工程测量定位和沉降观测

 D. 投入人力和物力，科学安排作业计划

50. 下列施工成本管理措施中，属于经济措施的是（   ）。

 A. 做好施工采购计划   B. 选用合适的合同结构

 C. 分解成本管理目标   D. 确定施工任务单管理流程

51. 企业为施工生产提供履约担保所发生的费用应计入建筑安装工程费用中的（   ）。

 A. 规费   B. 税金

 C. 财产保险费   D. 企业管理费

52. 对于施工现场易塌方的基坑部位，既设防护栏杆和警示牌，又设置照明和夜间警示灯，此措施体现了安全隐患处理中的（   ）原则。

 A. 冗余安全度处理   B. 单项隐患综合处理

 C. 预防与减灾并重处理   D. 直接隐患与间接隐患并治

53. 现行税法规定，建筑安装工程费用的增值税是指应计入建筑安装工程造价内的（   ）。

 A. 项目应纳税所得额   B. 增值税可抵扣进项税额

 C. 增值税销项税额   D. 增值税进项税额

54. 某工程项目施工合同约定竣工日期为2020年6月30日，在施工中因持续下雨导致甲供材料未能及时到货，使工程延误至2020年7月30日竣工。由于2020年7月1日起当地计价政策调整，导致承包人额外支付了30万元工人工资。关于增加的30万元责任承担的说法，正确的是（   ）。

 A. 持续下雨属于不可抗力，造成工期延误，增加的30万元由承包人承担

 B. 发包人原因导致的工期延误，因此政策变化增加的30万元由发包人承担

 C. 增加的30万元因政策变化造成，属于承包人的责任，由承包人承担

 D. 工期延误是承包人原因，增加的30万元是政策变化造成，由双方共同承担

55. 下列建筑工程施工质量要求中，能够体现个性化的是（   ）。

 A. 工程勘察、设计文件的要求   B. 国家法律、法规的要求

C. 质量管理体系标准的要求　　　　　D. 施工质量验收标准的要求

56. 根据《标准施工招标文件》，关于变更权的说法，正确的是（　　）。
A. 设计人可根据项目实际情况自行向承包人作出变更指示
B. 监理人可根据项目实际情况按合同约定自行向承包人作出变更指示
C. 没有监理人的变更指示，承包人不得擅自变更
D. 总承包人可根据项目实际情况按合同约定自行向分包人作出变更指示

57. 编制施工项目实施性成本计划的主要依据是（　　）。
A. 项目投标报价　　　　　　　　　　B. 施工预算
C. 项目所在地造价信息　　　　　　　D. 施工图预算

58. 根据《建设工程项目管理规范》，项目管理目标责任书应在项目实施之前，由企业的（　　）与项目经理协商制定。
A. 董事会　　　　　　　　　　　　　B. 法定代表人
C. 技术负责人　　　　　　　　　　　D. 股东大会

59. 根据成本管理的程序，进行项目过程成本分析的紧后工作是（　　）。
A. 编制项目成本计划　　　　　　　　B. 进行项目成本控制
C. 进行项目过程成本考核　　　　　　D. 编制项目成本报告

60. 施工企业职业健康安全管理体系的运行中，管理评审应由（　　）承担。
A. 项目经理　　　　　　　　　　　　B. 施工企业的最高管理者
C. 项目技术负责人　　　　　　　　　D. 施工企业安全负责人

61. 某已标价工程量清单中钢筋混凝土工程的工程量是1000m³，综合单价是600元/m³，该分部工程招标控制价为70万元。实际施工完成合格工程量为1500m³。则固定单价合同下钢筋混凝土工程价款为（　　）万元。
A. 90.0　　　　　　　　　　　　　　B. 60.0
C. 65.0　　　　　　　　　　　　　　D. 70.0

62. 发承包双方在合同中约定直接成本实报实销，发包方再额外支付一笔报酬，若发生设计变更或增加新项目，当直接费超过原估算成本的10%时，固定的报酬也要增加。此合同属于成本加酬金合同中的（　　）。
A. 成本加固定比例合同　　　　　　　B. 成本加固定费用合同
C. 成本加奖金合同　　　　　　　　　D. 最大成本加费用合同

63. 下列施工现场的环境保护措施中，正确的是（   ）。

   A. 在施工现场围挡内焚烧沥青

   B. 将有害废弃物作深层土方回填

   C. 使用密封的圆筒处理高空废弃物

   D. 将泥浆水直接有组织排入城市排水设施

64. 项目风险管理中，风险等级是根据（   ）评估确定的。

   A. 风险因素发生的概率和风险损失量（或效益水平）

   B. 风险因素发生的概率和风险管理能力

   C. 风险损失量和承受风险损失的能力

   D. 风险管理能力和风险损失量（或效益水平）

65. 根据《标准施工招标文件》，与当地公安部门协商，在施工现场建立联防组织的主体是（   ）。

   A. 承包人　　　　　　　　　　　　B. 监理人

   C. 项目所在地街道　　　　　　　　D. 发包人

66. 下列进度控制工作中，属于业主方任务的是（   ）。

   A. 编制施工图设计进度计划　　　　B. 调整初步设计小组的人员

   C. 控制设计准备阶段的工作进度　　D. 确定设计总说明的编制时间

67. 关于工程质量监督的说法，正确的是（   ）。

   A. 施工单位在项目开工前向监督机构申报质量监督手续

   B. 建设行政主管部门质量监督的范围包括永久性及临时性建筑工程

   C. 工程质量监督指的是主管部门对工程实体质量情况实施的监督

   D. 建设行政主管部门对工程质量监督的性质属于行政执法行为

68. 下列施工现场危险源中，属于第一类危险源的是（   ）。

   A. 现场存放大量油漆　　　　　　　B. 工人焊接操作不规范

   C. 油漆存放没有相应的防护设施　　D. 焊接设备缺乏维护保养

69. 施工企业在安全生产许可证有效期内严格遵守有关安全生产的法律法规，未发生死亡事故的，安全生产许可证期满时，经原安全生产许可证的颁发管理机关同意，可不经审查延长有效期（   ）年。

   A. 1　　　　　　　　　　　　　　B. 2

   C. 3　　　　　　　　　　　　　　D. 5

70. 企业质量管理体系的认证应由( )进行。
   A. 企业最高管理者
   B. 公正的第三方认证机构
   C. 政府相关主管部门
   D. 企业所属的行业协会

二、多项选择题（共25题，每题2分。每题的备选项中，有2个或2个以上符合题意，至少有1个错项。错选，本题不得分；少选，所选的每个选项得0.5分）

71. 根据《建设工程项目管理规范》，项目管理目标责任书的内容宜包括( )。
   A. 项目管理实施目标
   B. 项目管理机构应承担的风险
   C. 项目合同文件
   D. 项目管理效果和目标实现的评价原则、内容和方法
   E. 项目管理规划大纲

72. 《环境管理体系 要求及使用指南》中，应对风险和机遇的措施部分包括的内容有( )。
   A. 总则
   B. 环境因素
   C. 合规义务
   D. 环境目标
   E. 措施的策划

73. 对施工特种作业人员安全教育的管理要求有( )。
   A. 特种作业操作证每5年复审一次
   B. 上岗作业前必须进行专门的安全技术培训
   C. 培训考核合格取得操作证后才可独立作业
   D. 培训和考核的重点是安全技术基础知识
   E. 特种作业操作证的复审时间可有条件延长至6年一次

74. 施工现场生产安全事故调查报告应包括的内容有( )。
   A. 事故发生单位概况
   B. 事故发生的原因和事故性质
   C. 事故责任的认定
   D. 对事故责任者处理决定
   E. 事故发生的经过和救援情况

75. 施工总承包管理模式与施工总承包模式相同的方面有( )。
   A. 工作开展程序
   B. 合同关系
   C. 合同计价方式
   D. 总包单位承担的责任和义务
   E. 对分包单位的管理和服务

76. 根据《标准施工招标文件》，关于承包人索赔程序的说法，正确的有（   ）。

   A. 应在索赔事件发生后 28 天内，向监理人递交索赔意向通知书

   B. 应在发出索赔意向通知书 28 天内，向监理人正式递交索赔通知书

   C. 索赔事件具有连续影响的，应按合理时间间隔继续递交延续索赔通知

   D. 有连续影响的，应在递交延续索赔通知书 28 天内与发包人谈判确定当期索赔的额度

   E. 有连续影响的，应在索赔事件影响结束后的 28 天内，向监理人递交最终索赔通知书

77. 根据《建设工程施工合同（示范文本）》，关于施工企业项目经理的说法，正确的有（   ）。

   A. 承包人需要更换项目经理的，应提前 14 天书面通知发包人和监理人，并征得发包人书面同意

   B. 紧急情况下为确保施工安全，项目经理在采取必要措施后，应在 48 小时内向专业监理工程师提交书面报告

   C. 承包人应在接到发包人更换项目经理的书面通知后 14 天内向发包人提出书面改进报告

   D. 发包人收到承包人改进报告后仍要求更换项目经理的，承包人应在接到第二次更换通知的 28 天内进行更换

   E. 项目经理因特殊情况授权给下属人员时，应提前 14 天将授权人员的相关信息通知监理人

78. 根据《质量管理体系 基础和术语》，施工企业质量管理应遵循的原则有（   ）。

   A. 以内控体系为关注焦点   B. 过程方法
   C. 循证决策   D. 全员积极参与
   E. 领导作用

79. 下列施工成本管理措施中，属于技术措施的有（   ）。

   A. 加强施工任务单管理   B. 加强施工调度
   C. 确定最佳的施工方案   D. 进行材料使用的比选
   E. 使用先进的机械设备

80. 施工质量事故调查报告的主要内容包括（   ）。

   A. 工程项目和参建单位概况   B. 事故处理结论
   C. 事故处理方案   D. 事故基本情况
   E. 事故发生后采取的应急防护措施

81. 某双代号网络计划如下图所示,关键线路有(　　)。

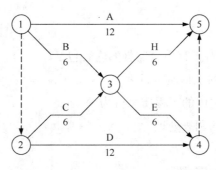

A. ①—⑤
B. ①—③—⑤
C. ②—③—⑤
D. ①—③—④
E. ②—③—④

82. 根据《标准施工招标文件》,关于工期调整的说法,正确的有(　　)。
A. 监理人认为承包人的施工进度不能满足合同工期要求,承包人应采取措施,增加费用由发包人承担
B. 出现合同条款规定的异常恶劣气候导致工期延误,承包人有权要求发包人延长工期
C. 发包人要求承包人提前竣工的,应承担由此增加的费用,并根据合同条款约定支付奖金
D. 承包人提前竣工建议被采纳的,由承包人自行采取加快工程进度的措施,发包人承担相应费用
E. 在合同履行过程中,发包人改变某项工作的质量特性,承包人有权要求延长工期

83. 下列图表中,属于组织工具的有(　　)。
A. 项目结构图
B. 工作任务分工表
C. 工作流程图
D. 管理职能分工表
E. 因果分析图

84. 施工方根据项目特点和施工进度控制的需要,编制的施工进度计划有(　　)。
A. 主体结构施工进度计划
B. 建设项目总进度纲要
C. 安装工程施工进度计划
D. 旬施工作业计划
E. 资源需求计划

85. 项目实施阶段的总进度包括(　　)工作进度。
A. 设计
B. 招标

C. 工程物资采购 D. 工程施工
E. 可行性研究

86. 建设行政主管部门对工程质量监督的内容包括（ ）。
A. 抽查质量检测单位的工程质量行为
B. 抽查工程质量责任主体的工程质量行为
C. 参与工程质量事故的调查处理
D. 监督工程竣工验收
E. 审核工程建设标准的完整性

87. 根据《建设工程文件归档规范》，建设工程文件应包括（ ）。
A. 工程准备阶段文件 B. 前期投资策划文件
C. 监理文件 D. 施工文件
E. 竣工图和竣工验收文件

88. 关于施工质量控制责任的说法，正确的有（ ）。
A. 项目经理负责组织编制、论证和实施危险性较大分部分项工程专项施工方案
B. 项目经理必须组织对进入现场的建筑材料、构配件、设备、预拌混凝土等进行检验
C. 项目经理可以不参加地基基础、主体结构等分部工程的验收
D. 质量终身责任是指参与工程建设的项目负责人在工程施工期限内对工程质量承担相应责任
E. 发生工程质量事故，县级以上地方人民政府住房和城乡建设主管部门应追究项目负责人的质量终身责任

89. 采用变动总价合同时，对于建设周期两年以上的工程项目，需考虑引起价格变化的因素有（ ）。
A. 劳务工资以及材料费用的上涨 B. 燃料费及电力价格的变化
C. 外汇汇率的波动 D. 承包人用工制度的变化
E. 法规变化引起的工程费用上涨

90. 下列机械消耗时间中，属于施工机械时间定额组成的有（ ）。
A. 不可避免的中断时间 B. 机械故障的维修时间
C. 正常负荷下的工作时间 D. 不可避免的无负荷工作时间
E. 降低负荷下的工作时间

91. 编制控制性施工进度计划的目的有（　　）。
   A. 对施工进度目标进行再论证　　　B. 确定施工的总体部署
   C. 确定施工机械的需求　　　　　　D. 对进度目标进行分解
   E. 确定控制节点的进度目标

92. 根据《建筑施工组织设计规范》，施工组织设计按编制对象可分为（　　）。
   A. 施工组织总设计　　　　　　　　B. 单位工程施工组织设计
   C. 生产用施工组织设计　　　　　　D. 分部工程施工组织设计
   E. 投标用施工组织设计

93. 下列施工费用中，属于施工机具使用费的有（　　）。
   A. 塔吊进入施工现场的费用　　　　B. 挖掘机施工作业消耗的燃料费用
   C. 通勤车辆的过路过桥费　　　　　D. 压路机司机的工资
   E. 土方运输汽车的年检费

94. 根据《建设工程施工合同（示范文本）》，关于不可抗力后果承担的说法，正确的有（　　）。
   A. 承包人在施工现场的人员伤亡损失由承包人承担
   B. 永久工程损失由发包人承担
   C. 承包人在停工期间按照发包人要求照管工程的费用由发包人承担
   D. 承包人施工机械损坏由发包人承担
   E. 发包人在施工现场的人员伤亡损失由承包人承担

95. 在施工过程中，引起工程变更的原因有（　　）。
   A. 发包人修改项目计划　　　　　　B. 设计错误导致图纸修改
   C. 总承包人改变施工方案　　　　　D. 工程环境变化
   E. 政府部门提出新的环保要求

2020 年度参考答案及解析

一、单项选择题

1. A

【考点】 建设工程项目管理的类型。

【解析】 建设工程项目管理的内涵是：自项目开始至项目完成，通过项目策划和项目控制，以使项目的费用目标、进度目标和质量目标得以实现。

"自项目开始至项目完成"指的是项目的实施期；"项目策划"指的是项目实施的策划（它区别于项目决策期的策划），即项目目标控制前的一系列筹划和准备工作；"费用目标"对业主而言是投资目标，对施工方而言是成本目标。

项目决策期管理工作的主要任务是确定项目的定义，而项目实施期管理的主要任务是通过管理使项目的目标得以实现。

因此，正确选项是 A。

2. A

【考点】 施工方项目管理的目标和任务。

【解析】 施工总承包管理方（MC，Managing Contractor）对所承包的建设工程承担施工任务组织的总的责任，其主要特征如下：

（1）一般情况下，施工总承包管理方不承担施工任务，它主要进行施工的总体管理和协调。如果施工总承包管理方通过投标（在平等条件下竞标）获得一部分施工任务，则它也可参与施工。

（2）一般情况下，施工总承包管理方不与分包方和供货方直接签订施工合同，这些合同都由业主方直接签订。但若施工总承包管理方应业主方的要求，协助业主参与施工的招标和发包工作，其参与的工作深度由业主方决定。业主方也可能要求施工总承包管理方负责整个施工的招标和发包工作。

（3）不论是业主方选定的分包方，还是经业主方授权由施工总承包管理方选定的分包方，施工总承包管理方都承担对其的组织和管理责任。

（4）施工总承包管理方和施工总承包方承担相同的管理任务和责任，即负责整个工程的施工安全控制、施工总进度控制、施工质量控制和施工的组织与协调等。因此，由业主方选定的分包方应经施工总承包管理方的认可，否则施工总承包管理方难以承担对工程管理的总的责任。

（5）负责组织和指挥分包施工单位的施工，并为分包施工单位提供和创造必要的施工条件。

（6）与业主方、设计方、工程监理方等外部单位进行必要的联系和协调等。

因此，正确选项是 A。

3. D

【考点】 工作流程组织在项目管理中的应用。

【解析】 工作流程图用图的形式反映一个组织系统中各项工作之间的逻辑关系，它可用以描述工作流程组织。工作流程图是一个重要的组织工具。工作流程图用矩形框表示工作，箭线表示工作之间的逻辑关系，菱形框表示判别条件。也可用两个矩形框分别表示工作和工作的执行者。

因此，正确选项是 D。

4. C

【考点】 组织结构在项目管理中的应用。

【解析】 常用的组织结构模式包括：职能组织结构、线性组织结构和矩阵组织结构。

在职能组织结构中，每一个职能部门可根据它的管理职能对其直接和非直接的下属工作部门下达工作指令。因此，每一个工作部门可能得到其直接和非直接的上级工作部门下达的工作指令，它就会有多个矛盾的指令源。一个工作部门的多个矛盾的指令源会影响企业管理机制的运行。

在线性组织结构中，每一个工作部门只能对其直接的下属部门下达工作指令，每一个工作部门也只有一个直接的上级部门，因此，每一个工作部门只有唯一一个指令源，避免了由于矛盾的指令而影响组织系统的运行。

在矩阵组织结构中，最高指挥者（部门）下设纵向和横向两种不同类型的工作部门。纵向工作部门如人、财、物、产、供、销的职能管理部门，横向工作部门如生产车间等。一个施工企业，如采用矩阵组织结构模式，则纵向工作部门可以是计划管理、技术管理、合同管理、财务管理和人事管理部门等，而横向工作部门可以是项目部。

因此，正确选项是 C。

5. B

【考点】 施工组织设计的编制方法。

【解析】 施工组织总设计的编制通常采用如下程序：

（1）收集和熟悉编制施工组织总设计所需的有关资料和图纸，进行项目特点和施工条件的调查研究；

（2）计算主要工种工程的工程量；

（3）确定施工的总体部署；

（4）拟订施工方案；

（5）编制施工总进度计划；

（6）编制资源需求量计划；

（7）编制施工准备工作计划；

（8）施工总平面图设计；

(9) 计算主要技术经济指标。

因此，正确选项是 B。

6. A

【考点】 动态控制方法在施工管理中的应用。

【解析】 施工成本的计划值和实际值的比较包括：

(1) 工程合同价与投标价中的相应成本项的比较；

(2) 工程合同价与施工成本规划中的相应成本项的比较；

(3) 施工成本规划与实际施工成本中的相应成本项的比较；

(4) 工程合同价与实际施工成本中的相应成本项的比较；

(5) 工程合同价与工程款支付中的相应成本项的比较等。

由上可知，施工成本的计划值和实际值也是相对的，如：相对于工程合同价而言，施工成本规划的成本值是实际值；而相对于实际施工成本，则施工成本规划的成本值是计划值等。成本的计划值和实际值的比较应是定量的数据比较，比较的成果是成本跟踪和控制报告，如编制成本控制的月、季、半年和年度报告等。

因此，正确选项是 A。

7. A

【考点】 项目目标动态控制的方法。

【解析】 项目目标动态控制的核心是：在项目实施的过程中定期地进行项目目标的计划值和实际值的比较，当发现项目目标偏离时采取纠偏措施。为避免项目目标偏离的发生，还应重视事前的主动控制，即事前分析可能导致项目目标偏离的各种影响因素，并针对这些影响因素采取有效的预防措施。

因此，正确选项是 A。

8. D

【考点】 施工项目经理的任务和责任。

【解析】 建造师是一种专业人士的名称，而项目经理是一个工作岗位的名称，应注意这两个概念的区别和关系。取得建造师执业资格的人员表示其知识和能力符合建造师执业的要求，但其在企业中的工作岗位则由企业视工作需要和安排而定。

取得建造师注册证书的人员是否担任工程项目施工的项目经理，由企业自主决定。

在全面实施建造师执业资格制度后仍然要坚持落实项目经理岗位责任制。项目经理岗位是保证工程项目建设质量、安全、工期的重要岗位。

因此，正确选项是 D。

9. B

【考点】 施工现场文明施工的要求。

【解析】 施工现场文明施工的组织措施，包括：

(1) 建立文明施工的管理组织。应确立项目经理为现场文明施工的第一责任人，以各专业工程师、施工质量、安全、材料、保卫、后勤等现场项目经理部人员为成员的施工现场文明管理组织,共同负责本工程现场文明施工工作。

(2) 健全文明施工的管理制度。包括建立各级文明施工岗位责任制、将文明施工工作考核列入经济责任制,建立定期的检查制度,实行自检、互检、交接检制度,建立奖惩制度、开展文明施工立功竞赛,加强文明施工教育培训等。

因此,正确选项是 B。

10. B

【考点】 施工合同索赔的程序。

【解析】 在工程实施过程中发生索赔事件以后,或者承包人发现索赔机会,首先要提出索赔意向,即在合同规定时间内将索赔意向用书面形式及时通知发包人或者工程师(监理人),向对方表明索赔愿望、要求或者声明保留索赔权利,这是索赔工作程序的第一步。

因此,正确选项是 B。

11. A

【考点】 合同价款调整。

【解析】 工程变更引起施工方案改变并使措施项目发生变化时,承包人提出调整措施项目费的,应事先将拟实施的方案提交发包人确认,并应详细说明与原方案措施项目相比的变化情况。拟实施的方案经发承包双方确认后执行,并应按照下列规定调整措施项目费:

(1) 安全文明施工费应按照实际发生变化的措施项目调整,不得浮动。

(2) 采用单价计算的措施项目费,应按照实际发生变化的措施项目按照前述已标价工程量清单项目的规定确定单价。

(3) 按总价(或系数)计算的措施项目费,按照实际发生变化的措施项目调整,但应考虑承包人报价浮动因素,即调整金额按照实际调整金额乘以承包人报价浮动率计算。

因此,正确选项是 A。

12. B

【考点】 生产安全事故应急预案的管理。

【解析】 施工单位应当制定本单位的应急预案演练计划,根据本单位的事故预防重点,每年至少组织一次综合应急预案演练或者专项应急预案演练,每半年至少组织一次现场处置方案演练。

因此,正确选项是 B。

13. D

【考点】 工程量清单计价的方法。

【解析】 综合单价的计算可以概括为以下步骤:(1) 确定组合定额子目;(2) 计算定额子目工程量;(3) 测算人、料、机消耗量;(4) 确定人、料、机单价;(5) 计算清单项目的人、料、机费;(6) 计算清单项目的管理费和利润;(7) 计算清单项目的综合单价。

因此,正确选项是 D。

14. A

【考点】 工程质量事故分类。

【解析】 按照住房和城乡建设部《关于做好房屋建筑和市政基础设施工程质量事故报告和调查处理工作的通知》（建质〔2010〕111号），根据工程质量事故造成的人员伤亡或者直接经济损失，工程质量事故分为4个等级：

（1）特别重大事故，是指造成30人以上死亡，或者100人以上重伤，或者1亿元以上直接经济损失的事故；

（2）重大事故，是指造成10人以上30人以下死亡，或者50人以上100人以下重伤，或者5000万元以上1亿元以下直接经济损失的事故；

（3）较大事故，是指造成3人以上10人以下死亡，或者10人以上50人以下重伤，或者1000万元以上5000万元以下直接经济损失的事故；

（4）一般事故，是指造成3人以下死亡，或者10人以下重伤，或者100万元以上1000万元以下直接经济损失的事故。

因此，正确选项是A。

15. C

【考点】 施工质量监督管理的实施。

【解析】 在竣工阶段，监督机构主要是按规定对工程竣工验收工作进行监督：

（1）竣工验收前，针对在质量监督检查中提出的质量问题的整改情况进行复查，了解其整改的情况；

（2）竣工验收时，参加竣工验收的会议，对验收的组织形式、程序等进行监督。

工程竣工验收合格后，建设单位应当在建筑物明显部位设置永久性标牌，载明建设、勘察、设计、施工、监理单位等工程质量责任主体的名称和主要责任人姓名。

因此，正确选项是C。

16. A

【考点】 施工质量验收。

【解析】 对质量不符合要求的处理分以下四种情况：

第一种情况，是指在检验批验收时，其主控项目不能满足验收规范或一般项目超过偏差限值的子项数不符合检验规定的要求时，应及时进行处理。其中，严重的缺陷应推倒重来；一般的缺陷通过返修或更换器具、设备予以处理，应允许在施工单位采取相应的措施消除缺陷后重新验收。重新验收结果如能够符合相应的专业工程质量验收规范要求，则应认为该检验批合格。

第二种情况，是指发现检验批的某些项目或指标（如试块强度等）不满足要求，难以确定可否验收时，应请具有法定资质的检测单位对工程实体检测鉴定。当鉴定结果能够达到设计要求时，该检验批应认为通过验收。

第三种情况，如对工程实体的检测鉴定达不到设计要求，但经原设计单位核算，仍能满足规范标准要求的结构安全和使用功能的情况，该检验批可予以验收。一般情况下，规范标准给出了满足安全和功能的最低限度要求，而设计往往在此基础上留有一些余量。不满足设计要求和符合相应规范标准的要求,两者并不一定矛盾。

第四种情况,更为严重的缺陷或者超过检验批的更大范围内的缺陷,可能影响结构的安全性和使用功能。若经具有法定资质的检测单位检测鉴定以后认为达不到规范标准的相应要求,即不能满足最低限度的安全储备和使用功能,则必须按一定的技术方案进行加固处理,使之能保证满足安全使用的基本要求。这样可能会造成一些永久性的缺陷,如改变结构外形尺寸,影响一些次要的使用功能等。为了避免社会财富更大的损失,在不影响安全和主要使用功能条件下可按处理技术方案和协商文件进行验收,责任方应承担经济责任。但应该特别指出,这种让步接受的处理办法不能滥用成为忽视质量而逃避责任的一种出路。

通过返修或加固处理仍不能满足安全使用要求的分部工程、单位(子单位)工程,严禁验收。

因此,正确选项是A。

17. B

【考点】 投保报价的编制方法。

【解析】 工程量清单计价下编制投标报价的原则如下:

(1)投标报价由投标人自主确定,但必须执行《建设工程工程量清单计价规范》GB 50500—2013的强制性规定。投标价应由投标人或受其委托具有相应资质的工程造价咨询人编制。

(2)投标人的投标报价不得低于工程成本。《中华人民共和国招标投标法》中规定:"中标人的投标应当符合下列条件……(二)能够满足招标文件的实质性要求,并且经评审的投标价格最低;但是投标价格低于成本的除外。"《评标委员会和评标方法暂行规定》中规定:"在评标过程中,评标委员会发现投标人的报价明显低于其他投标报价或者在设有标底时明显低于标底的,使得其投标报价可能低于其个别成本的,应当要求该投标人做出书面说明并提供相关证明材料。投标人不能合理说明或者不能提供相关证明材料的,由评标委员会认定该投标人以低于成本报价竞标,其投标应作为废标处理。"上述法律法规的规定,特别要求投标人的投标报价不得低于工程成本。

(3)投标人必须按招标工程量清单填报价格。实行工程量清单招标,招标人在招标文件中提供工程量清单,其目的是使各投标人在投标报价中具有共同的竞争平台。因此,为避免出现差错,要求投标人必须按招标人提供的招标工程量清单填报投标价格,填写的项目编码、项目名称、项目特征、计量单位、工程量必须与招标工程量清单一致。

(4)投标报价要以招标文件中设定的承发包双方责任划分,作为设定投标报价费用项目和费用计算的基础。承发包双方的责任划分不同,会导致合同风险分摊不同,从而导致投标人报价不同;不同的工程承发包模式会直接影响工程项目投标报价的费用内容和计算深度。

(5)应该以施工方案、技术措施等作为投标报价计算的基本条件。企业定额反映企业技术和管理水平,是计算人工、材料和机械台班消耗量的基本依据;更要充分利用现场考察、调研成果、市场价格信息和行情资料等编制基础标价。

（6）报价计算方法要科学严谨，简明适用。

因此，正确选项是 B。

18. A

【考点】 人工定额的编制。

【解析】 人工定额是根据国家的经济政策、劳动制度和有关技术文件及资料制定的。制定人工定额，常用的方法有四种：（1）技术测定法；（2）统计分析法；（3）比较类推法；（4）经验估计法。

其中，对于同类型产品规格多，工序重复、工作量小的施工过程，常用比较类推法。采用此法制定定额是以同类型工序和同类型产品的实耗工时为标准，类推出相似项目定额水平的方法。

因此，正确选项是 A。

19. A

【考点】 工程项目施工质量保证体系的建立和运行。

【解析】 施工质量保证体系的运行，应以质量计划为主线，以过程管理为重心，应用 PDCA 循环的原理，按照计划、实施、检查和处理的步骤展开。

其中，处理是在检查的基础上，把成功的经验加以肯定，形成标准，以利于在今后的工作中以此作为处理的依据，巩固成果；同时采取措施，纠正计划执行中的偏差，克服缺点，改正错误，对于暂时未能解决的问题，可记录在案留到下一次循环加以解决。

因此，正确选项是 A。

20. B

【考点】 施工成本合核算的原则、依据、范围和程序。

【解析】 根据《财政部关于印发〈企业产品成本核算制度（试行）〉的通知》（财会[2013] 17 号），间接费用是指企业各施工单位为组织和管理工程施工所发生的费用。材料装卸保管费、项目部的固定资产折旧费、周转材料摊销费等都属于其他直接费用。

因此，正确选项是 B。

21. D

【考点】 施工成本分析的方法。

【解析】 分部分项工程成本分析是施工项目成本分析的基础。

因此，正确选项是 D。

22. D

【考点】 施工合同索赔的依据和证据。

【解析】 承包商可以提起索赔的事件有：

（1）发包人违反合同给承包人造成时间、费用的损失。

（2）因工程变更（含设计变更、发包人提出的工程变更、监理工程师提出的工程变更，以及承包人提出并经监理工程师批准的变更）造成的时间、费用损失。

（3）由于监理工程师对合同文件的歧义解释、技术资料不确切，或由于不可抗力导致施工条件的改变，造成了时间、费用的增加。

（4）发包人提出提前完成项目或缩短工期而造成承包人的费用增加。

（5）发包人延误支付期限造成承包人的损失。

（6）合同规定以外的项目进行检验，且检验合格，或非承包人的原因导致项目缺陷的修复所发生的损失或费用。

（7）非承包人的原因导致工程暂时停工。

（8）物价上涨，法规变化及其他。

因此，正确选项是 D。

23. A

【考点】 建设工程监理的工作方法。

【解析】 根据《建设工程监理规范》GB/T 50319—2013，工程建设监理规划的编制应符合下列规定：

（1）工程建设监理规划应在签订委托监理合同及收到设计文件后开始编制，在召开第一次工地会议前报送建设单位。

（2）总监理工程师组织专业监理工程师参加编制，总监理工程师签字后由工程监理单位技术负责人审批。

因此，正确选项是 A。

24. D

【考点】 建设工程监理的工作任务。

【解析】 施工阶段的进度控制工作，包括：

（1）监督施工单位严格按照施工合同规定的工期组织施工；

（2）审查施工单位提交的施工进度计划，核查施工单位对施工进度计划的调整；

（3）建立工程进度台账，核对工程形象进度，按月、季和年度向业主报告工程执行情况、工程进度以及存在的问题。

合同执行情况的分析和跟踪管理，属于施工合同管理方面的工作；定期与施工单位核对签证台账，属于施工阶段投资控制的工作；审查单位工程施工组织设计，属于施工准备阶段建设监理工作的主要任务。

因此，正确选项是 D。

25. C

【考点】 职业健康安全与环境管理体系标准。

【解析】 在《环境管理体系 要求及使用指南》GB/T 24001—2016 中，认为环境是指"组织运行活动的外部存在，包括空气、水、土地、自然资源、植物、动物、人，以及它（他）们之间的相互关系"。这个定义是以组织运行活动为主体，其外部存在主要是指人类认识到的、直接或间接影响人类生存的各种自然因素及它（他）们之间的相互关系。

因此，正确选项是 C。

26. D

【考点】 影响施工质量的主要因素。

【解析】 影响施工质量的环境因素包括：施工现场自然环境因素、施工质量管理环境因素和施工作业环境因素。环境因素对工程质量的影响，具有复杂多变和不确定性的特点。

(1) 现场自然环境因素：主要指工程地质、水文、气象条件和周边建筑、地下障碍物以及其他不可抗力等对施工质量的影响因素。例如，在地下水位高的地区，若在雨季进行基坑开挖，遇到连续降雨或排水困难，就会引起基坑塌方或地基受水浸泡影响承载力等；在寒冷地区冬期施工措施不当，工程会因受到冻融而影响质量；在基层未干燥或大风天进行卷材屋面防水层的施工，就会导致粘贴不牢及空鼓等质量问题。

(2) 管理环境因素：主要指施工单位质量管理体系、质量管理制度和各参建施工单位之间的协调等因素。根据承发包的合同结构，理顺管理关系，建立统一的现场施工组织系统和质量管理的综合运行机制，确保工程项目质量保证体系处于良好的状态，创造良好的质量管理环境和氛围，是施工顺利进行、提高施工质量的保证。

(3) 作业环境因素：主要指施工现场平面和空间环境条件，各种能源介质供应，施工照明、通风、安全防护设施，施工场地给排水以及交通运输和道路条件等因素。这些条件是否良好，直接影响到施工能否顺利进行以及施工质量能否得到保证。

对影响施工质量的上述因素进行控制，是施工质量控制的主要内容。

因此，正确选项是 D。

27. A

【考点】 建设工程项目总进度目标。

【解析】 建设工程项目总进度目标论证的工作步骤如下：

(1) 调查研究和收集资料；

(2) 进行项目结构分析；

(3) 进行进度计划系统的结构分析；

(4) 确定项目的工作编码；

(5) 编制各层（各级）进度计划；

(6) 协调各层进度计划的关系和编制总进度计划；

(7) 若所编制的总进度计划不符合项目的进度目标，则设法调整；

(8) 若经过多次调整，进度目标无法实现，则报告项目决策者。

因此，正确选项是 A。

28. D

【考点】 施工招标与投标。

【解析】 如果招标人在招标文件已经发布之后，发现有问题需要进一步的澄清或修改，必须依据以下原则进行：

(1) 时限：招标人对已发出的招标文件进行必要的澄清或者修改，应当在招标文件要求提交投标文件截止时间至少15日前发出。

（2）形式：所有澄清文件必须以书面形式进行。

（3）全面：所有澄清文件必须直接通知所有招标文件收受人。

由于修正与澄清文件是对于原招标文件的进一步的补充或说明，因此，该澄清或者修改的内容应为招标文件的有效组成部分。

因此，正确选项是 D。

29. C

【考点】 施工进度控制的措施。

【解析】 施工方进度控制的措施主要包括组织措施、管理措施、经济措施和技术措施。

其中，施工方进度控制的组织措施如下：

（1）组织是目标能否实现的决定性因素，因此，为实现项目的进度目标，应充分重视健全项目管理的组织体系。

（2）在项目组织结构中应有专门的工作部门和符合进度控制岗位资格的专人负责进度控制工作。

（3）进度控制的主要工作环节包括进度目标的分析和论证、编制进度计划、定期跟踪进度计划的执行情况、采取纠偏措施以及调整进度计划。这些工作任务和相应的管理职能应在项目管理组织设计的任务分工表和管理职能分工表中标示并落实。

（4）应编制施工进度控制的工作流程。

（5）进度控制工作包含了大量的组织和协调工作，而会议是组织和协调的重要手段，应进行有关进度控制会议的组织设计。

因此，正确选项是 C。

30. C

【考点】 施工准备的质量控制。

【解析】 混凝土预制构件出厂时的混凝土强度不宜低于设计混凝土强度等级值的 75%。

因此，正确选项是 C。

31. B

【考点】 施工发承包的主要类型。

【解析】 施工平行发承包，又称为分别发承包，是指发包方根据建设工程项目的特点、项目进展情况和控制目标的要求等因素，将建设工程项目按照一定的原则分解，将其施工任务分别发包给不同的施工单位，各个施工单位分别与发包方签订施工承包合同。

因此，正确选项是 B。

32. D

【考点】 工程网络计划的类型和应用。

【解析】 根据题中所给出的单代号网络图，A 完成后进行 B、C；B 的紧后工作只有

D；C 的紧后工作是 D、E；E 的紧前工作只有 C。

因此，正确选项是 D。

33. B

【考点】 建筑工程定额的分类。

【解析】 施工定额是以同一性质的施工过程——工序，作为研究对象，表示生产产品数量与时间消耗综合关系编制的定额。

因此，正确选项是 B。

34. A

【考点】 生产安全事故应急预案的内容。

【解析】 生产安全事故应急预案体系包括：

(1) 综合应急预案，从总体上阐述事故的应急方针、政策，应急组织结构及相关应急职责，应急行动、措施和保障等基本要求和程序，是应对各类事故的综合性文件。

(2) 专项应急预案，针对具体的事故类别（如基坑开挖、脚手架拆除等事故）、危险源和应急保障而制定的计划或方案，是综合应急预案的组成部分，应按照综合应急预案的程序和要求组织制定，并作为综合应急预案的附件。专项应急预案应制定明确的救援程序和具体的应急救援措施。

(3) 现场处置方案，针对具体的装置、场所或设施、岗位所制定的应急处置措施。现场处置方案应具体、简单、针对性强。现场处置方案应根据风险评估及危险性控制措施逐一编制，做到事故相关人员应知应会，熟练掌握，并通过应急演练，做到迅速反应、正确处置。

因此，正确选项是 A。

35. D

【考点】 施工进度控制的任务。

【解析】 施工进度计划的检查应按统计周期的规定定期进行，并应根据需要进行不定期的检查。施工进度计划检查的内容包括：

(1) 检查工程量的完成情况；

(2) 检查工作时间的执行情况；

(3) 检查资源使用及进度保证的情况；

(4) 前一次进度计划检查提出问题的整改情况。

因此，正确选项是 D。

36. B

【考点】 实施性施工进度计划的作用。

【解析】 实施性施工进度计划的主要作用如下：

(1) 确定施工作业的具体安排；

(2) 确定（或据此可计算）一个月度或旬的人工需求（工种和相应的数量）；

(3) 确定（或据此可计算）一个月度或旬的施工机械的需求（机械名称和数量）；

(4) 确定（或据此可计算）一个月度或旬的建筑材料（包括成品、半成品和辅助材料等）的需求（建筑材料的名称和数量）；

(5) 确定（或据此可计算）一个月度或旬的资金的需求等。

因此，正确选项是 B。

37. C

【考点】 施工信息管理的方法。

【解析】 BIM 技术的应用主要在管线碰撞模拟、进行正向设计等方面。

因此，正确选项是 C。

38. A

【考点】 施工承包合同的主要内容。

【解析】 由于承包人原因造成某项缺陷或损坏使某项工程或工程设备不能按原定目标使用而需要再次检查、检验和修复的，发包人有权要求承包人相应延长缺陷责任期，但缺陷责任期最长不超过 2 年。

因此，正确选项是 A。

39. C

【考点】 工程网络计划的类型和应用。

【解析】 已经该工作的两项紧后工作的最迟开始时间分别为第 9 天和第 11 天，根据网络计划时间参数的计算规则，该工作的最迟完成时间为其紧后工作最迟开始时间的最小值，即第 9 天前，也就是第 8 天末。所以，该工作的最迟开始时间为 8－2＝6，即第 7 天。

因此，正确选项是 C。

40. D

【考点】 工程网络计划的类型和应用。

【解析】 网络计划中工作的自由时差等于其紧后工作的最早开始时间的最小值减去本工作的最早完成时间。本题中，两项紧后工作的最早开始时间分别为第 8 天和第 12 天，即最早开始时间分别为 7 和 11。该工作的自由时差＝7－(3＋2)＝2 天。

因此，正确选项是 D。

41. A

【考点】 质量保证金的处理。

【解析】 根据《建设工程施工合同（示范文本)》GF—2017—0201，发包人累计扣留的质量保证金不得超过工程价款结算总额的 3%。如承包人在发包人签发竣工付款证书后 28 天内提交质量保证金保函，发包人应同时退还扣留的作为质量保证金的工程价款；保函金额不得超过工程价款结算总额的 3%。

因此，正确选项是 A。

42. D

【考点】 索赔和现场签证。

【解析】 《标准施工招标文件》中合同条款：

4.11 不利物质条件

4.11.1 不利物质条件，除专用合同条款另有约定外，是指承包人在施工场地遇到的不可预见的自然物质条件、非自然的物质障碍和污染物，包括地下和水文条件，但不包括气候条件。

4.11.2 承包人遇到不利物质条件时，应采取适应不利物质条件的合理措施继续施工，并及时通知监理人。监理人应当及时发出指示，指示构成变更的，按第15条约定办理。监理人没有发出指示的，承包人因采取合理措施而增加的费用和（或）工期延误，由发包人承担。

因此，正确选项是 D。

43. B

【考点】 施工企业质量管理体系的建立和认证。

【解析】 质量管理体系的文件主要由质量手册、程序文件、质量计划和质量记录等构成。

因此，正确选项是 B。

44. A

【考点】 施工成本控制的依据和程序。

【解析】 要做好成本的过程控制，必须制定规范化的过程控制程序。成本的过程控制中，有两类控制程序，一是管理行为控制程序，二是指标控制程序。管理行为控制程序是对成本全过程控制的基础，指标控制程序则是成本进行过程控制的重点。两个程序既相对独立又相互联系，既相互补充又相互制约。

因此，正确选项是 A。

45. D

【考点】 施工质量事故的处理。

【解析】 施工质量事故处理的一般程序为：（1）事故调查；（2）事故的原因分析；（3）制订事故处理的技术方案；（4）事故处理；（5）事故处理的鉴定验收；（6）提交处理报告。

因此，正确选项是 D。

46. C

【考点】 施工质量控制的基本环境和一般方法。

【解析】 现场质量检查的方法主要有目测法、实测法和试验法等。

其中，试验法是指通过必要的试验手段对质量进行判断的检查方法。包括：

（1）理化试验。工程中常用的理化试验包括物理力学性能方面的检验和化学成分及其含量的测定等两个方面。力学性能的检验如各种力学指标的测定，包括抗拉强度、抗压强度、抗弯强度、抗折强度、冲击韧性、硬度、承载力等。各种物理性能方面的测定如密度、含水量、凝结时间、安定性及抗渗、耐磨、耐热性能等。化学成分及其含量的测定如钢筋中的磷、硫含量，混凝土中粗集料中的活性氧化硅成分，以及耐酸、耐碱、抗腐蚀性等。此外，根据规定有时还需进行现场试验，例如，对桩或地基的静载试验、下水管道的通水试验、压力管道的耐压试验、防水层的蓄水或淋水试验等。

（2）无损检测。利用专门的仪器仪表从表面探测结构物、材料、设备的内部组织结构或损伤情况。常用的无损检测方法有超声波探伤、X射线探伤、γ射线探伤等。

因此，正确选项是C。

47．C

【考点】 工程网络计划的类型和应用。

【解析】 网络图中从起始节点开始，沿箭头方向顺序通过一系列箭线与节点，最后达到终点节点的通路称为线路。在一个网络图中可能有很多条线路，线路中各项工作持续时间之和就是该线路的长度，即线路所需要的时间。一般网络图有多条线路，可依次用该线路上的节点代号来记述。

在各条线路中，有一条或几条线路的总时间最长，称为关键路线，一般用双线或粗线标注。其他线路长度均小于关键线路，称为非关键线路。

因此，正确选项是C。

48．D

【考点】 施工合同风险管理。

【解析】 工程合同风险可以分为：

（1）按合同风险产生的原因分，可以分为合同工程风险和合同信用风险。合同工程风险是指客观原因和非主观故意导致的。如工程进展过程中发生不利的地质条件变化、工程变更、物价上涨、不可抗力等。合同信用风险是指主观故意原因导致的。表现为合同双方的机会主义行为，如业主拖欠工程款、承包商层层转包、非法分包、偷工减料、以次充好、知假买假等。

（2）按合同的不同阶段进行划分，可以将合同风险分为合同订立风险和合同履约风险。

因此，正确选项是D。

49．D

【考点】 施工劳务分包合同的内容。

【解析】 《建设工程施工劳务分包合同（示范文本）》GF—2003—0214中，劳务分包人的主要义务有：

（1）对劳务分包范围内的工程质量向工程承包人负责，组织具有相应资格证书的熟练工人投入工作；未经工程承包人授权或允许，不得擅自与发包人及有关部门建立工作联系；自觉遵守法律法规及有关规章制度。

（2）严格按照设计图纸、施工验收规范、有关技术要求及施工组织设计精心组织施工，确保工程质量达到约定的标准。

科学安排作业计划，投入足够的人力、物力，保证工期。

加强安全教育，认真执行安全技术规范，严格遵守安全制度，落实安全措施，确保施工安全。

加强现场管理，严格执行建设主管部门及环保、消防、环卫等有关部门对施工现场的管理规定，做到文明施工。

承担由于自身责任造成的质量修改、返工、工期拖延、安全事故、现场脏乱造成的损失及各种罚款。

（3）自觉接受工程承包人及有关部门的管理、监督和检查；接受工程承包人随时检查其设备、材料保管、使用情况，及其操作人员的有效证件、持证上岗情况；与现场其他单位协调配合，照顾全局。

（4）劳务分包人须服从工程承包人转发的发包人及工程师（监理人）的指令。

（5）除非合同另有约定，劳务分包人应对其作业内容的实施、完工负责，劳务分包人应承担并履行总（分）包合同约定的、与劳务作业有关的所有义务及工作程序。

因此，正确选项是D。

50. C

【考点】 施工成本管理的措施。

【解析】 施工成本管理措施包括：组织措施、技术措施、经济措施和合同措施。

其中，经济措施是最易为人们所接受和采用的措施。管理人员应编制资金使用计划，确定、分解成本管理目标。对成本管理目标进行风险分析，并制定防范性对策。在施工中严格控制各项开支，及时准确地记录、收集、整理、核算实际支出的费用。对各种变更，应及时做好增减账，落实业主签证并结算工程款。通过偏差原因分析和未完工程施工成本预测，发现一些潜在的可能引起未完工程施工成本增加的问题，及时采取预防措施。

因此，正确选项是C。

51. D

【考点】 建筑安装工程费用项目组成。

【解析】 建筑安装工程费按照费用构成要素划分，由人工费、材料（包含工程设备，下同）费、施工机具使用费、企业管理费、利润、规费和税金组成。企业管理费是指建筑安装企业组织施工生产和经营管理所需的费用，内容包括管理人员工资、办公费等17项费用。其中，其他费用，包括技术转让费、技术开发费、投标费、业务招待费、绿化费、广告费、公证费、法律顾问费、审计费、咨询费、保险费等。

因此，正确选项是D。

52. A

【考点】 安全隐患的处理。

【解析】 施工安全隐患处理原则：

（1）冗余安全度处理原则

为确保安全，在处理安全隐患时应考虑设置多道防线，即使有一两道防线无效，还有冗余的防线可以控制事故隐患。例如：道路上有一个坑，既要设防护栏及警示牌，又要设照明及夜间警示红灯。

(2) 单项隐患综合处理原则

人、机、料、法、环境五者任一环节产生安全隐患，都要从五者安全匹配的角度考虑，调整匹配的方法，提高匹配的可靠性。一件单项隐患问题的整改需综合（多角度）处理。人的隐患，既要治人也要治机具及生产环境等各环节。例如某工地为避免发生触电事故，一方面要进行人的安全用电操作教育，同时现场也要设置漏电开关，对配电箱、用电电路进行防护改造，也要严禁非专业电工乱接乱拉电线。

(3) 直接隐患与间接隐患并治原则

对人机环境系统进行安全治理，同时还需治理安全管理措施。

(4) 预防与减灾并重处理原则

治理安全事故隐患时，需尽可能减少肇发事故的可能性，如果不能控制事故的发生，也要设法将事故等级减低。但是不论预防措施如何完善，都不能保证事故绝对不会发生，还必须对事故减灾做充分准备，研究应急技术操作规范。

(5) 重点处理原则

按对隐患的分析评价结果实行危险点分级治理，也可以用安全检查表打分对隐患危险程度分级。

(6) 动态处理原则

动态治理就是对生产过程进行动态随机安全化治理，生产过程中发现问题及时治理，既可以及时消除隐患，又可以避免小的隐患发展成大的隐患。

因此，正确选项是 A。

53. C

【考点】 增值税计算。

【解析】 建筑安装工程费用的税金是指国家税法规定应计入建筑安装工程造价内的增值税销项税额。

因此，正确选项是 C。

54. B

【考点】 施工合同索赔的依据和证据。

【解析】 承包商可以提起索赔的事件有：

(1) 发包人违反合同给承包人造成时间、费用的损失。

(2) 因工程变更（含设计变更、发包人提出的工程变更、监理工程师提出的工程变更，以及承包人提出并经监理工程师批准的变更）造成的时间、费用损失。

(3) 由于监理工程师对合同文件的歧义解释、技术资料不确切，或由于不可抗力导致施工条件的改变，造成了时间、费用的增加。

(4) 发包人提出提前完成项目或缩短工期而造成承包人的费用增加。

(5) 发包人延误支付期限造成承包人的损失。

(6) 合同规定以外的项目进行检验，且检验合格，或非承包人的原因导致项目缺陷的修复所发生的损失或费用。

（7）非承包人的原因导致工程暂时停工。

（8）物价上涨，法规变化及其他。

因此，正确选项是 B。

55. A

【考点】 施工质量管理和施工质量控制的内涵。

【解析】 施工质量要达到的最基本要求是：施工建成的工程实体按照国家《建筑工程施工质量验收统一标准》GB 50300—2013 及相关专业验收规范检查验收合格。

建筑工程施工质量验收合格应符合下列规定：

（1）符合工程勘察、设计文件的要求；

（2）符合上述标准和相关专业验收规范的规定。

上述规定（1）是要符合勘察、设计对施工提出的要求。工程勘察、设计单位针对本工程的水文地质条件，根据建设单位的要求，从技术和经济结合的角度，为满足工程的使用功能和安全性、经济性、与环境的协调性等要求，以图纸、文件的形式对施工提出要求，是针对每个工程项目的个性化要求。这个要求可以归结为"按图施工"。

规定（2）是要符合国家法律、法规的要求。国家建设主管部门为了加强建筑工程质量管理，规范建筑工程施工质量的验收，保证工程质量，制定相应的标准和规范。这些标准、规范主要从技术的角度，为保证房屋建筑及各专业工程的安全性、可靠性、耐久性而提出的一般性要求。这个要求可以归结为"依法施工"。

因此，正确选项是 A。

56. C

【考点】 施工合同变更管理。

【解析】 根据《标准施工招标文件》中通用合同条款，在履行合同过程中，经发包人同意，监理人可按合同约定的变更程序向承包人作出变更指示，承包人应遵照执行。没有监理人的变更指示，承包人不得擅自变更。

因此，正确选项是 C。

57. B

【考点】 施工成本计划的类型。

【解析】 实施性成本计划是项目施工准备阶段的施工预算成本计划，它是以项目实施方案为依据，以落实项目经理责任目标为出发点，采用企业的施工定额通过施工预算的编制而形成的实施性成本计划。

因此，正确选项是 B。

58. B

【考点】 施工项目经理的责任。

【解析】 根据《建设工程项目管理规范》GB/T 50326—2017，项目管理目标责任书应在项目实施之前，由企业的法定代表人或其授权人与项目经理协商制定。

因此，正确选项是 B。

59. C

【考点】 施工成本管理的任务和程序。

【解析】 项目成本管理应遵循下列程序：

(1) 掌握生产要素的价格信息；

(2) 确定项目合同价；

(3) 编制成本计划，确定成本实施目标；

(4) 进行成本控制；

(5) 进行项目过程成本分析；

(6) 进行项目过程成本考核；

(7) 编制项目成本报告；

(8) 项目成本管理资料归档。

因此，正确选项是 C。

60. B

【考点】 施工职业健康安全管理体系与环境管理体系的建立和运行。

【解析】 管理评审是由施工企业的最高管理者对管理体系的系统评价，判断企业的管理体系面对内部情况的变化和外部环境是否充分适应有效，由此决定是否对管理体系做出调整，包括方针、目标、机构和程序等。

因此，正确选项是 B。

61. A

【考点】 单价合同。

【解析】 单价合同是根据计划工程内容和估算工程量，在合同中明确每项工程内容的单位价格，实际支付时则根据实际完成的工程量乘以合同单价计算应付的工程款。

本题中，钢筋混凝土工程价款为 $1500 \times 600 = 900000$ 元 $= 90$ 万元。

因此，正确选项是 A。

62. B

【考点】 成本加酬金合同。

【解析】 成本加酬金合同有许多种形式：成本加固定费用合同、成本加固定比例费用合同、成本加奖金合同和最大成本加费用合同。

其中，成本加固定比例费用合同，即工程成本中直接费加一定比例的报酬费，报酬部分的比例在签订合同时由双方确定。这种方式的报酬费用总额随成本加大而增加，不利于缩短工期和降低成本。一般在工程初期很难描述工作范围和性质，或工期紧迫，无法按常规编制招标文件招标时采用。

因此，正确选项是 B。

63. C

【考点】 施工现场环境保护的要求。

【解析】 根据《建设工程施工现场环境与卫生标准》JGJ 146—2013，施工单位应当采取下列防止环境污染的技术措施：

(1) 施工现场的主要道路要进行硬化处理。裸露的场地和堆放的土方应采取覆盖、固化或绿化等措施。

(2) 施工现场土方作业应采取防止扬尘措施，主要道路应定期清扫、洒水。

(3) 拆除建筑物或者构筑物时，应采用隔离、洒水等降噪、降尘措施，并及时清理废弃物。

(4) 土方和建筑垃圾的运输必须采用封闭式运输车辆或采取覆盖措施。施工现场出口处应设置车辆冲洗设施，并应对驶出车辆进行清洗。

(5) 建筑物内垃圾应采用容器或搭设专用封闭式垃圾道的方式清运，严禁凌空抛掷。

(6) 施工现场严禁焚烧各类废弃物。

(7) 在规定区域内的施工现场应使用预拌混凝土及预拌砂浆。采用现场搅拌混凝土或砂浆的场所应采取封闭、降尘、降噪措施。水泥和其他易飞扬的细颗粒建筑材料应密封存放或采取覆盖等措施。

(8) 当空气质量指数达到中度及以上的污染时，施工现场应增加洒水频次，加强覆盖措施，减少宜造成大气污染的施工作业。

(9) 施工现场应设置排水管及沉淀池，施工污水应经沉淀池处理达到排放标准后，方可排入市政污水管网。

(10) 废弃的降水井应及时回填，并应封闭井口，防止污染地下水。

(11) 施工现场宜选用低噪声、低振动的设备，强噪声设备宜设置在远离居民区的一侧，并应采取隔声、吸声材料搭设防护棚或屏障。

因此，正确选项是C。

64. A

【考点】 风险和风险量。

【解析】 风险事件的风险等级由风险因素发生的概率和风险损失量（或效益水平）评估确定。

因此，正确选项是A。

65. D

【考点】 施工承包合同的主要内容。

【解析】 根据《标准施工招标文件》，除合同另有约定外，发包人应与当地公安部门协商，在现场建立治安管理机构或联防组织，统一管理施工场地的治安保卫事项，履行合同工程的治安保卫职责。

因此，正确选项是D。

66. C

【考点】 建设工程项目进度控制的任务。

【解析】 业主方进度控制的任务是控制整个项目实施阶段的进度，包括控制设计准备阶段的工作进度、设计工作进度、施工进度、物资采购工作进度以及项目动用前准备阶段的工作进度。

设计方进度控制的任务是依据设计任务委托合同对设计工作进度的要求控制设计工作进度，这是设计方履行合同的义务。另外，设计方应尽可能使设计工作的进度与招标、施工和物资采购等工作进度相协调。

施工方进度控制的任务是依据施工任务委托合同对施工进度的要求控制施工工作进度，这是施工方履行合同的义务。在进度计划编制方面，施工方应视项目的特点和施工进度控制的需要，编制深度不同的控制性和直接指导项目施工的进度计划，以及按不同计划周期编制的计划，如年度、季度、月度和旬计划等。

供货方进度控制的任务是依据供货合同对供货的要求控制供货工作进度，这是供货方履行合同的义务。供货进度计划应包括供货的所有环节，如采购、加工制造、运输等。

因此，正确选项是C。

67. D

【考点】施工质量监督管理的制度。

【解析】工程质量监督的性质属于行政执法行为，是为了保护人民生命和财产安全，由主管部门依据有关法律法规和工程建设强制性标准，对工程实体质量和工程建设、勘察、设计、施工、监理单位和质量检测等单位的工程质量行为实施监督。

工程实体质量监督，是指主管部门对涉及工程主体结构安全、主要使用功能的工程实体质量情况实施监督。

工程质量行为监督，是指主管部门对工程质量责任主体和质量检测等单位履行法定质量责任和义务的情况实施监督。

因此，正确选项是D。

68. A

【考点】危险源的识别和风险控制。

【解析】根据危险源在事故发生发展中的作用，把危险源分为两大类：

第一类危险源：能量和危险物质的存在是危害产生的根本原因，通常把可能发生意外释放的能量（能源或能量载体）或危险物质称作第一类危险源。

第一类危险源是事故发生的物理本质，危险性主要表现为导致事故而造成后果的严重程度方面。第一类危险源危险性的大小主要取决于以下几个方面：(1) 能量或危险物质的量；(2) 能量或危险物质意外释放的强度；(3) 意外释放的能量或危险物质的影响范围。

第二类危险源。造成约束、限制能量和危险物质措施失控的各种不安全因素称作第二类危险源。第二类危险源主要体现在设备故障或缺陷（物的不安全状态）、人为失误（人的不安全行为）和管理缺陷等几个方面。

因此，正确选项是A。

69. C

【考点】安全生产管理制度。

【解析】 施工企业进行生产前，应当依照《安全生产许可证条例》的规定向安全生产许可证颁发管理机关申请领取安全生产许可证。严禁未取得安全生产许可证建筑施工企业从事建筑施工活动。

安全生产许可证的有效期为3年。安全生产许可证有效期满需要延期的，企业应当于期满前3个月向原安全生产许可证颁发管理机关办理延期手续。

企业在安全生产许可证有效期内，严格遵守有关安全生产的法律法规，未发生死亡事故的，安全生产许可证有效期届满时，经原安全生产许可证颁发管理机关同意，不再审查，安全生产许可证有效期延期3年。

因此，正确选项是C。

70. B

【考点】 施工企业质量管理体系的建立和认证。

【解析】 质量管理体系由公正的第三方认证机构，依据质量管理体系的要求标准，审核企业质量管理体系要求的符合性和实施的有效性，进行独立、客观、科学、公正的评价，得出结论。认证应按申请、审核、审批与注册发证等程序进行。

因此，正确选项是B。

二、多项选择题

71. A、B、D

【考点】 施工项目经理的责任。

【解析】 根据《建设工程项目管理规范》GB/T 50326—2017，项目管理目标责任书宜包括下列内容：

（1）项目管理实施目标；
（2）组织和项目管理机构职责、权限和利益的划分；
（3）项目现场质量、安全、环保、文明、职业健康和社会责任目标；
（4）项目设计、采购、施工、试运行管理的内容和要求；
（5）项目所需资源的获取和核算办法；
（6）法定代表人向项目管理机构负责人委托的相关事项；
（7）项目管理机构负责人和项目管理机构应承担的风险；
（8）项目应急事项和突发事件处理的原则和方法；
（9）项目管理效果和目标实现的评价原则、内容和方法；
（10）项目实施过程中相关责任和问题的认定和处理原则；
（11）项目完成后对项目管理机构负责人的奖惩依据、标准和办法；
（12）项目管理机构负责人解职和项目管理机构解体的条件及办法；
（13）缺陷责任制、质量保修期及之后对项目管理机构负责人的相关要求。

因此，正确选项是A、B、D。

72. A、B、C、E

【考点】 职业健康安全与环境管理体系标准。

【解析】 《环境管理体系 要求及使用指南》GB/T 24001—2016 的总体结构及内容中，应对风险和机遇的措施部分包括：总则、环境因素、合规义务、措施的策划。

因此，正确选项是 A、B、C、E。

73. B、C、E

【考点】 安全生产管理制度。

【解析】 特种作业人员的安全教育应注意以下 3 点：

（1）特种作业人员上岗作业前，必须进行专门的安全技术和操作技能的培训教育，这种培训教育要实行理论教学与操作技术训练相结合的原则，重点放在提高其安全操作技术和预防事故的实际能力上。

（2）培训后，经考核合格方可取得操作证，并准许独立作业。

（3）取得操作证特种作业人员，必须定期进行复审。特种作业操作证每 3 年复审 1 次。

特种作业人员在特种作业操作证有效期内，连续从事本工种 10 年以上，严格遵守有关安全生产法律法规的，经原考核发证机关或者从业所在地考核发证机关同意，特种作业操作证的复审时间可以延长至每 6 年 1 次。

因此，正确选项是 B、C、E。

74. A、B、C、E

【考点】 职业健康安全事故的分类和处理。

【解析】 施工现场生产安全事故调查报告的内容应包括：

(1) 事故发生单位概况；

(2) 事故发生经过和事故救援情况；

(3) 事故造成的人员伤亡和直接经济损失；

(4) 事故发生的原因和事故性质；

(5) 事故责任的认定和对事故责任者的处理建议；

(6) 事故防范和整改措施。

事故调查报告应当附具有关证据材料，事故调查组成人员应当在事故调查报告上签名。

因此，正确选项是 A、B、C、E。

75. D、E

【考点】 施工承发包的主要类型。

【解析】 施工总承包管理模式与施工总承包模式不同，其差异主要表现在以下几个方面：(1) 工作开展程序不同；(2) 合同关系不同；(3) 对分包单位的选择和认可；(4) 对分包单位的付款；(5) 施工总承包管理的合同价格。

因此，正确选项是 D、E。

76. A、B、C、E

【考点】 施工合同索赔的程序。

【解析】 根据《标准施工招标文件》，承包人应按下列程序向发包人提出索赔：

（1）承包人应在知道或应当知道索赔事件发生后28天内，向监理人递交索赔意向通知书，并说明发生索赔事件的事由。承包人未在前述28天内发出索赔意向通知书的，丧失要求追加付款和（或）延长工期的权利。

（2）承包人应在发出索赔意向通知书后28天内，向监理人正式递交索赔通知书。索赔通知书应详细说明索赔理由以及要求追加的付款金额和（或）延长的工期，并附必要的记录和证明材料。

（3）索赔事件具有连续影响的，承包人应按合理时间间隔继续递交延续索赔通知，说明连续影响的实际情况和记录，列出累计的追加付款金额和（或）工期延长天数。

（4）在索赔事件影响结束后的28天内，承包人应向监理人递交最终索赔通知书，说明最终要求索赔的追加付款金额和延长的工期，并附必要的记录和证明材料。

因此，正确选项是A、B、C、E。

77. A、C、D

【考点】 施工项目经理的任务和责任。

【解析】《建设工程施工合同（示范文本）》GF—2017—0201中涉及项目经理有如下条款：

3.2 项目经理

3.2.1 项目经理应为合同当事人所确认的人选，并在专用合同条款中明确项目经理的姓名、职称、注册执业证书编号、联系方式及授权范围等事项，项目经理经承包人授权后代表承包人负责履行合同。项目经理应是承包人正式聘用的员工，承包人应向发包人提交项目经理与承包人之间的劳动合同，以及承包人为项目经理缴纳社会保险的有效证明。承包人不提交上述文件的，项目经理无权履行职责，发包人有权要求更换项目经理，由此增加的费用和（或）延误的工期由承包人承担，项目经理应常驻施工现场，且每月在施工现场时间不得少于专用合同条款约定的天数。项目经理不得同时担任其他项目的项目经理。项目经理确需离开施工现场时，应事先通知监理人，并取得发包人的书面同意。项目经理的通知中应当载明临时代行其职责的人员的注册执业资格、管理经验等资料，该人员应具备履行相应职责的能力。承包人违反上述约定的，应按照专用合同条款的约定，承担违约责任。

3.2.2 项目经理按合同约定组织工程实施。在紧急情况下为确保施工安全和人员安全，在无法与发包人代表和总监理工程师及时取得联系时，项目经理有权采取必要的措施保证与工程有关的人身、财产和工程的安全，但应在48小时内向发包人代表和总监理工程师提交书面报告。

3.2.3 承包人需要更换项目经理的，应提前14天书面通知发包人和监理人，并征得发包人书面同意。通知中应当载明继任项目经理的注册执业资格、管理经验等资料，继任项目经理继续履行第3.2.1项约定的职责。未经发包人书面同意，承包人不得擅自更换项目经理。承包人擅自更换项目经理的,应按照专用合同条款的约定承担违约责任。

3.2.4 发包人有权书面通知承包人更换其认为不称职的项目经理,通知中应当载明要求更换的理由。承包人应在接到更换通知后 14 天内向发包人提出书面的改进报告。发包人收到改进报告后仍要求更换的,承包人应在接到第二次更换通知的 28 天内进行更换,并将新任命的项目经理的注册执业资格、管理经验等资料书面通知发包人。继任项目经理继续履行第 3.2.1 项约定的职责。承包人无正当理由拒绝更换项目经理的,应按照专用合同条款的约定承担违约责任。

3.2.5 项目经理因特殊情况授权其下属人员履行其某项工作职责的,该下属人员应具备履行相应职责的能力,并应提前 7 天将上述人员的姓名和授权范围书面通知监理人,并征得发包人书面同意。

因此,正确选项是 A、C、D。

78. B、C、D、E

【考点】 施工企业质量管理体系的建立和认证。

【解析】 《质量管理体系 基础和术语》GB/T 19000—2016 提出了质量管理的七项原则,内容如下:(1)以顾客为关注焦点;(2)领导作用;(3)全员积极参与;(4)过程方法;(5)改进;(6)循证决策;(7)关系管理。

因此,正确选项是 B、C、D、E。

79. C、D、E

【考点】 施工成本管理的措施。

【解析】 施工成本管理的措施包括:组织措施、技术措施、经济措施和合同措施。

其中,技术措施包括:进行技术经济分析,确定最佳的施工方案;结合施工方法,进行材料使用的比选,在满足功能要求的前提下,通过代用、改变配合比、使用外加剂等方法降低材料消耗的费用;确定最合适的施工机械、设备使用方案;结合项目的施工组织设计及自然地理条件,降低材料的库存成本和运输成本;应用先进的施工技术,运用新材料,使用先进的机械设备等。在实践中,也要避免仅从技术角度选定方案而忽视对其经济效果的分析论证。

技术措施不仅对解决成本管理过程中的技术问题是不可缺少的,而且对纠正成本管理目标偏差也有相当重要的作用。因此,运用技术纠偏措施的关键,一是要能提出多个不同的技术方案;二是要对不同的技术方案进行技术经济分析比较,选择最佳方案。

因此,正确选项是 C、D、E。

80. A、D、E

【考点】 施工质量事故工的处理。

【解析】 事故调查报告的主要内容包括:工程项目和参建单位概况;事故基本情况;事故发生后所采取的应急防护措施;事故调查中的有关数据、资料;对事故原因和事故性质的初步判断,对事故处理的建议;事故涉及人员与主要责任者的情况等。

因此,正确选项是 A、D、E。

81. A、B

【考点】 工程网络计划的类型和应用。

【解析】 网络图中从起始节点开始,沿箭头方向顺序通过一系列箭线与节点,最后达到终点节点的通路称为线路。也就是说,线路上必须包含起点节点和终点节点。

题中,选项C中缺少起点节点,选项B中缺少终点节点,选项E中缺少起点和终点节点。

因此,正确选项是A、B。

82. B、C、E

【考点】 施工承包合同的主要内容。

【解析】 《标准施工招标文件》中,关于工期调整的规定有:

(1) 发包人的工期延误

在履行合同过程中,由于发包人的下列原因造成工期延误的,承包人有权要求发包人延长工期和(或)增加费用,并支付合理利润。需要修订合同进度计划的,按照合同规定的办法办理。

由于出现专用合同条款规定的异常恶劣气候的条件导致工期延误的,承包人有权要求发包人延长工期。

(2) 承包人的工期延误

由于承包人原因,未能按合同进度计划完成工作,或监理人认为承包人施工进度不能满足合同工期要求的,承包人应采取措施加快进度,并承担加快进度所增加的费用。由于承包人原因造成工期延误,承包人应支付逾期竣工违约金。承包人支付逾期竣工违约金,不免除承包人完成工程及修补缺陷的义务。

(3) 工期提前

发包人要求承包人提前竣工,或承包人提出提前竣工的建议能够给发包人带来效益的,应由监理人与承包人共同协商采取加快工程进度的措施和修订合同进度计划。发包人应承担承包人由此增加的费用,并向承包人支付专用合同条款约定的相应奖金。

因此,正确选项是B、C、E。

83. A、B、C、D

【考点】 组织论和组织工具。

【解析】 组织工具是组织论的应用手段,用图或表等形式表示各种组织关系,它包括:(1) 项目结构图;(2) 组织结构图(管理组织结构图);(3) 工作任务分工表;(4) 管理职能分工表;(5) 工作流程图等。

因此,正确选项是A、B、C、D。

84. A、C、D

【考点】 施工进度计划的类型。

【解析】 建设工程项目施工进度计划,属工程项目管理的范畴。它以每个建设工程项目的施工为系统,依据企业的施工生产计划的总体安排和履行施工合同的要求,以及施工

的条件和资源利用的可能性,合理安排一个项目施工的进度,包括:

(1) 整个项目施工总进度方案、施工总进度规划、施工总进度计划(这些进度计划的名称尚不统一,应视项目的特点、条件和需要而定,大型建设工程项目进度计划的层次就多一些,而小型项目只需编制施工总进度计划)。

(2) 子项目施工进度计划和单体工程施工进度计划。

(3) 项目施工的年度施工计划、项目施工的季度施工计划、项目施工的月度施工计划和旬施工作业计划等。

因此,正确选项是 A、C、D。

85. A、B、C、D

【考点】 建设工程项目总进度目标。

【解析】 在项目的实施阶段,项目总进度包括:

(1) 设计前准备阶段的工作进度;

(2) 设计工作进度;

(3) 招标工作进度;

(4) 施工前准备工作进度;

(5) 工程施工和设备安装工作进度;

(6) 工程物资采购工作进度;

(7) 项目动用前的准备工作进度等。

因此,正确选项是 A、B、C、D。

86. A、B、C、D

【考点】 施工质量监督管理的制度。

【解析】 工程质量监督管理包括下列内容:

(1) 执行法律法规和工程建设强制性标准的情况;

(2) 抽查涉及工程主体结构安全和主要使用功能的工程实体质量;

(3) 抽查工程质量责任主体和质量检测等单位的工程质量行为;

(4) 抽查主要建筑材料、建筑构配件的质量;

(5) 对工程竣工验收进行监督;

(6) 组织或者参与工程质量事故的调查处理;

(7) 定期对本地区工程质量状况进行统计分析;

(8) 依法对违法违规行为实施处罚。

因此,正确选项是 A、B、C、D。

87. A、C、D、E

【考点】 施工文件归档管理的主要内容。

【解析】 施工文件归档管理的内容主要包括:工程施工技术管理资料、工程质量控制资料、工程施工质量验收资料、竣工图四大部分。

因此,正确选项是 A、C、D、E。

88. A、B、E

【考点】 施工质量控制的特点与责任。

【解析】 住房和城乡建设部《建筑施工项目经理质量安全责任十项规定（试行）》（建质〔2014〕123号）的相关规定如下：

（1）项目经理必须对工程项目施工质量安全负全责，负责建立质量安全管理体系，负责配备专职质量、安全等施工现场管理人员，负责落实质量安全责任制、质量安全管理规章制度和操作规程。

（2）项目经理必须按照工程设计图纸和技术标准组织施工，不得偷工减料；负责组织编制施工组织设计，负责组织制定质量安全技术措施，负责组织编制、论证和实施危险性较大分部分项工程专项施工方案；负责组织质量安全技术交底。

（3）项目经理必须组织对进入现场的建筑材料、构配件、设备、预拌混凝土等进行检验，未经检验或检验不合格，不得使用；必须组织对涉及结构安全的试块、试件以及有关材料进行取样检测，送检试样不得弄虚作假，不得篡改或者伪造检测报告，不得明示或暗示检测机构出具虚假检测报告。

（4）项目经理必须组织做好隐蔽工程的验收工作，参加地基基础、主体结构等分部工程的验收，参加单位工程和工程竣工验收；必须在验收文件上签字，不得签署虚假文件。

因此，正确选项是A、B、E。

89. A、B、C、E

【考点】 总价合同。

【解析】 在工程施工承包招标时，施工期限一年左右的项目一般实行固定总价合同，通常不考虑价格调整问题，以签订合同时的单价和总价为准，物价上涨的风险全部由承包商承担。但是对建设周期一年半以上的工程项目，则应考虑下列因素引起的价格变化问题：

（1）劳务工资以及材料费用的上涨；

（2）其他影响工程造价的因素，如运输费、燃料费、电力等价格的变化；

（3）外汇汇率的不稳定；

（4）国家或者省、市立法的改变引起的工程费用的上涨。

因此，正确选项是A、B、C、E。

90. A、C、D、E

【考点】 施工机械台班使用定额的编制。

【解析】 施工机械时间定额是指在合理劳动组织与合理使用机械条件下，完成单位合格产品所必需的工作时间，包括有效工作时间（正常负荷下的工作时间和降低负荷下的工作时间）、不可避免的中断时间、不可避免的无负荷工作时间。机械时间定额以"台班"表示，即一台机械工作一个作业班时间。

因此，正确选项是A、C、D、E。

91. A、B、D、E

【考点】 控制性施工进度计划目的。

【解析】 控制性施工进度计划的主要作用：

(1) 论证施工总进度目标；

(2) 施工总进度目标的分解，确定里程碑事件的进度目标；

(3) 是编制实施性进度计划的依据；

(4) 是编制与该项目相关的其他各种进度计划的依据或参考依据（如子项目施工进度计划、单体工程施工进度计划；项目施工的年度施工计划、项目施工的季度施工计划等）；

(5) 是施工进度动态控制的依据。

因此，正确选项是A、B、D、E。

92. A、B、D

【考点】 施工组织设计的内容。

【解析】 根据施工组织设计编制的广度、深度和作用的不同，可分为：

(1) 施工组织总设计；

(2) 单位工程施工组织设计；

(3) 分部（分项）工程施工组织设计［或称分部（分项）工程作业设计］。

因此，正确选项是A、B、D。

93. B、D、E

【考点】 建筑安装工程费用项目组成。

【解析】 施工机具使用费是指施工作业所发生的施工机械、仪器仪表使用费或其租赁费。包括：

(1) 施工机械使用费：以施工机械台班耗用量乘以施工机械台班单价表示，施工机械台班单价应由七项费用组成：

① 折旧费：是指施工机械在规定的使用年限内，陆续收回其原值的费用。

② 大修理费：是指施工机械按规定的大修理间隔台班进行必要的大修理，以恢复其正常功能所需的费用。

③ 经常修理费：是指施工机械除大修理以外的各级保养和临时故障排除所需的费用。包括为保障机械正常运转所需替换设备与随机配备工具附具的摊销和维护费用，机械运转中日常保养所需润滑与擦拭的材料费用及机械停滞期间的维护和保养费用等。

④ 安拆费及场外运费：安拆费指施工机械（大型机械除外）在现场进行安装与拆卸所需的人工、材料、机械和试运转费用以及机械辅助设施的折旧、搭设、拆除等费用；场外运费指施工机械整体或分体自停放地点运至施工现场或由一施工地点运至另一施工地点的运输、装卸、辅助材料及架线等费用。

⑤ 人工费：是指机上司机（司炉）和其他操作人员的人工费。

⑥ 燃料动力费：是指施工机械在运转作业中所消耗的各种燃料及水、电等。

⑦ 税费：是指施工机械按照国家规定应缴纳的车船使用税、保险费及年检费等。

(2) 仪器仪表使用费。仪器仪表使用费是指工程施工所需用的仪器仪表的摊销及维修费用。

因此，正确选项是 B、D、E。

94. A、B、C

【考点】 合同价款调整。

【解析】 根据《建设工程施工合同（示范文本）》GF—2017—0201，不可抗力引起的后果及造成的损失由合同当事人按照法律规定及合同约定各自承担。不可抗力发生前已完成的工程应当按照合同约定进行计量支付。不可抗力导致的人员伤亡、财产损失、费用增加和（或）工期延误等后果，由合同当事人按以下原则承担：

（1）永久工程、已运至施工现场的材料和工程设备的损坏，以及因工程损坏造成的第三人人员伤亡和财产损失由发包人承担。

（2）承包人施工设备的损坏由承包人承担。

（3）发包人和承包人承担各自人员伤亡和财产的损失。

（4）因不可抗力影响承包人履行合同约定的义务，已经引起或将引起工期延误的，应当顺延工期，由此导致承包人停工的费用损失由发包人和承包人合理分担，停工期间必须支付的工人工资由发包人承担。

（5）因不可抗力引起或将引起工期延误，发包人要求赶工的，由此增加的赶工费用由发包人承担。

（6）承包人在停工期间按照发包人要求照管、清理和修复工程的费用由发包人承担。

不可抗力发生后，合同当事人均应采取措施尽量避免和减少损失的扩大，任何一方当事人没有采取有效措施导致损失扩大的，应对扩大的损失承担责任。

因合同一方迟延履行合同义务，在迟延履行期间遭遇不可抗力的，不免除其违约责任。

因此，正确选项是 A、B、C。

95. A、B、D、E

【考点】 施工合同变更管理。

【解析】 工程变更一般主要有以下几个方面的原因：

（1）业主新的变更指令，对建筑的新要求。如业主有新的意图，业主修改项目计划、削减项目预算等。

（2）由于设计人员、监理方人员、承包商事先没有很好地理解业主的意图，或设计的错误，导致图纸修改。

（3）工程环境的变化，预定的工程条件不准确，要求实施方案或实施计划变更。

（4）由于产生新技术和知识，有必要改变原设计、原实施方案或实施计划，或由于业主指令及业主责任的原因造成承包商施工方案的改变。

（5）政府部门对工程新的要求，如国家计划变化、环境保护要求、城市规划变动等。

（6）由于合同实施出现问题，必须调整合同目标或修改合同条款。

因此，正确选项是 A、B、D、E。

2019 年度二级建造师执业资格考试试卷

一、单项选择题（共 70 题，每题 1 分。每题的备选项中，只有 1 个最符合题意）

1. 关于施工总承包管理方主要特征的说法，正确的是（   ）。
   A. 在平等条件下可通过竞标获得施工任务并参与施工
   B. 不能参与业主的招标和发包工作
   C. 对于业主选定的分包方，不承担对其组织和管理责任
   D. 只承担质量、进度和安全控制方面的管理任务和责任

2. 施工总承包模式下，业主甲与其指定的分包施工单位丙单独签订了合同，则关于施工总承包方乙与丙关系的说法，正确的是（   ）。
   A. 乙负责组织和管理丙的施工
   B. 乙只负责甲与丙之间的索赔工作
   C. 乙不参与对丙的组织管理工作
   D. 乙只负责对丙的结算支付，不负责组织其施工

3. 某建设工程项目设立了采购部、生产部、后勤保障部等部门，但在管理中采购部和生产部均可在职能范围内直接对后勤保障部下达工作指令，则该组织结构模式为（   ）。
   A. 职能组织结构   B. 线性组织结构
   C. 强矩阵组织结构   D. 弱矩阵组织结构

4. 针对建设工程项目中的深基础工程编制的施工组织设计属于（   ）。
   A. 施工组织总设计   B. 单项工程施工组织设计
   C. 单位工程施工组织设计   D. 分部工程施工组织设计

5. 建设工程项目目标事前控制是指（   ）。
   A. 事前分析可能导致偏差产生的原因并在产生偏差时采取纠偏措施
   B. 事前分析可能导致项目目标偏离的影响因素并针对这些因素采取预防措施
   C. 定期进行计划值与实际值比较
   D. 发现项目目标偏离时及时采取纠偏措施

6. 对建设工程项目目标控制的纠偏措施中，属于技术措施的是(　　)。
　　A. 调整管理方法和手段　　　　　　B. 调整项目组织结构
　　C. 调整资金供给方式　　　　　　　D. 调整施工方法

7. 下列建筑施工企业为从事危险作业的职工办理的保险中，属于非强制性保险的是(　　)。
　　A. 工伤保险　　　　　　　　　　　B. 意外伤害保险
　　C. 基本医疗保险　　　　　　　　　D. 失业保险

8. 为消除施工质量通病而采用新型脚手架应用技术的做法，属于质量影响因素中对(　　)因素的控制。
　　A. 材料　　　　　　　　　　　　　B. 机械
　　C. 方法　　　　　　　　　　　　　D. 环境

9. 根据《建设工程施工合同（示范文本）》，承包人提供质量保证金的方式原则上应为(　　)。
　　A. 质量保证金保函　　　　　　　　B. 相应比例的工程款
　　C. 相应额度的担保物　　　　　　　D. 相应额度的现金

10. 根据《建设工程施工合同（示范文本）》，招标工程一般以投标截止日前(　　)天作为基准日期。
　　A. 7　　　　　　　　　　　　　　　B. 14
　　C. 42　　　　　　　　　　　　　　D. 28

11. 单价合同模式下，承包人支付的建筑工程险保险费，宜采用的计量方法是(　　)。
　　A. 凭据法　　　　　　　　　　　　B. 估价法
　　C. 均摊法　　　　　　　　　　　　D. 分解计量法

12. 根据《标准施工招标文件》，关于施工合同变更权和变更程序的说法，正确的是(　　)。
　　A. 发包人可以直接向承包人发出变更意向书
　　B. 承包人根据合同约定，可以向监理人提出书面变更建议
　　C. 承包人书面报告发包人后，可根据实际情况对工程进行变更
　　D. 监理人应在收到承包人书面建议后30天内做出变更指示

13. 关于单价合同的说法，正确的是( )。
A. 实际工程款的支付按照估算工程量乘以合同单价进行计算
B. 单价合同又分为固定单价合同、变动单价合同、成本补偿合同
C. 固定单价合同适用于工期较短、工程量变化幅度不会太大的项目
D. 变动单价合同允许随工程量变化而调整工程单价，业主承担风险较小

14. 下列施工现场环境保护措施中，属于大气污染防治处理措施的是( )。
A. 工地临时厕所、化粪池采取防渗漏措施
B. 易扬尘处采用密目式安全网封闭
C. 禁止将有毒、有害废弃物用于土方回填
D. 机械设备安装消声器

15. 建设工程施工质量验收时，分部工程的划分一般按( )确定。
A. 施工工艺、设备类别
B. 专业性质、工程部位
C. 专业类别、工程规模
D. 材料种类、施工程序

16. 编制人工定额时，为了提高编制效率，对于同类型产品规格多、工序重复、工作量小的施工过程，宜采用的编制方法是( )。
A. 技术测定法　　　　　　B. 统计分析法
C. 比较类推法　　　　　　D. 试验测定法

17. 关于施工企业年度成本分析的说法，正确的是( )。
A. 一般一年结算一次，可将本年度成本转入下一年
B. 分析的依据是年度成本报表
C. 分析应以本年度开工建设的项目为对象，不含以前年度开工的项目
D. 分析应以本年度竣工验收的项目为对象，不含本年度未完工的项目

18. 某工程施工中，操作工人不听从指导，在浇筑混凝土时随意加水造成混凝土质量事故，按事故责任分类，该事故属于( )。
A. 操作责任事故　　　　　B. 自然灾害事故
C. 指导责任事故　　　　　D. 一般责任事故

19. 某建设工程施工横道图进度计划如下表所示，则关于该工程施工组织的说法，正确的是( )。

施工过程名称	施工进度（天）									
	3	6	9	12	15	18	21	24	27	30
支模板	Ⅰ-1	Ⅰ-2	Ⅰ-3	Ⅰ-4	Ⅱ-1	Ⅱ-2	Ⅱ-3	Ⅱ-4		
绑扎钢筋		Ⅰ-1	Ⅰ-2	Ⅰ-3	Ⅰ-4	Ⅱ-1	Ⅱ-2	Ⅱ-3	Ⅱ-4	
浇混凝土			Ⅰ-1	Ⅰ-2	Ⅰ-3	Ⅰ-4	Ⅱ-1	Ⅱ-2	Ⅱ-3	Ⅱ-4

注：Ⅰ、Ⅱ表示楼层；1、2、3、4表示施工段。

A. 各层内施工过程间不存在技术间歇和组织间歇
B. 所有施工过程由于施工楼层的影响，均可能造成施工不连续
C. 由于存在两个施工楼层，每一施工过程均可安排2个施工队伍
D. 在施工高峰期（第9日～第24日期间），所有施工段上均有工人在施工

20. 在固定总价合同模式下，承包人承担的风险是（   ）。
A. 全部价格的风险，不包括工作量的风险
B. 全部工作量和价格的风险
C. 全部工作量的风险，不包括价格的风险
D. 工程变更的风险，不包括工程量和价格的风险

21. 关于建设工程项目进度计划系统构成的说法，正确的是（   ）。
A. 进度计划系统是对同一个计划采用不同方法表示的计划系统
B. 同一个项目进度计划系统的组成不变
C. 同一个项目进度计划系统中的各进度计划之间不能相互关联
D. 进度计划系统包括对同一个项目按不同周期进度计划组成的计划系统

22. 根据《建设工程工程量清单计价规范》，关于暂列金额的说法，正确的是（   ）。
A. 由承包单位依据项目情况，按计价规定估算
B. 由建设单位掌握使用，若有余额，则归建设单位
C. 在施工过程中，由承包单位使用，监理单位监管
D. 由建设单位估算金额，承包单位负责使用，余额双方协商处理

23. 根据《建设工程监理规范》，竣工验收阶段建设监理工作的主要任务是（   ）。
A. 负责编制工程管理归档文件并提交给政府主管部门
B. 审查施工单位的竣工验收申请并组织竣工验收
C. 参与工程预验收并编写工程质量评估报告

D. 督促和检查施工单位及时整理竣工文件和验收资料

24. 施工单位在项目开工前编制的测量控制方案，一般应经(　　)批准后实施。
A. 项目经理　　　　　　　　　B. 业主代表
C. 施工员　　　　　　　　　　D. 项目技术负责人

25. 工程项目建设中的桩基工程经监督检查验收合格后，建设单位应将质量验收证明在验收后(　　)内报送工程质量监督机构备案。
A. 3 天　　　　　　　　　　　B. 7 天
C. 10 天　　　　　　　　　　 D. 1 月

26. 单代号网络计划中，工作 C 的已知时间参数（单位：天）标注如下图所示，则该工作的最迟开始时间、最早完成时间和总时差分别是(　　)天。

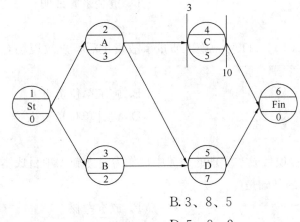

A. 3、10、5　　　　　　　　　B. 3、8、5
C. 5、10、2　　　　　　　　　D. 5、8、2

27. 在工程实施过程中发生索赔事件后，承包人首先应做的工作是在合同规定时间内(　　)。
A. 向工程项目建设行政主管部门报告
B. 向造价工程师提交正式索赔报告
C. 收集完善索赔证据
D. 向发包人发出书面索赔意向通知

28. 根据《建设工程施工专业分包合同（示范文本）》，关于专业分包的说法，正确的是(　　)。
A. 分包工程合同价款与总包合同相应部分价款没有连带关系
B. 分包工程合同不能采用固定价格合同

C. 专业分包人应按规定办理有关施工噪声排放的手续，并承担由此发生的费用
D. 专业分包人只有在收到承包人的指令后，才能允许发包人授权的人员在工作时间内进入分包工程施工场地

29. 根据《标准施工招标文件》，对承包人提出索赔的处理程序，正确的是(   )。
    A. 发包人应在作出索赔处理结果答复后 28 天内完成赔付
    B. 监理人收到承包人递交的索赔通知书后，发现资料缺失，应及时现场取证
    C. 监理人答复承包人处理结果的期限是收到索赔通知书后 28 天内
    D. 发包人在承包人接受竣工付款证书后不再接受任何索赔通知书

30. 根据《建设工程施工合同（示范文本）》，招标人要求中标人提供履约担保时，招标人应同时向中标人提供的担保是(   )。
    A. 履约担保   B. 工程款支付担保
    C. 预付款担保   D. 资金来源证明

31. 根据建质[2010]111号，施工质量事故发生后，事故现场有关人员应立即向工程(   )报告。
    A. 建设单位负责人   B. 施工单位负责人
    C. 监理单位负责人   D. 设计单位负责人

32. 下列建设工程项目成本管理的任务中，作为建立施工项目成本管理责任制、开展施工成本控制和核算的基础是(   )。
    A. 成本预测   B. 成本考核
    C. 成本分析   D. 成本计划

33. 在建设工程项目施工前，承包人对难以控制的风险向保险公司投保，此行为属于风险应对措施中的(   )。
    A. 风险规避   B. 风险转移
    C. 风险减轻   D. 风险保留

34. 下列质量控制活动中，属于事中质量控制的是(   )。
    A. 设置质量控制点   B. 明确质量责任
    C. 评价质量活动结果   D. 约束质量活动行为

35. 下列施工工程合同风险产生的原因中，属于合同工程风险的是(   )。
    A. 物价上涨   B. 非法分包

C. 偷工减料 D. 恶意拖欠

36. 下列建设工程施工信息内容中,属于施工记录信息的是( )。
A. 施工试验记录 B. 隐蔽工程验收记录
C. 材料设备进场记录 D. 主体结构验收记录

37. 关于施工总承包管理模式特点的说法,正确的是( )。
A. 对分包单位的质量控制主要由施工总承包管理单位进行
B. 支付给分包单位的款项由业主直接支付,不经过总承包管理单位
C. 业主对分包单位的选择没有控制权
D. 总承包管理单位除了收取管理费以外,还可赚总包与分包之间的差价

38. 根据《建设工程施工劳务分包合同(示范文本)》,必须由劳务分包人办理并支付保险费用的是( )。
A. 为从事危险作业的职工办理意外伤害险
B. 为租赁使用的施工机械设备办理保险
C. 为运至施工场地用于劳务施工的材料办理保险
D. 为施工场地内的自有人员及第三方人员生命财产办理保险

39. 根据《特种作业人员安全技术培训考核管理规定》,对首次取得特种作业操作证的人员,其证书的复审周期为( )年一次。
A. 1 B. 6
C. 3 D. 10

40. 关于分部分项工程量清单项目与定额子目关系的说法,正确的是( )。
A. 清单项目与定额子目之间是一一对应的
B. 一个定额子目不能对应多个清单项目
C. 清单项目与定额子目的工程量计算规则是一致的
D. 清单项目组价时,可能需要组合几个定额子目

41. 当施工项目的实际进度比计划进度提前、但业主方不要求提前工期时,适宜采用的进度计划调整方法是( )。
A. 适当延长后续关键工作的持续时间以降低资源强度
B. 在时差范围内调整后续非关键工作的起止时间以降低资源强度
C. 进一步分解后续关键工作以增加工作项目,调整逻辑关系
D. 在时差范围内延长后续非关键工作中直接费率大的工作以降低费用

42. 某双代号网络计划如下图所示（时间单位：天），其计算工期是（　　）天。

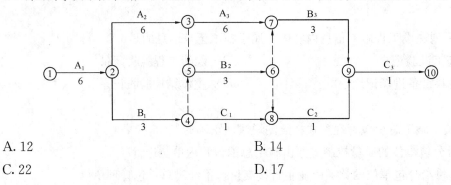

A. 12 B. 14
C. 22 D. 17

43. 为了保证工程质量，对重要建材的使用，必须经过（　　）。
A. 总监理工程师签字
B. 监理工程师签字、项目经理签准
C. 业主现场代表签准
D. 业主现场代表签字、监理工程师签准

44. 政府对工程质量监督的行为从性质上属于（　　）。
A. 技术服务　　　　　　　　B. 委托代理
C. 司法审查　　　　　　　　D. 行政执法

45. 关于建设工程施工招标中评标的说法，正确的是（　　）。
A. 投标书中单价与数量的乘积之和与总价不一致时，将作无效标处理
B. 投标书正本、副本不一致时，将作无效标处理
C. 初步评审是对投标书进行实质性审查，包括技术评审和商务评审
D. 评标委员会推荐的中标候选人应当限定在1~3人，并标明排列顺序

46. 对某建设工程项目进行成本偏差分析，若当月计划完成工作量是100m^3，计划单价为300元/m^3；当月实际完成工作量是120m^3，实际单价为320元/m^3。则关于该项目当月成本偏差分析的说法，正确的是（　　）。
A. 费用偏差为-2400元，成本超支　　B. 费用偏差为6000元，成本节约
C. 进度偏差为6000元，进度延误　　　D. 进度偏差为2400元，进度提前

47. 根据《标准施工招标文件》，关于暂停施工的说法，正确的是（　　）。
A. 因发包人原因发生暂停施工的紧急情况时，承包人可以先暂停施工，并及时向监理人提出暂停施工的书面请求
B. 发包人原因造成暂停施工，承包人可不负责暂停施工期间工程的保护

C. 施工中出现意外情况需要暂停施工的,所有责任由发包人承担

D. 由于发包人原因引起的暂停施工,承包人有权要求延长工期和(或)增加费用,但不得要求补偿利润

48. 根据《建设工程施工合同(示范文本)》,工程变更引起施工方案改变并使措施项目发生变化时,承包人提出调整措施项目费的,首先应采取的做法是( )。

A. 提出措施项目变化后增加费用的估算

B. 在该措施项目施工结束后提交增加费用的证据

C. 将拟实施的方案提交发包人确认并说明变化情况

D. 加快施工尽快完成措施项目

49. 某工作有2个紧后工作,紧后工作的总时差分别是3天和5天,对应的间隔时间分别是4天和3天,则该工作的总时差是( )天。

A. 6　　　　　　　　　　　　B. 8
C. 9　　　　　　　　　　　　D. 7

50. 施工企业实施和保持质量管理体系应遵循的纲领性文件是( )。

A. 质量计划　　　　　　　　　B. 质量记录
C. 质量手册　　　　　　　　　D. 程序文件

51. 采用时间—成本累积曲线法编制建设工程项目成本计划时,为了节约资金贷款利息,所有工作的时间宜按( )确定。

A. 最早开始时间　　　　　　　B. 最迟完成时间减干扰时差
C. 最早完成时间加自由时差　　D. 最迟开始时间

52. 根据《建设工程工程量清单计价规范》,投标人进行投标报价时,发现某招标工程量清单项目特征描述与设计图纸不符,则投标人在确定综合单价时,应( )。

A. 以招标工程量清单项目的特征描述为报价依据

B. 以设计图纸作为报价依据

C. 综合两者对项目特征共同描述作为报价依据

D. 暂不报价,待施工时依据设计变更后的项目特征报价

53. 根据《建设工程施工专业分包合同(示范文本)》,关于专业工程分包人做法,正确的是( )。

A. 须服从监理人直接发出的与专业分包工程有关的指令

B. 可直接致函监理人,要求对相关指令进行澄清

C. 不能以任何理由直接致函给发包人
D. 在接到监理人指令后，可不执行承包人的指令

54. 下列合同实施偏差的调整措施中，属于组织措施的是（ ）。
    A. 增加资金投入   B. 采取索赔手段
    C. 增加人员投入   D. 变更合同条款

55. 根据《建设工程监理规范》，关于土方回填工程旁站监理的说法，正确的是（ ）。
    A. 监理人员实施旁站监理的依据是监理规划
    B. 旁站监理人员仅对施工过程跟班监督
    C. 承包人应在施工前24小时书面通知监理方
    D. 旁站监理人员到场但未在监理记录上签字，不影响进行下一道工序施工

56. 下列施工职业健康安全与环境管理体系的运行、维持活动中，属于管理体系运行的是（ ）。
    A. 管理评审   B. 内部审核
    C. 合规性评价   D. 文件管理

57. 某建设工程项目在施工中发生了紧急性的安全事故，若短时间内无法与发包人代表和总监理工程师取得联系，则项目经理有权采取措施保证与工程有关的人身和财产安全，但应（ ）。
    A. 立即向建设主管部门报告
    B. 在48小时内向发包人代表提交书面报告
    C. 在48小时内向承包人的企业负责人提交书面报告
    D. 在24小时内向发包人代表进行口头报告

58. 根据应急预案体系的构成，针对深基坑开挖编制的应急预案属于（ ）。
    A. 专项应急预案   B. 专项施工方案
    C. 现场处置预案   D. 危大工程预案

59. 县级以上安全生产监督管理部门可给予本行政区域内施工企业警告，并处3万元以下罚款的情形是（ ）。
    A. 未按规定编制应急预案   B. 未按规定组织应急预案演练
    C. 未按规定进行应急预案备案   D. 未按规定公布应急预案

60. 在项目质量成本的构成内容中,特殊质量保证措施费用属于( )。
   A. 外部损失成本　　　　　　　　B. 内部损失成本
   C. 外部质量保证成本　　　　　　D. 预防成本

61. 如下所示网络图中,存在的绘图错误是( )。

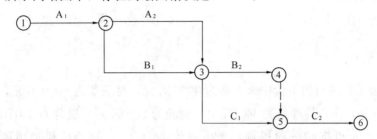

   A. 节点编号错误　　　　　　　　B. 存在多余节点
   C. 有多个终点节点　　　　　　　D. 工作编号重复

62. 下列风险控制方法中,属于第一类危险源控制方法的是( )。
   A. 消除或减少故障　　　　　　　B. 隔离危险物质
   C. 增加安全系数　　　　　　　　D. 设置安全监控系统

63. 建设工程项目进度计划按编制的深度可分为( )。
   A. 指导性进度计划、控制性进度计划、实施性进度计划
   B. 总进度计划、单项工程进度计划、单位工程进度计划
   C. 里程碑表、横道图计划、网络计划
   D. 年度进度计划、季度进度计划、月进度计划

64. 施工企业投标报价时,周转材料消耗量应按( )计算。
   A. 一次使用量　　　　　　　　　B. 摊销量
   C. 每次的补给量　　　　　　　　D. 损耗率

65. 根据《建设工程项目管理规范》,进度控制的工作包括:①编制进度计划及资源需求计划;②采取纠偏措施或调整计划;③分析计划执行的情况;④实施跟踪检查,收集实际进度数据。其正确的顺序是( )。
   A. ④—②—③—①　　　　　　　B. ②—①—③—④
   C. ①—④—③—②　　　　　　　D. ③—①—④—②

66. 施工现场文明施工管理的第一责任人是( )。
   A. 建设单位负责人　　　　　　　B. 施工单位负责人

C. 项目专职安全员　　　　　　　　D. 项目经理

67. 工程施工职业健康安全管理工作包括：①确定职业健康安全目标；②识别并评价危险源及风险；③持续改进相关措施和绩效；④编制技术措施计划；⑤措施计划实施结果验证。正确的程序是(　　)。

A. ①—②—④—⑤—③
B. ①—②—⑤—④—③
C. ②—①—④—⑤—③
D. ②—①—④—③—⑤

68. 某建设工程项目的造价中人工费为 3000 万元，材料费为 6000 万元，施工机具使用费为 1000 万元，企业管理费为 400 万元，利润为 800 万元，规费为 300 万元，各项费用均不包含增值税可抵扣进项税额，增值税税率为 9%。则增值税销项税额为(　　)万元。

A. 900
B. 1035
C. 936
D. 1008

69. 下列建设工程项目中，宜采用成本加酬金合同的是(　　)。

A. 采用的技术成熟，但工程量暂不确定的工程项目
B. 时间特别紧迫的抢险、救灾工程项目
C. 工程结构和技术简单的工程项目
D. 工程设计详细、工程任务和范围明确的工程项目

70. 下列对工程项目施工质量的要求中，体现个性化要求的是(　　)。

A. 符合国家法律、法规的要求
B. 不仅要保证产品质量，还要保证施工活动质量
C. 符合工程勘察、设计文件的要求
D. 符合施工质量评定等级的要求

二、多项选择题（共 25 题，每题 2 分。每题的备选项中，有 2 个或 2 个以上符合题意，至少有 1 个错项。错选，本题不得分；少选，所选的每个选项得 0.5 分）

71. 施工组织总设计的编制程序中，先后顺序不能改变的有(　　)。

A. 先拟订施工方案，再编制施工总进度计划
B. 先编制施工总进度计划，再编制资源需求量
C. 先确定施工总体部署，再拟订施工方案
D. 先计算主要工种工程的工程量，再拟订施工方案
E. 先计算主要工种工程的工程量，再确定施工总体部署

72. 关于建设工程施工招标标前会议的说法，正确的有（   ）。
A. 标前会议是招标人按投标须知在规定的时间、地点召开的会议
B. 招标人对问题的答复函件须注明问题来源
C. 招标人可以根据实际情况在标前会议上确定延长投标截止时间
D. 标前会议纪要与招标文件内容不一致时，应以招标文件为准
E. 标前会议结束后，招标人应将会议纪要用书面通知形式发给每个投标人

73. 下列施工成本管理的措施中，属于技术措施的有（   ）。
A. 确定合适的施工机械、设备使用方案
B. 落实各种变更签证
C. 在满足功能要求下，通过改变配合比降低材料消耗
D. 加强施工调度，避免物料积压
E. 确定合理的成本控制工作流程

74. 下列施工方进度控制的措施中，属于组织措施的有（   ）。
A. 评价项目进度管理的组织风险
B. 学习进度控制的管理理念
C. 进行项目进度管理的职能分工
D. 优化计划系统的体系结构
E. 规范进度变更的管理流程

75. 根据《工程网络计划技术规程》，网络计划中确定工作持续时间的方法有（   ）。
A. 经验估算法
B. 试验推算法
C. 定额计算法
D. 三时估算法
E. 写实记录法

76. 建设行政管理部门对工程质量监督的内容有（   ）。
A. 审核工程建设标准的完整性
B. 抽查质量检测单位的工程质量行为
C. 抽查工程质量责任主体的工程质量行为
D. 参与工程质量事故的调查处理
E. 监督工程竣工验收

77. 关于建设工程项目进度管理职能各环节工作的说法，正确的有（   ）。
A. 对进度计划值和实际值比较，发现进度推迟是提出问题环节的工作
B. 落实夜班施工条件并组织施工是决策环节的工作
C. 提出多个加快进度的方案并进行比较是筹划环节的工作
D. 检查增加夜班施工的决策能否被执行是检查环节的工作

E. 增加夜班施工执行的效果评价是执行环节的工作

78. 根据《质量管理体系 基础和术语》,质量管理应遵循的原则有( )。
A. 过程方法
B. 循证决策
C. 全员积极参与
D. 领导作用
E. 以内部实力为关注焦点

79. 根据《标准施工招标文件》,在合同履行中可以进行工程变更的情形有( )。
A. 改变合同工程的标高
B. 改变合同中某项工作的施工时间
C. 取消合同中某项工作,转由发包人实施
D. 为完成工程需要追加的额外工作
E. 改变合同中某项工作的质量标准

80. 根据《建设工程施工劳务分包合同(示范文本)》,关于劳务分包人应承担义务的说法,正确的有( )。
A. 负责组织实施施工管理的各项工作,对工期和质量向发包人负责
B. 须服从工程承包人转发的发包人及工程师的指令
C. 自觉接受工程承包人及有关部门的管理、监督和检查
D. 未经工程承包人授权或许可,不得擅自与发包人建立工作联系
E. 应按时提交有关技术经济资料,配合工程承包人办理竣工验收

81. 网络计划中工作的自由时差是指该工作( )。
A. 最迟完成时间与最早完成时间的差
B. 与其所有紧后工作自由时差与间隔时间和的最小值
C. 所有紧后工作最早开始时间的最小值与本工作最早完成时间的差值
D. 与所有紧后工作间波形线段水平长度和的最小值
E. 与所有紧后工作间间隔时间的最小值

82. 下列与材料有关的费用中,应计入建筑安装工程材料费的有( )。
A. 运杂费
B. 运输损耗费
C. 检验试验费
D. 采购费
E. 工地保管费

83. 施工企业法定代表人与项目经理协商制定项目管理目标责任书的依据有( )。
A. 项目合同文件
B. 组织经营方针

C. 项目管理实施规划　　　　　　D. 项目实施条件
E. 组织管理制度

84. 根据工程质量事故造成损失的程度分级，属于重大事故的有（　　）。
A. 50 人以上 100 人以下重伤
B. 3 人以上 10 人以下死亡
C. 1 亿元以上直接经济损失
D. 1000 万元以上 5000 万元以下直接经济损失
E. 5000 万元以上 1 亿元以下直接经济损失

85. 职业健康安全管理体系文件包括（　　）。
A. 管理手册　　　　　　　　　　B. 程序文件
C. 管理方案　　　　　　　　　　D. 初始状态评审文件
E. 作业文件

86. 某工程网络计划工作逻辑关系如下表所示，则工作 A 的紧后工作有（　　）。

工作	A	B	C	D	E	G	H
紧前工作	—	A	A、B	A、C	C、D	A、E	E、G

A. 工作 B　　　　　　　　　　　B. 工作 C
C. 工作 D　　　　　　　　　　　D. 工作 G
E. 工作 E

87. 建设工程施工合同索赔成立的前提条件有（　　）。
A. 与合同对照，事件已造成了承包人工程项目成本的额外支出或直接工期损失
B. 造成工程费用的增加，已经超出承包人所能承受的范围
C. 造成费用增加或工期损失的原因，按合同约定不属于承包人的行为责任或风险责任
D. 造成工期损失的时间，已经超出承包人所能承受的范围
E. 承包人按合同规定的程序和时间提交索赔意向通知和索赔报告

88. 关于分部分项工程成本分析资料来源的说法，正确的有（　　）。
A. 实际成本来自实际工程量和计划单价的乘积
B. 投标报价来自预算成本
C. 预算成本来自投标报价
D. 成本偏差来自预算成本与目标成本的差额

E. 目标成本来自施工预算

89. 根据《建设工程施工合同（示范文本）》，采用变动总价合同时，双方约定可对合同价款进行调整的情形有（ ）。
   A. 承包人承担的损失超过其承受能力
   B. 一周内非承包人原因停电造成的停工累计达到 7 小时
   C. 外汇汇率变化影响合同价款
   D. 工程造价管理部门公布的价格调整
   E. 法律、行政法规和国家有关政策变化影响合同价款

90. 下列施工归档文件的质量要求中，正确的有（ ）。
   A. 归档文件应为原件
   B. 工程文件文字材料尺寸宜为 A4 幅面，图纸采用国家标准图幅
   C. 竣工图章尺寸为 60mm×80mm
   D. 所有竣工图均应加盖竣工图章
   E. 利用施工图改绘竣工图，必须标明变更修改依据

91. 关于生产安全事故报告和调查处理"四不放过"原则的说法，正确的有（ ）。
   A. 事故原因未查清不放过   B. 事故责任人员未受到处理不放过
   C. 防范措施没有落实不放过   D. 职工群众未受到教育不放过
   E. 事故未及时报告不放过

92. 根据《建设工程施工合同（示范文本）》，承包人提交的竣工结算申请单应包括的内容有（ ）。
   A. 所有已经支付的现场签证   B. 竣工结算合同价格
   C. 发包人已支付承包人的款项 D. 应扣留的质量保证金
   E. 发包人应支付承包人的合同价款

93. 下列施工质量的影响因素中，属于质量管理环境因素的有（ ）。
   A. 施工单位的质量管理制度   B. 各参建单位之间的协调程度
   C. 管理者的质量意识   D. 运输设备的使用状况
   E. 施工现场的道路条件

94. 根据《建设工程安全生产管理条例》，应组织专家进行专项施工方案论证、审查的分部分项工程有（ ）。
   A. 起重吊装工程   B. 深基坑工程

C. 拆除工程 D. 地下暗挖工程
E. 高大模板工程

95. 编制砌筑工程的人工定额时，应计入时间定额的有（   ）。
A. 领取工具和材料的时间 B. 制备砂浆的时间
C. 修补前一天砌筑工作缺陷的时间 D. 结束工作时清理和返还工具的时间
E. 闲聊和打电话的时间

2019年度参考答案及解析

一、单项选择题

1. A

【考点】 施工方项目管理的目标和任务。

【解析】 施工总承包管理方对所承包的建设工程承担施工任务组织的总的责任,它的主要特征如下:

(1) 一般情况下,施工总承包管理方不承担施工任务,它主要进行施工的总体管理和协调。如果施工总承包管理方通过投标(在平等条件下竞标)获得一部分施工任务,则它也可参与施工。

(2) 一般情况下,施工总承包管理方不与分包方和供货方直接签订施工合同,这些合同都由业主方直接签订。但若施工总承包管理方应业主方的要求,协助业主参与施工的招标和发包工作,其参与的工作深度由业主方决定。业主方也可能要求施工总承包管理方负责整个施工的招标和发包工作。

(3) 不论是业主方选定的分包方,还是经业主方授权由施工总承包管理方选定的分包方,施工总承包管理方都承担对其的组织和管理责任。

(4) 施工总承包管理方和施工总承包方承担相同的管理任务和责任,即负责整个工程的施工安全控制、施工总进度控制、施工质量控制和施工的组织与协调等。因此,由业主方选定的分包方应经施工总承包管理方的认可,否则施工总承包管理方难以承担对工程管理的总的责任。

(5) 负责组织和指挥分包施工单位的施工,并为分包施工单位提供和创造必要的施工条件。

(6) 与业主方、设计方、工程监理方等外部单位进行必要的联系和协调等。

因此,正确选项是 A。

2. A

【考点】 施工方项目管理的目标和任务。

【解析】 施工总承包方对所承包的建设工程承担施工任务的执行和组织的总的责任,它的主要管理任务如下:

(1) 负责整个工程的施工安全、施工总进度控制、施工质量控制和施工的组织与协调等。

(2) 控制施工的成本(这是施工总承包方内部的管理任务)。

(3) 施工总承包方是工程施工的总执行者和总组织者,它除了完成自己承担的施工任务以外，还负责组织和指挥它自行分包的分包施工单位和业主指定的分包施工单位的施工（业主指定的分包施工单位有可能与业主单独签订合同，也可能与施工总承包方签约，不论采用何种合同模式，施工总承包方应负责组织和管理业主指定的分包施工单位的施工，这也是国际惯例），并为分包施工单位提供和创造必要的施工条件。

（4）负责施工资源的供应组织。

（5）代表施工方与业主方、设计方、工程监理方等外部单位进行必要的联系和协调等。

分包施工方承担合同所规定的分包施工任务，以及相应的项目管理任务。若采用施工总承包或施工总承包管理模式，分包方（不论是一般的分包方，或由业主指定的分包方）必须接受施工总承包方或施工总承包管理方的工作指令，服从其总体的项目管理。

因此，正确选项是A。

3. A

【考点】 组织结构在项目管理中的应用。

【解析】 常用的组织结构模式包括职能组织结构、线性组织结构和矩阵组织结构等。其中，职能组织结构是一种传统的组织结构模式。在职能组织结构中，每一个职能部门可根据它的管理职能对其直接和非直接的下属工作部门下达工作指令。因此，每一个工作部门可能得到其直接和非直接的上级工作部门下达的工作指令，它就会有多个矛盾的指令源。根据题意，该组织结构模式为职能组织结构。

因此，正确选项是A。

4. D

【考点】 施工组织设计的内容。

【解析】 根据施工组织设计编制的广度、深度和作用的不同，可分为：（1）施工组织总设计；（2）单位工程施工组织设计；（3）分部（分项）工程施工组织设计［或称分部（分项）工程作业设计］。

分部（分项）工程施工组织设计是针对某些特别重要的、技术复杂的，或采用新工艺、新技术施工的分部（分项）工程，如深基础、无粘结预应力混凝土、特大构件的吊装、大量土石方工程、定向爆破工程等为对象编制的，其内容具体、详细，可操作性强，是直接指导分部（分项）工程施工的依据。

因此，正确选项是D。

5. B

【考点】 项目目标动态控制的方法。

【解析】 项目目标动态控制的核心是，在项目实施的过程中定期地进行项目目标的计划值和实际值的比较，当发现项目目标偏离时采取纠偏措施。为避免项目目标偏离的发生，还应重视事前的主动控制，即事前分析可能导致项目目标偏离的各种影响因素，并针对这些影响因素采取有效的预防措施。

因此，正确选项是B。

6. D

【考点】 项目目标动态控制的方法。

【解析】 项目目标动态控制的纠偏措施主要包括：

(1) 组织措施。分析由于组织的原因而影响项目目标实现的问题，并采取相应的措施，如调整项目组织结构、任务分工、管理职能分工、工作流程组织和项目管理班子人员等。

(2) 管理措施（包括合同措施）。分析由于管理的原因而影响项目目标实现的问题，并采取相应的措施，如调整进度管理的方法和手段，改变施工管理和强化合同管理等。

(3) 经济措施。分析由于经济的原因而影响项目目标实现的问题，并采取相应的措施，如落实加快工程施工进度所需的资金等。

(4) 技术措施。分析由于技术（包括设计和施工的技术）的原因而影响项目目标实现的问题，并采取相应的措施，如调整设计、改进施工方法和改变施工机具等。

因此，正确选项是 D。

7. B

【考点】 安全生产管理制度。

【解析】 根据2010年12月20日修订后重新公布的《工伤保险条例》规定，工伤保险是属于法定的强制性保险。工伤保险费的征缴按照《社会保险费征缴暂行条例》关于基本养老保险费、基本医疗保险费、失业保险费的征缴规定执行。而自2011年7月1日起实施的新《建筑法》第四十八条规定："建筑施工企业应当依法为职工参加工伤保险缴纳工伤保险费。鼓励企业为从事危险作业的职工办理意外伤害保险，支付保险费。"修正后的《建筑法》与修订后的《社会保险法》和《工伤保险条例》等法律法规的规定保持一致，明确了建筑施工企业作为用人单位，为职工参加工伤保险并交纳工伤保险费是其应尽的法定义务，但为从事危险作业的职工投保意外伤害险并非强制性规定，是否投保意外伤害险由建筑施工企业自主决定。

因此，正确选项是 B。

8. C

【考点】 影响施工质量的主要因素。

【解析】 影响施工质量的主要因素有"人（Man）、材料（Material）、机械（Machine）、方法（Method）及环境（Environment）"等五大方面，即4M1E。

其中，施工方法包括施工技术方案、施工工艺、工法和施工技术措施等。采用先进合理的工艺、技术，依据规范的工法和作业指导书进行施工，必将对组成质量因素的产品精度、强度、平整度、清洁度、耐久性等物理、化学特性等方面起到良性的推进作用。比如建设主管部门在建筑业中推广应用的多项新技术，包括地基基础和地下空间工程技术、高性能混凝土技术、高强度钢筋和预应力技术、新型模板及脚手架应用技术、钢结构技术、建筑防水技术以及BIM等信息技术，对消除质量通病保证建设工程质量起到了积极作用，收到了明显的效果。

因此，正确选项是C。

9. A

【考点】 质量保证金的处理。

【解析】 承包人提供质量保证金有以下三种方式：(1) 质量保证金保函；(2) 相应比例的工程款；(3) 双方约定的其他方式。

除专用合同条款另有约定外，质量保证金原则上采用质量保证金保函的方式。

因此，正确选项是A。

10. D

【考点】 合同价款调整。

【解析】 招标工程以投标截止日前28天，非招标工程以合同签订前28天为基准日。基准日期后，法律变化导致承包人在合同履行过程中所需要的费用发生"市场价格波动引起的调整"条款约定以外的增加时，由发包人承担由此增加的费用；减少时，应从合同价格中予以扣减。基准日期后，因法律变化造成工期延误时，工期应予以顺延。

因此，正确选项是D。

11. A

【考点】 工程计量。

【解析】 工程项目计量的方法有：

(1) 均摊法：就是对清单中某些项目的合同价款，按合同工期平均计量。如：保养测量设备，保养气象记录设备，维护工地清洁和整洁等。这些项目都有一个共同的特点，即每月均有发生。所以，可以采用均摊法进行计量支付。

(2) 凭据法：就是按照承包人提供的凭据进行计量支付。如建筑工程险保险费、第三方责任险保险费、履约保证金等项目，一般按凭据法进行计量支付。

(3) 估价法：就是按合同文件的规定，根据监理工程师估算的已完成的工程价值支付。如为监理工程师提供测量设备、天气记录设备、通信设备等项目。

(4) 断面法：该方法主要用于取土坑或填筑路堤土方的计量。

(5) 图纸法：在工程量清单中，许多项目都采取按照设计图纸所示的尺寸进行计量，如混凝土构筑物的体积、钻孔桩的桩长等。

(6) 分解计量法：就是将一个项目，根据工序或部位分解为若干子项，对完成的各子项进行计量支付。这种计量方法主要是为了解决一些包干项目或较大的工程项目的支付时间过长，影响承包人的资金流动等问题。

因此，正确选项是A。

12. B

【考点】 施工合同变更管理。

【解析】 关于变更的范围和内容：

根据国家发展和改革委员会等九部委联合编制的《标准施工招标文件》中的通用合同条款的规定，除专用合同条款另有约定外，在履行合同中发生以下情形之一，应按照本条规定进行变更。

(1) 取消合同中任何一项工作，但被取消的工作不能转由发包人或其他人实施；

(2) 改变合同中任何一项工作的质量或其他特性；

(3) 改变合同工程的基线、标高、位置或尺寸；

(4) 改变合同中任何一项工作的施工时间或改变已批准的施工工艺或顺序；

(5) 为完成工程需要追加的额外工作。

关于变更权：

根据九部委《标准施工招标文件》中通用合同条款的规定，在履行合同过程中，经发包人同意，监理人可按合同约定的变更程序向承包人作出变更指示，承包人应遵照执行。没有监理人的变更指示，承包人不得擅自变更。

关于变更程序：

根据九部委《标准施工招标文件》中通用合同条款的规定，变更的程序如下：

(1) 变更的提出

①在合同履行过程中，可能发生通用合同条款第15.1款约定情形的变更［即上述变更的范围和内容中的(1)~(5)］，监理人可向承包人发出变更意向书。变更意向书应说明变更的具体内容和发包人对变更的时间要求，并附必要的图纸和相关资料。变更意向书应要求承包人提交包括拟实施变更工作的计划、措施和竣工时间等内容的实施方案。发包人同意承包人根据变更意向书要求提交的变更实施方案的，由监理人按合同约定的程序发出变更指示。

②在合同履行过程中，已经发生通用合同条款约定情形的［即上述变更的范围和内容中的(1)~(5)］，监理人应按照合同约定的程序向承包人发出变更指示。

③承包人收到监理人按合同约定发出的图纸和文件，经检查认为其中存在约定情形的［即上述变更的范围和内容中的(1)~(5)］，可向监理人提出书面变更建议。变更建议应阐明要求变更的依据，并附必要的图纸和说明。监理人收到承包人书面建议后，应与发包人共同研究，确认存在变更的，应在收到承包人书面建议后的14天内作出变更指示。经研究后不同意作为变更的，应由监理人书面答复承包人。

④若承包人收到监理人的变更意向书后认为难以实施此项变更，应立即通知监理人，说明原因并附详细依据。监理人与承包人和发包人协商后确定撤销、改变或不改变原变更意向书。

(2) 关于变更指示

根据九部委《标准施工招标文件》中通用合同条款的规定，变更指示只能由监理人发出。变更指示应说明变更的目的、范围、变更内容以及变更的工程量及其进度和技术要求，并附有关图纸和文件。承包人收到变更指示后，应按变更指示进行变更工作。

因此，正确选项是B。

13. C

【考点】 单价合同。

【解析】 当发包工程的内容和工程量一时尚不能明确、具体地予以规定时，则可以采用单价合同（Unit Price Contract）形式，即根据计划工程内容和估算工程量，在合同中明确每项工程内容的单位价格（如每米、每平方米或者每立方米的价格），实际支付时则根据实际完成的工程量乘以合同单价计算应付的工程款。

采用单价合同对业主的不足之处是，业主需要安排专门力量来核实已经完成的工程量，需要在施工过程中花费不少精力，协调工作量大。另外，用于计算应付工程款的实际工程量可能超过预测的工程量，即实际投资容易超过计划投资，对投资控制不利。

单价合同又分为固定单价合同和变动单价合同。

固定单价合同适用于工期较短、工程量变化幅度不会太大的项目。

因此，正确选项是C。

14. B

【考点】 施工现场环境保护的要求。

【解析】 施工现场大气污染的处理措施包括：

（1）施工现场外围围挡不得低于1.8m，以避免或减少污染物向外扩散。

（2）施工现场垃圾杂物要及时清理。清理多、高层建筑物的施工垃圾时，采用定制带盖铁桶吊运或利用永久性垃圾道，严禁凌空随意抛撒。

（3）施工现场堆土，应合理选定位置进行存放堆土，并洒水覆膜封闭或表面临时固化或植草，防止扬尘污染。

（4）施工现场道路应硬化。采用焦渣、级配砂石、混凝土等作为道路面层，有条件的可利用永久性道路，并指定专人定时洒水和清扫养护，防止道路扬尘。

（5）易飞扬材料入库密闭存放或覆盖存放。如水泥、白灰、珍珠岩等易飞扬的细颗粒散体材料，应入库存放。若室外临时露天存放时，必须下垫上盖，严密遮盖防止扬尘。运输水泥、白灰、珍珠岩粉等易飞扬的细颗粒粉状材料时，要采取遮盖措施，防止沿途遗洒、扬尘。卸货时，应采取措施，以减少扬尘。

（6）施工现场易扬尘处使用密目式安全网封闭，使一网两用，并定人定时清洗粉尘，防止施工过程扬尘或二次污染。

（7）在大门口铺设一定距离的石子（定期过筛洗选）路自动清理车轮或作一段混凝土路面和水沟用水冲洗车轮车身，或人工清扫车轮车身。装车时不应装得过满，行车时不应猛拐，不急刹车。卸货后清扫干净车厢，注意关好车厢门。场区内外定人定时清扫，做到车辆不外带泥沙、不洒污染物、不扬尘，消除或减轻对周围环境的污染。

（8）禁止施工现场焚烧有毒、有害烟尘和恶臭气体的物资。如焚烧沥青、包装箱袋和建筑垃圾等。

（9）尾气排放超标的车辆，应安装净化消声器，防止噪声和冒黑烟。

（10）施工现场炉灶（如茶炉、锅炉等）采用消烟除尘型，烟尘排放控制在允许范围内。

（11）拆除旧有建筑物时，应适当洒水，并且在旧有建筑物周围采用密目式安全网和草帘搭设屏障,防止扬尘。

(12) 在施工现场建立集中搅拌站,由先进设备控制混凝土原材料的取料、称料、进料、混合料搅拌、混凝土出料等全过程,在进料仓上方安装除尘器,可使粉尘降低98%以上。

(13) 在城区、郊区城镇和居民稠密区、风景旅游区、疗养区及国家规定的文物保护区内施工的工程,严禁使用敞口锅熬制沥青。凡进行沥青防水作业时,要使用密闭和带有烟尘处理装置的加热设备。

因此,正确选项是B。

15. B

【考点】 施工准备的质量控制。

【解析】 分部工程的划分原则为:

(1) 可按专业性质、工程部位确定。

(2) 当分部工程较大或较复杂时,可按材料种类、施工特点、施工程序、专业系统及类别等划分为若干子分部工程。

因此,正确选项是B。

16. C

【考点】 人工定额是编制。

【解析】 人工定额是根据国家的经济政策、劳动制度和有关技术文件及资料制定的。制定人工定额,常用的方法有技术测定法、统计分析法、比较类推法和经验估算法四种。对于同类型产品规格多、工序重复、工作量小的施工过程,常用比较类推法。

因此,正确选项是C。

17. B

【考点】 施工成本分析的方法。

【解析】 年度成本分析的有关要求:

(1) 企业成本要求一年结算一次,不得将本年成本转入下一年度。

(2) 年度成本分析的依据是年度成本报表。

(3) 年度成本分析的内容,除了月(季)度成本分析的六个方面以外,重点是针对下一年度的施工进展情况制定切实可行的成本管理措施,以保证施工项目成本目标的实现。

因此,正确选项是B。

18. A

【考点】 工程质量事故分类。

【解析】 按事故责任,工程质量事故分为:

(1) 指导责任事故:指由于工程指导或领导失误而造成的质量事故。例如,由于工程负责人不按规范指导施工,强令他人违章作业,或片面追求施工进度,放松或不按质量标准进行控制和检验,降低施工质量标准等而造成的质量事故。

(2) 操作责任事故:指在施工过程中,由于操作者不按规程和标准实施操作,而造成的质量事故。例如，浇筑混凝土时随意加水，或振捣疏漏造成混凝土质量事故等。

（3）自然灾害事故：指由于突发的严重自然灾害等不可抗力造成的质量事故。例如地震、台风、暴雨、雷电及洪水等造成工程破坏甚至倒塌。这类事故虽然不是人为责任直接造成，但事故造成的损害程度也往往与事前是否采取了预防措施有关，相关责任人也可能负有一定的责任。

因此，正确选项是 A。

19. A

【考点】 横道图进度计划的编制方法。

【解析】 由题中的横道图进度计划可知，该计划为一个两层的钢筋混凝土主体结构的施工，施工过程为支模板、绑扎钢筋、浇筑混凝土，分四个施工段，等节奏流水。从进度计划图上可以看出，该计划不存在技术间歇和组织间歇；由于施工段数大于施工过程数，所以各施工过程能够连续施工，而且只需要配备一个专业工作队；在第 9 天～第 24 天期间，每天有三个专业工作队在三个施工段上进行施工，故有施工段的工作面空闲。

因此，正确选项是 A。

20. B

【考点】 总价合同。

【解析】 采用固定总价合同，双方结算比较简单，但由于承包商承担了较大的风险，因此报价中不可避免地要增加一笔较高的不可预见风险费。

承包商的风险主要有两个方面：一是价格风险，二是工作量风险。价格风险有报价计算错误、漏报项目、物价和人工费上涨等；工作量风险有工程量计算错误、工程范围不确定、工程变更或者由于设计深度不够所造成的误差等。

因此，正确选项是 B。

21. D

【考点】 建设工程项目总进度目标。

【解析】 建设工程项目进度计划系统是由多个相互关联的进度计划组成的系统，它是项目进度控制的依据。由于各种进度计划编制所需要的必要资料是在项目进展过程中逐步形成的，因此项目进度计划系统的建立和完善也有一个过程，它也是逐步完善的。

由于项目进度控制不同的需要和不同的用途，业主方和项目各参与方可以编制多个不同的建设工程项目进度计划系统，如：

（1）由多个相互关联的不同计划深度的进度计划组成的计划系统；

（2）由多个相互关联的不同计划功能的进度计划组成的计划系统；

（3）由多个相互关联的不同项目参与方的进度计划组成的计划系统；

（4）由多个相互关联的不同计划周期的进度计划组成的计划系统。

进度计划系统中各进度计划或各子系统进度计划编制和调整时必须注意其相互间的联系和协调。

因此，正确选项是 D。

22. B

【考点】 建筑安装工程费用项目组成。

【解析】 根据《建设工程工程量清单计价规范》GB 50500，暂列金额是指建设单位在工程量清单中暂定并包括在工程合同价款中的一笔款项。用于施工合同签订时尚未确定或者不可预见的所需材料、工程设备、服务的采购，施工中可能发生的工程变更、合同约定调整因素出现时的工程价款调整以及发生的索赔、现场签证确认等的费用。

因此，正确选项是 B。

23. D

【考点】 建设工程监理的任务。

【解析】 根据《建设工程监理规范》，竣工验收阶段建设监理工作的主要任务有：

(1) 督促和检查施工单位及时整理竣工文件和验收资料，并提出意见；

(2) 审查施工单位提交的竣工验收申请，编写工程质量评估报告；

(3) 组织工程预验收，参加业主组织的竣工验收，并签署竣工验收意见；

(4) 编制、整理工程监理归档文件并提交给业主。

因此，正确选项是 D。

24. D

【考点】 施工过程的质量控制。

【解析】 项目开工前应编制测量控制方案，经项目技术负责人批准后实施。

因此，正确选项是 D。

25. A

【考点】 施工质量监督管理的实施。

【解析】 对工程项目建设中的结构主要部位（如桩基、基础、主体结构等）除进行常规检查外，监督机构还应在分部工程验收时进行监督，监督检查验收合格后，方可进行后续工程的施工，建设单位应将施工、设计、监理和建设单位各方分别签字的质量验收证明在验收后三天内报送工程质量监督机构备案。

因此，正确选项是 A。

26. D

【考点】 工程网络计划的类型和应用。

【解析】 题中给出的已知条件：工作 C 的持续时间为 3 天，最早开始时间为 3，最迟完成时间为 10，则工作 C 的最早完成时间为 3+5=8，最迟开始时间为 10-5=5，总时差为 10-8=2（或 5-3=2）。

因此，正确选项是 D。

27. D

【考点】 施工合同索赔的程序。

【解析】 在工程实施过程中发生索赔事件以后，或者承包人发现索赔机会，首先要提出索赔意向，即在合同规定时间内将索赔意向用书面形式及时通知发包人或者工程师（监理人），向对方表明索赔愿望、要求或者声明保留索赔权利，这是索赔工作程序的第一步。

因此，正确选项是 D。

28. A

【考点】 施工专业分包合同的内容。

【解析】 根据《建设工程施工专业分包合同（示范文本）》，承包人向分包人提供与分包工程相关的各种证件、批件和各种相关资料，向分包人提供具备施工条件的施工场地；分包人应允许承包人、发包人、工程师（监理人）及其三方中任何一方授权的人员在工作时间内，合理进入分包工程施工场地或材料存放的地点，以及施工场地以外与分包合同有关的分包人的任何工作或准备的地点，分包人应提供方便；分包工程合同价款可以采用固定价格、可调价格和成本加现金三种中的一种（应与总包合同约定的方式一致）；分包合同价款与总包合同相应部分价款无任何连带关系。

因此，正确选项是 A。

29. A

【考点】 施工合同索赔的程序。

【解析】 根据九部委《标准施工招标文件》中的通用合同条款，对承包人提出索赔的处理程序如下：

（1）监理人收到承包人提交的索赔通知书后，应及时审查索赔通知书的内容、查验承包人的记录和证明材料，必要时监理人可要求承包人提交全部原始记录副本。

（2）监理人应按第 3.5 款商定或确定追加的付款和（或）延长的工期，并在收到上述索赔通知书或有关索赔的进一步证明材料后的 42 天内，将索赔处理结果答复承包人。

（3）承包人接受索赔处理结果的，发包人应在作出索赔处理结果答复后 28 天内完成赔付。承包人不接受索赔处理结果的，按合同约定的争议解决办法办理。

因此，正确选项是 A。

30. B

【考点】 工程担保。

【解析】 《建设工程施工合同（示范文本）》GF—2017—0201 第 2.5 条规定了关于发包人工程款支付担保的内容：除专用合同条款另有约定外，发包人要求承包人提供履约担保的，发包人应当向承包人提供支付担保。支付担保可以采用银行保函或担保公司担保等形式，具体由合同当事人在专用合同条款中约定。

《房屋建筑和市政基础设施工程施工招标投标管理办法》关于发包人工程款支付担保的内容：招标文件要求中标人提交履约担保的，中标人应当提交。招标人应当同时向中标人提供工程款支付担保。

因此，正确选项是 B。

31. A

【考点】 施工质量事故的处理。

【解析】 根据《关于做好房屋建筑和市政基础设施工程质量事故报告和调查处理工作

的通知》（建质〔2010〕111号），施工质量事故发生后，事故现场有关人员应立即向工程建设单位负责人报告。

因此，正确选项是A。

32. D

【考点】 施工成本管理的任务和程序。

【解析】 成本计划是以货币形式编制施工项目在计划期内的生产费用、成本水平、成本降低率以及为降低成本所采取的主要措施和规划方案。它是建立施工项目成本管理责任制、开展成本控制和核算的基础，此外，它还是项目降低成本的指导文件，是设立目标成本的依据。

因此，正确选项是D。

33. B

【考点】 施工风险管理的任务和方法。

【解析】 风险响应指的是针对项目风险而采取的相应对策。常用的风险对策包括风险规避、减轻、自留、转移及其组合等策略。对难以控制的风险向保险公司投保是风险转移的一种措施。

因此，正确选项是B。

34. D

【考点】 施工质量控制的基本环节和一般方法。

【解析】 施工质量控制的基本环节：

（1）事前质量控制。即在正式施工前进行的事前主动质量控制，通过编制施工质量计划，明确质量目标，制定施工方案，设置质量管理点，落实质量责任，分析可能导致质量目标偏离的各种影响因素，针对这些影响因素制定有效的预防措施，防患于未然。

（2）事中质量控制。即在施工质量形成过程中，对影响施工质量的各种因素进行全面的动态控制。事中控制首先是对质量活动的行为约束，其次是对质量活动过程和结果的监督控制。事中控制的关键是坚持质量标准，控制的重点是对工序质量、工作质量和质量控制点的控制。

（3）事后质量控制。也称为事后质量把关，以使不合格的工序或最终产品（包括单位工程或整个工程项目）不流入下道工序、不进入市场。事后控制包括对质量活动结果的评价、认定和对质量偏差的纠正。控制的重点是发现施工质量方面的缺陷，并通过分析提出施工质量改进的措施，保持质量处于受控状态。

因此，正确选项是D。

35. A

【考点】 施工合同风险管理。

【解析】 合同风险是指合同中的以及由合同引起的不确定性。工程合同风险可以按不同的方法进行分类。

（1）按合同风险产生的原因，可以分为合同工程风险和合同信用风险。合同工程风险是指客观原因和非主观故意导致的。如工程进展过程中发生不利的地质条件变化、工程变更、物价上涨、不可抗力等。合同信用风险是指主观故意原因导致的。表现为合同双方的机会主义行为，如业主拖欠工程款，承包商层层转包、非法分包、偷工减料、以次充好、知假买假等。

（2）按合同的不同阶段，可以将合同风险分为合同订立风险和合同履约风险。

因此，正确选项是 A。

36. C

【考点】 施工信息管理的任务。

【解析】 施工信息内容包括：施工记录信息，施工技术资料信息等。

施工记录信息包括：施工日志、质量检查记录、材料设备进场记录、用工记录表等。

施工技术资料信息包括：主要原材料、成品、半成品、构配件、设备出厂质量证明和试（检）验报告，施工试验记录，预检记录，隐蔽工程验收记录，基础、主体结构验收记录，设备安装工程记录，施工组织设计，技术交底资料，工程质量检验评定资料，竣工验收资料，设计变更洽商记录，竣工图等。

因此，正确选项是 C。

37. A

【考点】 施工方项目管理的目标和任务。

【解析】 施工总承包管理方对所承包的建设工程承担施工任务组织的总的责任，其主要特征：

（1）一般情况下，施工总承包管理方不承担施工任务，它主要进行施工的总体管理和协调。如果施工总承包管理方通过投标（在平等条件下竞标）获得一部分施工任务，则它也可参与施工。

（2）一般情况下，施工总承包管理方不与分包方和供货方直接签订施工合同，这些合同都由业主方直接签订。但若施工总承包管理方应业主方的要求，协助业主参与施工的招标和发包工作，其参与的工作深度由业主方决定。业主方也可能要求施工总承包管理方负责整个施工的招标和发包工作。

（3）不论是业主方选定的分包方，还是经业主方授权由施工总承包管理方选定的分包方，施工总承包管理方都承担对其的组织和管理责任。

（4）施工总承包管理方和施工总承包方承担相同的管理任务和责任，即负责整个工程的施工安全控制、施工总进度控制、施工质量控制和施工的组织与协调等。因此，由业主方选定的分包方应经施工总承包管理方的认可，否则施工总承包管理方难以承担对工程管理的总的责任。

（5）负责组织和指挥分包施工单位的施工，并为分包施工单位提供和创造必要的施工条件。

（6）与业主方、设计方、工程监理方等外部单位进行必要的联系和协调等。

因此，正确选项是 A。

38. A

【考点】 施工劳务分包合同的内容。

【解析】 根据《建设工程施工劳务分包合同（示范文本）》，有关保险的内容为：

（1）劳务分包人施工开始前，工程承包人应获得发包人为施工场地内的自有人员及第三方人员生命财产办理的保险，且不需劳务分包人支付保险费用。

（2）运至施工场地用于劳务施工的材料和待安装设备，由工程承包人办理或获得保险，且不需劳务分包人支付保险费用。

（3）工程承包人必须为租赁或提供给劳务分包人使用的施工机械设备办理保险，并支付保险费用。

（4）劳务分包人必须为从事危险作业的职工办理意外伤害保险，并为施工场地内自有人员生命财产和施工机械设备办理保险，支付保险费用。

（5）保险事故发生时，劳务分包人和工程承包人有责任采取必要的措施，防止或减少损失。

因此，正确选项是 A。

39. C

【考点】 安全生产管理制度。

【解析】 根据 2015 年 5 月 29 日国家安全监管总局令第 80 号第二次修正的《特种作业人员安全技术培训考核管理规定》，特种作业操作资格证书在全国范围内有效。特种作业操作证，每 3 年复审一次。连续从事本工种 10 年以上的，经用人单位进行知识更新教育后，复审时间可延长至每 6 年一次；离开特种作业岗位达 6 个月以上的特种作业人员，应当重新进行实际操作考核，经确认合格后方可上岗作业。

因此，正确选项是 C。

40. D

【考点】 工程量清单计价的方法。

【解析】 清单项目一般以一个"综合实体"考虑，包括了较多的工程内容，计价时，可能出现一个清单项目对应多个定额子目的情况；工程量清单中的工程量是按施工图图示尺寸和工程量清单计算规则计算得到的工程净量，而定额子目的工程量是根据所采用的计价定额及相应的工程量计算规则计算的各定额子目的施工工程量。

因此，正确选项是 D。

41. A

【考点】 施工进度控制的任务。

【解析】 施工进度计划的调整应包括下列内容：

（1）工程量的调整；

（2）工作（工序）起止时间的调整；

（3）工作关系的调整；

（4）资源提供条件的调整；

(5) 必要目标的调整。

根据题意,通过延长后续关键工作的持续时间达到按原计划进度目标完成工程。

因此,正确选项是 A。

42. C

【考点】 工程网络计划的类型和应用。

【解析】 方法一:计算各工作的最早开始时间和最早完成时间来确定计算工期。

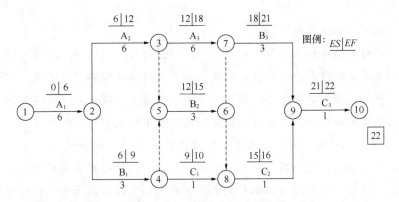

方法二:列出该网络计划的所有线路,并计算各线路的长度。线路最长值的就是计算工期。

序号	线路	长度
1	①—②—③—⑦—⑨—⑩	22
2	①—②—③—⑤—⑥—⑦—⑨—⑩	19
3	①—②—③—⑤—⑥—⑧—⑨—⑩	17
4	①—②—④—⑤—⑥—⑦—⑨—⑩	16
5	①—②—④—⑤—⑥—⑧—⑨—⑩	14
6	①—②—④—⑧—⑨—⑩	12

因此,正确选项是 C。

43. B

【考点】 施工准备的质量控制。

【解析】 施工单位应当按照现行的《建筑工程检测试验技术管理规范》和工程项目的设计要求,建立建材进场验证制度,严格核验相关的建材备案证、产品质量保证书、有效期内的产品检测报告等供现场备查的证明文件和资料,做好建材采购、验收、检验和使用综合台账,并按规定对进场建材进行复验把关,对重要建材的使用,必须经过监理工程师签字和项目经理签准。必要时,监理工程师应对进场建材进行平行检验。

因此,正确选项是 B。

44. D

【考点】 施工质量监督管理的制度。

【解析】 工程质量监督的性质属于行政执法行为,是为了保护人民生命和财产安全,由主管部门依据有关法律法规和工程建设强制性标准,对工程实体质量和工程建设、勘察、设计、施工、监理单位(此五类单位简称为工程质量责任主体)和质量检测等单位的工程质量行为实施监督。

因此,正确选项是 D。

45. D

【考点】 施工招标与投标。

【解析】 评标分为评标的准备、初步评审、详细评审、编写评标报告等过程。

初步评审主要是进行符合性审查,即重点审查投标书是否实质上响应了招标文件的要求。审查内容包括:投标资格审查、投标文件完整性审查、投标担保的有效性、与招标文件是否有显著的差异和保留等。如果投标文件实质上不响应招标文件的要求,将作无效标处理,不必进行下一阶段的评审。另外还要对报价计算的正确性进行审查,如果计算有误,通常的处理方法是:大小写不一致的以大写为准,单价与数量的乘积之和与所报的总价不一致的应以单价为准;标书正本和副本不一致的,则以正本为准。这些修改一般应由投标人代表签字确认。

详细评审是评标的核心,是对标书进行实质性审查,包括技术评审和商务评审。技术评审主要是对投标书的技术方案、技术措施、技术手段、技术装备、人员配备、组织结构、进度计划等的先进性、合理性、可靠性、安全性、经济性等进行分析评价。商务评审主要是对投标书的报价高低、报价构成、计价方式、计算方法、支付条件、取费标准、价格调整、税费、保险及优惠条件等进行评审。

评标方法可以采用评议法、综合评分法或评标价法等,可根据不同的招标内容选择确定相应的方法。

评标结束应该推荐中标候选人。评标委员会推荐的中标候选人应当限定在 1~3 人,并标明排列顺序。

依据 2017 年修订的《中华人民共和国招标投标法实施条例》,招标人根据评标委员会提出的书面评标报告和推荐的中标候选人确定中标人。招标人也可以授权评标委员会直接确定中标人,或者在招标文件中规定排名第一的中标候选人为中标人,并明确排名第一的中标候选人不能作为中标人的情形和相关处理规则。

因此,正确选项是 D。

46. A

【考点】 施工成本控制的方法。

【解析】 (1)费用偏差(CV)=已完工作预算费用(BCWP)−已完工作实际费用(ACWP)
$$=120\times300-120\times320=-2400 \text{元}$$

当费用偏差 CV 为负值时,即表示项目运行超出预算费用;当费用偏差 CV 为正值时,表示项目运行节支,实际费用没有超出预算费用。

(2) 进度偏差（SV）＝已完工作预算费用（BCWP）－计划工作预算费用（BCWS）
$$= 120 \times 300 - 100 \times 300 = 6000 \text{元}$$

当进度偏差 SV 为负值时，表示进度延误，即实际进度落后于计划进度；当进度偏差 SV 为正值时，表示进度提前，即实际进度快于计划进度。

因此，正确选项是 A。

47. A

【考点】 施工承包合同的主要内容。

【解析】《标准施工招标文件》中，关于暂停施工：

4.1 承包人暂停施工的责任

因下列暂停施工增加的费用和（或）工期延误由承包人承担：

(1) 承包人违约引起的暂停施工；

(2) 由于承包人原因为工程合理施工和安全保障所必需的暂停施工；

(3) 承包人擅自暂停施工；

(4) 承包人其他原因引起的暂停施工；

(5) 专用合同条款约定由承包人承担的其他暂停施工。

4.2 发包人暂停施工的责任

由于发包人原因引起的暂停施工造成工期延误的，承包人有权要求发包人延长工期和（或）增加费用，并支付合理利润。

4.3 监理人暂停施工指示

(1) 监理人认为有必要时，可向承包人作出暂停施工的指示，承包人应按监理人指示暂停施工。不论由于何种原因引起的暂停施工，暂停施工期间承包人应负责妥善保护工程并提供安全保障。

(2) 由于发包人的原因发生暂停施工的紧急情况，且监理人未及时下达暂停施工指示的，承包人可先暂停施工，并及时向监理人提出暂停施工的书面请求。监理人应在接到书面请求后的 24 小时内予以答复，逾期未答复的，视为同意承包人的暂停施工请求。

4.4 暂停施工后的复工

(1) 暂停施工后，监理人应与发包人和承包人协商，采取有效措施积极消除暂停施工的影响。当工程具备复工条件时，监理人应立即向承包人发出复工通知。承包人收到复工通知后，应在监理人指定的期限内复工。

(2) 承包人无故拖延和拒绝复工的，由此增加的费用和工期延误由承包人承担；因发包人原因无法按时复工的，承包人有权要求发包人延长工期和（或）增加费用，并支付合理利润。

4.5 暂停施工持续 56 天以上

(1) 监理人发出暂停施工指示后 56 天内未向承包人发出复工通知，除了该项停工属于第 12.1 款（即由于承包人暂停施工的责任）的情况外，承包人可向监理人提交书面通知，要求监理人在收到书面通知后 28 天内准许已暂停施工的工程或其中一部分工程继续施工。如监理人逾期不予批准，则承包人可以通知监理人，将工程受影响的部分视为按第15.1（1）项（即变更）的可取消工作。如暂停施工影响到整个工程，可视为发包人违约，应按第22.2款的规定（即发包人违约）办理。

（2）由于承包人责任引起的暂停施工，如承包人在收到监理人暂停施工指示后56天内不认真采取有效的复工措施，造成工期延误，可视为承包人违约，应按第22.1款的规定（即承包人违约）办理。

因此，正确选项是A。

48.C

【考点】 工程变更价款的确定。

【解析】 根据《建设工程施工合同（示范文本）》，工程变更引起施工方案改变并使措施项目发生变化时，承包人提出调整措施项目费的，应事先将拟实施的方案提交发包人确认，并应详细说明与原方案措施项目相比的变化情况。

因此，正确选项是C。

49.D

【考点】 工程网络计划的类型和应用。

【解析】 工作总时差＝最小值｛紧后工作总时差＋间隔时间｝
　　　　　　　　＝最小值｛3＋4，5＋3｝
　　　　　　　　＝7

因此，正确选项是D。

50.C

【考点】 施工企业质量管理体系的建立和认证。

【解析】 质量管理体系的文件主要由质量手册、程序文件、质量计划和质量记录等构成。其中，质量手册是质量管理体系的规范，是阐明一个企业的质量政策、质量体系和质量实践的文件，是实施和保持质量体系过程中长期遵循的纲领性文件。

因此，正确选项是C。

51.D

【考点】 施工成本计划的编制方法。

【解析】 一般而言，所有工作都按最迟开始时间开始，对节约资金贷款利息是有利的。但同时也降低了项目按期竣工的保证率，因此项目经理必须合理地确定成本支出计划，达到既节约成本支出又能控制项目工期的目的。

因此，正确选项是D。

52.A

【考点】 投标报价的编制方法。

【解析】 工程量清单计价下编制投标报价的原则如下：

（1）投标报价由投标人自主确定，但必须执行《建设工程工程量清单计价规范》GB 50500的强制性规定。

（2）投标人的投标报价不得低于工程成本。

（3）投标人必须按招标工程量清单填报价格。

（4）投标报价要以招标文件中设定的承发包双方责任划分，作为设定投标报价费用项目和费用计算的基础。

（5）应该以施工方案、技术措施等作为投标报价计算的基本条件。

（6）报价计算方法要科学严谨，简明适用。

因此，正确选项是 A。

53. C

【考点】 施工劳务分包合同的内容。

【解析】 《建设工程施工专业分包合同（示范文本）》中规定的劳务分包人的主要义务：

（1）对劳务分包范围内的工程质量向工程承包人负责，组织具有相应资格证书的熟练工人投入工作；未经工程承包人授权或允许，不得擅自与发包人及有关部门建立工作联系；自觉遵守法律法规及有关规章制度。

（2）严格按照设计图纸、施工验收规范、有关技术要求及施工组织设计精心组织施工，确保工程质量达到约定的标准。

科学安排作业计划，投入足够的人力、物力，保证工期。

加强安全教育，认真执行安全技术规范，严格遵守安全制度，落实安全措施，确保施工安全。

加强现场管理，严格执行建设主管部门及环保、消防、环卫等有关部门对施工现场的管理规定，做到文明施工。

承担由于自身责任造成的质量修改、返工、工期拖延、安全事故、现场脏乱造成的损失及各种罚款。

（3）自觉接受工程承包人及有关部门的管理、监督和检查；接受工程承包人随时检查其设备、材料保管、使用情况，及其操作人员的有效证件、持证上岗情况；与现场其他单位协调配合，照顾全局。

（4）劳务分包人须服从工程承包人转发的发包人及工程师（监理人）的指令。

（5）除非合同另有约定，劳务分包人应对其作业内容的实施、完工负责，劳务分包人应承担并履行总（分）包合同约定的、与劳务作业有关的所有义务及工作程序。

因此，正确选项是 C。

54. C

【考点】 施工合同跟踪与控制。

【解析】 根据合同实施偏差分析的结果，承包商采取的调整措施分为：

（1）组织措施，如增加人员投入，调整人员安排，调整工作流程和工作计划等；

（2）技术措施，如变更技术方案，采用新的高效率的施工方案等；

（3）经济措施，如增加投入，采取经济激励措施等；

（4）合同措施，如进行合同变更，签订附加协议，采取索赔手段等。

因此，正确选项是 C。

55. C

【考点】 建设工程监理的工作方法。

【解析】 旁站监理规定的房屋建筑工程的关键部位、关键工序，在基础工程方面包括：土方回填，混凝土灌注桩浇筑，地下连续墙、土钉墙、后浇带及其他结构混凝土、防水混凝土浇筑，卷材防水层细部构造处理，钢结构安装……

施工企业根据监理企业制定的旁站监理方案，在需要实施旁站监理的关键部位、关键工序进行施工前 24 小时，应当书面通知监理企业派驻工地的项目监理机构。项目监理机构应当安排旁站监理人员按照旁站监理方案实施旁站监理。

因此，正确选项是 C。

56. D

【考点】 职业健康安全管理体系与环境管理体系的建立和运行。

【解析】 职业健康安全与环境管理体系的运行、维持活动中，管理体系运行包括：培训意识和能力，信息交流，文件管理，执行控制程序，监测，不符合、纠正和预防措施，记录等。而内部审核、管理评审、合规性评价属于管理体系维持环节的活动。

因此，正确选项是 D。

57. B

【考点】 施工项目经理的任务和责任。

【解析】 《建设工程施工合同（示范文本）》GF—2017—0201 中涉及项目经理有如下条款：

3.2.2 项目经理按合同约定组织工程实施。在紧急情况下为确保施工安全和人员安全，在无法与发包人代表和总监理工程师及时取得联系时，项目经理有权采取必要的措施保证与工程有关的人身、财产和工程的安全，但应在 48 小时内向发包人代表和总监理工程师提交书面报告。

因此，正确选项是 B。

58. A

【考点】 生产安全事故应急预案的内容。

【解析】 施工生产安全事故应急预案体系的构成：

（1）综合应急预案。是从总体上阐述事故的应急方针、政策，应急组织结构及相关应急职责，应急行动、措施和保障等基本要求和程序，是应对各类事故的综合性文件。

（2）专项应急预案。是针对具体的事故类别（如基坑开挖、脚手架拆除等事故）、危险源和应急保障而制定的计划或方案，是综合应急预案的组成部分，应按照综合应急预案的程序和要求组织制定，并作为综合应急预案的附件。专项应急预案应制定明确的救援程序和具体的应急救援措施。

（3）现场处置方案。是针对具体的装置、场所或设施、岗位所制定的应急处置措施。现场处置方案应具体、简单、针对性强。

因此，正确选项是 A。

59. C

【考点】 生产安全事故应急预案的管理。

【解析】 施工单位应急预案未按照本办法规定备案的，由县级以上安全生产监督管理部门给予警告，并处三万元以下罚款。

因此，正确选项是 C。

60. C

【考点】 工程项目施工质量保证体系的建立和运行。

【解析】 质量成本可分为运行质量成本和外部质量保证成本。运行质量成本是指为运行质量体系达到和保持规定的质量水平所支付的费用，包括预防成本、鉴定成本、内部损失成本和外部损失成本。外部质量保证成本是指依据合同要求向顾客提供所需要的客观证据所支付的费用，包括特殊的和附加的质量保证措施、程序、数据、检测试验和评定的费用。

因此，正确选项是 C。

61. D

【考点】 工程网络计划的类型和应用。

【解析】 由题中的网络图可知，工作 A_2、B_1 的节点编号均为②—③，所以该网络图存在工作编号重复。

因此，正确选项是 D。

62. B

【考点】 危险源的识别和风险控制。

【解析】 风险控制方法：

（1）第一类危险源控制方法

可以采取消除危险源、限制能量和隔离危险物质、个体防护、应急救援等方法。建设工程可能遇到不可预测的各种自然灾害引发的风险，只能采取预测、预防、应急计划和应急救援等措施，以尽量消除或减少人员伤亡和财产损失。

（2）第二类危险源控制方法

提高各类设施的可靠性以消除或减少故障、增加安全系数、设置安全监控系统、改善作业环境等。最重要的是加强员工的安全意识培训和教育，克服不良的操作习惯，严格按章办事，并在生产过程中保持良好的生理和心理状态。

因此，正确选项是 B。

63. B

【考点】 建设工程项目总进度目标。

【解析】 由不同深度的计划构成的进度计划系统包括：（1）总进度规划（计划）；（2）项目子系统进度规划（计划）；（3）项目子系统中的单项工程进度计划等。

因此，正确选项是 B。

64.B

【考点】 材料消耗定额的编制。

【解析】 周转性材料消耗一般与下列四个因素有关：

(1) 第一次制造时的材料消耗（一次使用量）；

(2) 每周转使用一次材料的损耗（第二次使用时需要补充）；

(3) 周转使用次数；

(4) 周转材料的最终回收及其回收折价。

定额中周转材料消耗量指标，应当用一次使用量和摊销量两个指标表示。一次使用量是指周转材料在不重复使用时的一次使用量，供施工企业组织施工用；摊销量是指周转材料退出使用，应分摊到每一计量单位的结构构件的周转材料消耗量，供施工企业成本核算或投标报价使用。

因此，正确选项是B。

65.C

【考点】 施工进度控制的任务和措施。

【解析】 根据《建设工程项目管理规范》，项目进度控制应遵循下列步骤：

(1) 熟悉进度计划的目标、顺序、步骤、数量、时间和技术要求；

(2) 实施跟踪检查，进行数据记录与统计；

(3) 将实际数据与计划目标对照，分析计划执行情况；

(4) 采取纠偏措施，确保各项计划目标实现。

因此，正确选项是C。

66.D

【考点】 施工现场文明施工的要求。

【解析】 应确立项目经理为现场文明施工的第一责任人，以各专业工程师、施工质量、安全、材料、保卫、后勤等现场项目经理部人员为成员的施工现场文明管理组织，共同负责本工程现场文明施工工作。

因此，正确选项是D。

67.C

【考点】 职业健康安全与环境管理的目的和要求。

【解析】 工程施工职业健康安全管理应遵循下列程序：

(1) 识别并评价危险源及风险。

(2) 确定职业健康安全目标。

(3) 编制并实施项目职业健康安全技术措施计划。

(4) 职业健康安全技术措施计划实施结果验证。

(5) 持续改进相关措施和绩效。

因此，正确选项是C。

68.B

【考点】 增值税计算。

【解析】 当采用一般计税方法时，建筑业增值税税率为9%。计算公式为：

增值税销项税额＝税前造价×9%

税前造价为人工费、材料费、施工机具使用费、企业管理费、利润和规费之和，各费用项目均不包含增值税可抵扣进项税额的价格计算。

则有：

增值税销项税额＝（3000＋6000＋1000＋400＋800＋300）×9%
　　　　　　　＝1035万元

因此，正确选项是B。

69. B

【考点】 成本加酬金合同。

【解析】 成本加酬金合同通常用于：

（1）工程特别复杂，工程技术、结构方案不能预先确定，或者尽管可以确定工程技术和结构方案，但是不可能进行竞争性的招标活动并以总价合同或单价合同的形式确定承包商，如研究开发性质的工程项目。

（2）时间特别紧迫，如抢险、救灾工程，来不及进行详细的计划和商谈。

因此，正确选项是B。

70. C

【考点】 施工质量管理和施工质量控制的内涵。

【解析】 施工质量要达到的最基本要求是：施工建成的工程实体按照国家《建筑工程施工质量验收统一标准》GB 50300及相关专业验收规范检查验收合格。

建筑工程施工质量验收合格应符合下列规定：

（1）符合工程勘察、设计文件的要求；

（2）符合上述标准和相关专业验收规范的规定。

上述规定（1）是要符合勘察、设计对施工提出的要求。工程勘察、设计单位针对本工程的水文地质条件，根据建设单位的要求，从技术和经济结合的角度，为满足工程的使用功能和安全性、经济性、与环境的协调性等要求，以图纸、文件的形式对施工提出要求，是针对每个工程项目的个性化要求。这个要求可以归结为"按图施工"。

规定（2）是要符合国家法律、法规的要求。国家建设主管部门为了加强建筑工程质量管理，规范建筑工程施工质量的验收，保证工程质量，制定相应的标准和规范。这些标准、规范主要从技术的角度，为保证房屋建筑及各专业工程的安全性、可靠性、耐久性而提出的一般性要求。这个要求可以归结为"依法施工"。

施工质量在合格的前提下，还应符合施工承包合同约定的要求。施工承包合同的约定具体体现了建设单位的要求和施工单位的承诺，全面反映了对施工形成的工程实体在适用性、安全性、耐久性、可靠性、经济性和与环境的协调性等六个方面的质量要求。这个要求可以归结为"践约施工"。

因此，正确选项是 C。

二、多项选择题

71. A、B

【考点】 施工组织设计的编制方法。

【解析】 施工组织总设计的编制通常采用如下程序：

(1) 收集和熟悉编制施工组织总设计所需的有关资料和图纸，进行项目特点和施工条件的调查研究；

(2) 计算主要工种工程的工程量；

(3) 确定施工的总体部署；

(4) 拟订施工方案；

(5) 编制施工总进度计划；

(6) 编制资源需求量计划；

(7) 编制施工准备工作计划；

(8) 施工总平面图设计；

(9) 计算主要技术经济指标。

上述顺序中有些顺序必须这样，不可逆转，如：

(1) 拟订施工方案后才可编制施工总进度计划（因为进度的安排取决于施工的方案）；

(2) 编制施工总进度计划后才可编制资源需求量计划（因为资源需求量计划要反映各种资源在时间上的需求）。

但是在以上顺序中也有些顺序应该根据具体项目而定，如确定施工的总体部署和拟订施工方案，两者有紧密的联系，往往可以交叉进行。

因此，正确选项是 A、B。

72. A、C、D

【考点】 施工招标与投标。

【解析】 标前会议是招标人按投标须知规定的时间和地点召开的会议。标前会议上，招标人除了介绍工程概况以外，还可以对招标文件中的某些内容加以修改或补充说明，以及对投标意向者书面提出的问题和会议上即席提出的问题给以解答，会议结束后，招标人应将会议纪要用书面通知的形式发给每一个投标意向者。

无论是会议纪要还是对个别投标意向者的问题的解答，都应以书面形式发给每一个获得投标文件的投标意向者，以保证招标的公平和公正。但对问题的答复不需要说明问题来源。会议纪要和答复函件形成招标文件的补充文件，都是招标文件的有效组成部分。与招标文件具有同等法律效力。当补充文件与招标文件内容不一致时，应以补充文件为准。

为了使投标单位在编写投标文件时有充分的时间考虑招标人对招标文件的补充或修改内容，招标人可以根据实际情况在标前会议上确定延长投标截止时间。

因此，正确选项是 A、C、D。

73. A、C

【考点】 施工成本管理的措施。

【解析】 施工成本管理的措施归纳为组织措施、技术措施、经济措施和合同措施。

其中，施工过程中降低成本的技术措施包括：进行技术经济分析，确定最佳的施工方案；结合施工方法，进行材料使用的比选，在满足功能要求的前提下，通过代用、改变配合比、使用外加剂等方法降低材料消耗的费用；确定最合适的施工机械、设备使用方案；结合项目的施工组织设计及自然地理条件，降低材料的库存成本和运输成本；应用先进的施工技术，运用新材料，使用先进的机械设备等。

因此，正确选项是 A、C。

74. C、E

【考点】 施工进度控制的措施。

【解析】 施工方进度控制的措施主要包括组织措施、管理措施、经济措施和技术措施。

其中，组织措施包括：

(1) 为实现项目的进度目标，应充分重视健全项目管理的组织体系。

(2) 在项目组织结构中应有专门的工作部门和符合进度控制岗位资格的专人负责进度控制工作。

(3) 进度控制的主要工作环节包括进度目标的分析和论证、编制进度计划、定期跟踪进度计划的执行情况、采取纠偏措施以及调整进度计划。这些工作任务和相应的管理职能应在项目管理组织设计的任务分工表和管理职能分工表中标示并落实。

(4) 应编制施工进度控制的工作流程，如：

① 定义施工进度计划系统（由多个相互关联的施工进度计划组成的系统）的组成；

② 各类进度计划的编制程序、审批程序和计划调整程序等。

(5) 进度控制工作包含了大量的组织和协调工作，而会议是组织和协调的重要手段，应进行有关进度控制会议的组织设计，以明确：① 会议的类型；② 各类会议的主持人和参加单位和人员；③ 各类会议的召开时间；④ 各类会议文件的整理、分发和确认等。

因此，正确选项是 C、E。

75. A、B、C、D

【考点】 工程网络计划的类型和应用。

【解析】 根据《工程网络计划技术规程》，网络计划中确定工作持续时间的方法有：(1) 参照以往工程实践经验估算；(2) 经过试验推算；(3) 按定额计算；(4) 采用"三时估计法"。

因此，正确选项是 A、B、C、D。

76. B、C、D、E

【考点】 施工质量监督管理的制度。

【解析】 工程质量监督管理包括下列内容：

(1) 执行法律法规和工程建设强制性标准的情况；

91

(2) 抽查涉及工程主体结构安全和主要使用功能的工程实体质量；

(3) 抽查工程质量责任主体和质量检测等单位的工程质量行为；

(4) 抽查主要建筑材料、建筑构配件的质量；

(5) 对工程竣工验收进行监督；

(6) 组织或者参与工程质量事故的调查处理；

(7) 定期对本地区工程质量状况进行统计分析；

(8) 依法对违法违规行为实施处罚。

其中，对涉及工程主体结构安全和主要使用功能的工程实体质量抽查的范围应包括：地基基础、主体结构、防水与装饰装修、建筑节能、设备安装等相关建筑材料和现场实体的检测。

因此，正确选项是 B、C、D、E。

77. A、C、D

【考点】 管理职能分工在项目管理中的应用。

【解析】 管理职能含义的解释：

(1) 提出问题——通过进度计划值和实际值的比较，发现进度推迟了；

(2) 筹划——加快进度有多种可能的方案，如改一班工作制为两班工作制，增加夜班作业，增加施工设备或改变施工方法，针对这几个方案进行比较；

(3) 决策——从上述几个可能的方案中选择一个将被执行的方案，如增加夜班作业；

(4) 执行——落实夜班施工的条件，组织夜班施工；

(5) 检查——检查增加夜班施工的决策能否被执行，如已执行，则检查执行的效果如何。

如通过增加夜班施工，工程进度的问题解决了，但发现新的问题，施工成本增加了，这样就进入了管理的一个新的循环：提出问题、筹划、决策、执行和检查。在整个施工过程中，管理工作就是不断发现问题和不断解决问题的过程。

以上不同的管理职能可由不同的职能部门承担，如：

(1) 进度控制部门负责跟踪和提出有关进度的问题；

(2) 施工协调部门对进度问题进行分析，提出几个可能的方案，并对其进行比较；

(3) 项目经理在几个可供选择的方案中，决定采用第一方案，即增加夜班作业；

(4) 施工协调部门负责执行项目经理的决策，组织夜班施工；

(5) 项目经理助理检查夜班施工后的效果。

业主方和项目各参与方，如设计单位、施工单位、供货单位和工程管理咨询单位等都有各自的项目管理的任务和其管理职能分工，上述各方都应该编制各自的项目管理职能分工表。

因此，正确选项是 A、C、D。

78. A、B、C、D

【考点】 施工企业质量管理体系的建立和认证。

【解析】《质量管理体系 基础和术语》GB/T 19000—2016 提出了质量管理的七项原则，内容如下：

(1) 以顾客为关注焦点：质量管理的首要关注点是满足顾客要求并且努力超越顾客期望。

(2) 领导作用：各级领导建立统一的宗旨和方向，并创造全员积极参与实现组织的质量目标的条件。

(3) 全员积极参与：整个组织内各级胜任、经授权并积极参与的人员，是提高组织创造和提供价值能力的必要条件。

(4) 过程方法：将活动作为相互关联、功能连贯的过程组成的体系来理解和管理时，可以更加有效和高效地得到一致的、可预知的结果。

(5) 改进：成功的组织持续关注改进。

(6) 循证决策：基于数据和信息的分析和评价的决策，更有可能产生期望的结果。

(7) 关系管理：为了持续成功，组织需要管理与有关相关方（如供方）的关系。

因此，正确选项是 A、B、C、D。

79. A、B、D、E

【考点】 施工合同变更管理。

【解析】 根据《标准施工招标文件》中的通用合同条款的规定，除专用合同条款另有约定外，在履行合同中发生以下情形之一，应按照本条规定进行变更：

(1) 取消合同中任何一项工作，但被取消的工作不能转由发包人或其他人实施；

(2) 改变合同中任何一项工作的质量或其他特性；

(3) 改变合同工程的基线、标高、位置或尺寸；

(4) 改变合同中任何一项工作的施工时间或改变已批准的施工工艺或顺序；

(5) 为完成工程需要追加的额外工作。

因此，正确选项是 A、B、D、E。

80. B、C、D、E

【考点】 施工劳务分包合同的内容。

【解析】 根据《建设工程施工劳务分包合同（示范文本)》，劳务分包人的主要义务归纳如下：

(1) 对劳务分包范围内的工程质量向工程承包人负责，组织具有相应资格证书的熟练工人投入工作；未经工程承包人授权或允许，不得擅自与发包人及有关部门建立工作联系；自觉遵守法律法规及有关规章制度。

(2) 严格按照设计图纸、施工验收规范、有关技术要求及施工组织设计精心组织施工，确保工程质量达到约定的标准。

科学安排作业计划，投入足够的人力、物力，保证工期。

加强安全教育，认真执行安全技术规范，严格遵守安全制度，落实安全措施，确保施工安全。

加强现场管理,严格执行建设主管部门及环保、消防、环卫等有关部门对施工现场的管理规定,做到文明施工。

承担由于自身责任造成的质量修改、返工、工期拖延、安全事故、现场脏乱造成的损失及各种罚款。

(3) 自觉接受工程承包人及有关部门的管理、监督和检查;接受工程承包人随时检查其设备、材料保管、使用情况,及其操作人员的有效证件、持证上岗情况;与现场其他单位协调配合,照顾全局。

(4) 劳务分包人须服从工程承包人转发的发包人及工程师(监理人)的指令。

(5) 除非合同另有约定,劳务分包人应对其作业内容的实施、完工负责,劳务分包人应承担并履行总(分)包合同约定的、与劳务作业有关的所有义务及工作程序。

因此,正确选项是B、C、D、E。

81. C、D、E

【考点】 工程网络计划的类型和应用。

【解析】 (1) 自由时差(FF_{i-j}),是指在不影响其紧后工作最早开始的前提下,工作$i-j$可以利用的机动时间。

(2) 双代号网络计划中,工作自由时差的计算

当工作$i-j$有紧后工作$j-k$时,其自由时差应为:

$$FF_{i-j}=ES_{j-k}-EF_{i-j}$$

或 $FF_{i-j}=ES_{j-k}-ES_{i-j}-D_{i-j}$

以网络计划的终点节点($j=n$)为箭头节点的工作,其自由时差FF_{i-n}应按网络计划的计划工期T_p确定,即:

$$FF_{i-n}=T_p-EF_{i-n}$$

(3) 单代号网络计划中,工作自由时差的计算

工作i若无紧后工作,其自由时差FF_i等于计划工期T_p减该工作的最早完成时间EF_n,即:

$$FF_n=T_p-EF_n$$

当工作i有紧后工作j时,其自由时差FF_i等于该工作与其紧后工作j之间的间隔时间LAG_{i-j}的最小值,即:

$$FF_i=\min\{LAG_{i-j}\}$$

(4) 时标网络计划中,工作自由时差的判断

时标网络计划中各工作的自由时差应为该工作与所有紧后工作间波形线段水平长度和的最小值。

因此,正确选项是C、D、E。

82. A、B、D、E

【考点】 建筑安装工程费用项目组成。

【解析】 材料费是指施工过程中耗费的原材料、辅助材料、构配件、零件、半成品或

成品、工程设备的费用。内容包括：

（1）材料原价。材料原价是指材料、工程设备的出厂价格或商家供应价格。

（2）运杂费。运杂费是指材料、工程设备自来源地运至工地仓库或指定堆放地点所发生的全部费用。

（3）运输损耗费。运输损耗费是指材料在运输装卸过程中不可避免的损耗。

（4）采购及保管费。采购及保管费是指为组织采购、供应和保管材料、工程设备的过程中所需要的各项费用。包括采购费、仓储费、工地保管费、仓储损耗。

检验试验费是指施工企业按照有关标准规定，对建筑以及材料、构件和建筑安装物进行一般鉴定、检查所发生的费用，包括自设试验室进行试验所耗用的材料等费用。该费用属于企业管理费。

因此，正确选项是 A、B、D、E。

83. A、B、D、E

【考点】 施工项目经理的责任。

【解析】 项目管理目标责任书应在项目实施之前，由法定代表人或其授权人与项目经理协商制定。

编制项目管理目标责任书应依据下列资料：

（1）项目合同文件；

（2）组织管理制度；

（3）项目管理规划大纲；

（4）组织经营方针和目标；

（5）项目特点和实施条件与环境。

因此，正确选项是 A、B、D、E。

84. A、E

【考点】 工程质量事故分类。

【解析】 按照住房和城乡建设部《关于做好房屋建筑和市政基础设施工程质量事故报告和调查处理工作的通知》（建质〔2010〕111号），根据工程质量事故造成的人员伤亡或者直接经济损失，工程质量事故分为4个等级：

（1）特别重大事故，是指造成30人以上死亡，或者100人以上重伤，或者1亿元以上直接经济损失的事故；

（2）重大事故，是指造成10人以上30人以下死亡，或者50人以上100人以下重伤，或者5000万元以上1亿元以下直接经济损失的事故；

（3）较大事故，是指造成3人以上10人以下死亡，或者10人以上50人以下重伤，或者1000万元以上5000万元以下直接经济损失的事故；

（4）一般事故，是指造成3人以下死亡，或者10人以下重伤，或者100万元以上1000万元以下直接经济损失的事故。

该等级划分所称的"以上"包括本数，所称的"以下"不包括本数。

上述质量事故等级划分标准与《生产安全事故报告和调查处理条例》（国务院令第493号）规定的生产安全事故等级划分标准相同。工程质量事故和安全事故往往会互为因果地连带发生。

因此，正确选项是 A、E。

85. A、B、E

【考点】 施工职业健康安全管理体系与环境管理体系的建立。

【解析】 职业健康安全管理体系文件包括管理手册、程序文件、作业文件三个层次。

因此，正确选项是 A、B、E。

86. A、B、C、D

【考点】 工程网络计划的类型和应用。

【解析】 根据题中给出的各工作间的逻辑关系（紧前），找出紧后逻辑关系，如下表：

工作	A	B	C	D	E	G	H
紧前工作	—	A	A、B	A、C	C、D	A、E	E、G
紧后工作	B、C、D、G	C	D、E	E	G、H	H	—

因此，正确选项是 A、B、C、D。

87. A、C、E

【考点】 施工合同索赔的依据和证据。

【解析】 索赔的成立，应该同时具备以下三个前提条件：

（1）与合同对照，事件已造成了承包人工程项目成本的额外支出，或直接工期损失；

（2）造成费用增加或工期损失的原因，按合同约定不属于承包人的行为责任或风险责任；

（3）承包人按合同规定的程序和时间提交索赔意向通知和索赔报告。

以上三个条件必须同时具备，缺一不可。

因此，正确选项是 A、C、E。

88. C、E

【考点】 施工成本分析的方法。

【解析】 分部分项工程成本分析的资料来源为：预算成本来自投标报价成本，目标成本来自施工预算，实际成本来自施工任务单的实际工程量、实耗人工和限额领料单的实耗材料。

因此，正确选项是 C、E。

89. C、D、E

【考点】 总价合同。

【解析】 根据《建设工程施工合同（示范文本)》，合同双方可约定，在以下条件下可对合同价款进行调整：

(1) 法律、行政法规和国家有关政策变化影响合同价款；

(2) 工程造价管理部门公布的价格调整；

(3) 一周内非承包人原因停水、停电、停气造成的停工累计超过8小时；

(4) 双方约定的其他因素。

因此，正确选项是C、D、E。

90. A、B、D、E

【考点】 施工文件的归档。

【解析】 归档文件的质量要求：

(1) 归档的文件应为原件。

(2) 工程文件的内容及其深度必须符合国家有关工程勘察、设计、施工、监理等方面的技术规范、标准和规程。

(3) 工程文件的内容必须真实、准确，与工程实际相符合。

(4) 工程文件应采用耐久性强的书写材料，如碳素墨水、蓝黑墨水，不得使用易褪色的书写材料，如：红色墨水、纯蓝墨水、圆珠笔、复写纸、铅笔等。

(5) 工程文件应字迹清楚，图样清晰，图表整洁，签字盖章手续完备。

(6) 工程文件文字材料幅面尺寸规格宜为A4幅面（297mm×210mm）。图纸宜采用国家标准图幅。

(7) 工程文件的纸张应采用能够长期保存的韧力大、耐久性强的纸张。图纸一般采用蓝晒图，竣工图应是新蓝图。计算机出图必须清晰，不得使用计算机出图的复印件。

(8) 所有竣工图均应加盖竣工图章。

① 竣工图章的基本内容应包括："竣工图"字样、施工单位、编制人、审核人、技术负责人、编制日期、监理单位、现场监理、总监理工程师。

② 竣工图章尺寸为：50mm×80mm。具体详见《建设工程文件归档整理规范》的竣工图章示例。

③ 竣工图章应使用不易褪色的红印泥，应盖在图标栏上方空白处。

(9) 利用施工图改绘竣工图，必须标明变更修改依据；凡施工图结构、工艺、平面布置等有重大改变，或变更部分超过图面1/3的，应当重新绘制竣工图。

因此，正确选项是A、B、D、E。

91. A、B、C、D

【考点】 职业健康安全施工的分类和处理。

【解析】 施工项目一旦发生安全事故，必须实施"四不放过"的原则：

(1) 事故原因没有查清不放过；

(2) 责任人员没有受到处理不放过；

(3) 职工群众没有受到教育不放过；

(4) 防范措施没有落实不放过。

因此，正确选项是 A、B、C、D。

92. B、C、D、E

【考点】 竣工结算与支付。

【解析】 除专用合同条款另有约定外，承包人应在工程竣工验收合格后 28 天内向发包人和监理人提交竣工结算申请单，并提交完整的结算资料。竣工结算申请单应包括以下内容：

（1）竣工结算合同价格。

（2）发包人已支付承包人的款项。

（3）应扣留的质量保证金。已缴纳履约保证金的或提供其他工程质量担保方式的除外。

（4）发包人应支付承包人的合同价款。

因此，正确选项是 B、C、D、E。

93. A、B

【考点】 影响施工质量的主要因素。

【解析】 影响施工质量的主要因素有"人（Man）、材料（Material）、机械（Machine）、方法（Method）及环境（Environment）"等五大方面，即 4M1E。

环境的因素主要包括施工现场自然环境因素、施工质量管理环境因素和施工作业环境因素。施工质量管理环境因素主要指：施工单位质量管理体系、质量管理制度和各参建施工单位之间的协调等因素。根据承发包的合同结构，理顺管理关系，建立统一的现场施工组织系统和质量管理的综合运行机制，确保工程项目质量保证体系处于良好的状态，创造良好的质量管理环境和氛围，是施工顺利进行、提高施工质量的保证。

因此，正确选项是 A、B。

94. B、D、E

【考点】 安全生产管理制度。

【解析】《建设工程安全生产管理条例》第二十六条规定：施工单位应当在施工组织设计中编制安全技术措施和施工现场临时用电方案，对下列达到一定规模的危险性较大的分部分项工程编制专项施工方案，并附具安全验算结果，经施工单位技术负责人、总监理工程师签字后实施，由专职安全生产管理人员进行现场监督，包括基坑支护与降水工程；土方开挖工程；模板工程；起重吊装工程；脚手架工程；拆除、爆破工程；国务院建设行政主管部门或者其他有关部门规定的其他危险性较大的工程。

对前款所列工程中涉及深基坑、地下暗挖工程、高大模板工程的专项施工方案，施工单位还应当组织专家进行论证、审查。

因此，正确选项是 B、D、E。

95. A、B、C、D

【考点】 人工定额的编制。

【解析】 工人工作时间的分类如下图所示。

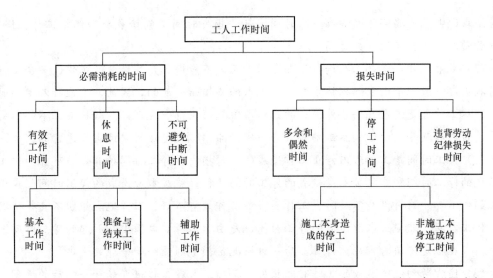

必需消耗的时间是工人在正常施工条件下，为完成一定产品（工作任务）所消耗的时间，它是制定定额的主要依据。必需消耗的工作时间，包括有效工作时间、休息时间和不可避免中断时间。

（1）有效工作时间是从生产效果来看与产品生产直接有关的时间消耗，包括基本工作时间、辅助工作时间、准备与结束工作时间。

基本工作时间是工人完成一定产品的施工工艺过程所消耗的时间。基本工作时间所包括的内容依工作性质各不相同，基本工作时间的长短和工作量大小成正比例。

辅助工作时间是指为保证基本工作能顺利完成所消耗的时间。在辅助工作时间里，不能使产品的形状大小、性质或位置发生变化。辅助工作时间的结束，往往就是基本工作时间的开始。辅助工作一般是手工操作，但如果在机手并动的情况下，辅助工作是在机械运转过程中进行的，为避免重复则不应再计辅助工作时间的消耗。

准备与结束工作时间是执行任务前或任务完成后所消耗的工作时间。如工作地点、劳动工具和劳动对象的准备工作时间；工作结束后的整理工作时间等。准备和结束工作时间的长短与所担负的工作量大小无关，但往往和工作内容有关。准备与结束工作时间可以分为班内的准备与结束工作时间和任务的准备与结束工作时间。

（2）休息时间是工人在工作过程中为恢复体力所必需的短暂休息和生理需要的时间消耗。这种时间是为了保证工人精力充沛地进行工作，所以在定额时间中必须进行计算。休息时间的长短和劳动条件有关，劳动越繁重紧张、劳动条件越差（如高温），则休息时间越长。

（3）不可避免的中断时间是指由于施工工艺特点引起的工作中断所必需的时间。与施工过程、工艺特点有关的工作中断时间，应包括在定额时间内，但应尽量缩短此项时间消耗。与工艺特点无关的工作中断所占用时间，是由于劳动组织不合理引起的，属于损失时间，不能计入定额时间。

损失时间是与产品生产无关，而与施工组织和技术上的缺陷有关，与工人在施工过程中的个人过失或某些偶然因素有关的时间消耗。损失时间中包括多余和偶然工作、停工、违背劳动纪律所引起的损失时间。

（1）多余工作，就是工人进行了任务以外而又不能增加产品数量的工作。多余工作的工时损失，一般都是由于工程技术人员和工人的差错而引起的，因此，不应计入定额时间中。偶然工作也是工人在任务外进行的工作，但能够获得一定产品。如抹灰工不得不补上偶然遗留的墙洞等。由于偶然工作能获得一定产品，拟定定额时要适当考虑它的影响。

（2）停工时间是工作班内停止工作造成的工时损失。停工时间按其性质可分为施工本身造成的停工时间和非施工本身造成的停工时间两种。施工本身造成的停工时间，是由于施工组织不善、材料供应不及时、工作面准备工作做得不好、工作地点组织不良等情况引起的停工时间。非施工本身造成的停工时间，是由于水源、电源中断引起的停工时间。前一种情况在拟定定额时不应该计算，后一种情况定额中则应给予合理的考虑。

（3）违背劳动纪律造成的工作时间损失，是指工人在工作班开始和午休后的迟到、午饭前和工作班结束前的早退、擅自离开工作岗位、工作时间内聊天或办私事等造成的工时损失。此项工时损失不应允许存在。因此，在定额中是不能考虑的。

因此，正确选项是 A、B、C、D。

2018年度二级建造师执业资格考试试卷

一、单项选择题（共70题，每题1分。每题的备选项中，只有1个最符合题意）

1. EPC工程总承包方的项目管理工作涉及的阶段是（   ）。
   A. 决策—设计—施工—动用前准备
   B. 决策—施工—动用前准备—保修期
   C. 设计前的准备—设计—施工—动用前准备
   D. 设计前的准备—设计—施工—动用前准备—保修期

2. 关于施工总承包管理方责任的说法，正确的是（   ）。
   A. 承担施工任务并对其质量负责
   B. 与分包方和供货方直接签订合同
   C. 承担对分包方的组织和管理责任
   D. 负责组织和指挥总承包单位的施工

3. 建设工程施工管理是多个环节组成的过程，第一个环节的工作是（   ）。
   A. 提出问题
   B. 决策
   C. 执行
   D. 检查

4. 某施工企业采用矩阵组织结构模式，其横向工作部门可以是（   ）。
   A. 合同管理部
   B. 计划管理部
   C. 财务管理部
   D. 项目管理部

5. 根据施工组织总设计编制程序，编制施工总进度计划前需收集相关资料和图纸、计算主要工程量、确定施工的总体部署和（   ）。
   A. 编制资源需求计划
   B. 编制施工准备工作计划
   C. 拟订施工方案
   D. 计算主要技术经济指标

6. 下列建设工程项目目标动态控制的工作中，属于准备工作的是（   ）。
   A. 收集项目目标的实际值
   B. 对项目目标进行分解
   C. 将项目目标的实际值和计划值相比较
   D. 对产生的偏差采取纠偏措施

7. 大型建设工程项目进度目标分解的工作有：①编制各子项目施工进度计划；②编制施工总进度计划；③编制施工总进度规划；④编制项目各子系统进度计划。正确的目标分解过程是( )。

A. ②—③—①—④ B. ②—③—④—①
C. ③—②—①—④ D. ③—②—④—①

8. 根据《建设工程施工合同（示范文本）》，项目经理在紧急情况下有权采取必要措施保证与工程有关的人身、财产和工程安全，但应在48h内向( )提交书面报告。

A. 承包方法定代表人和总监理工程师 B. 监督职能部门和承包方法定代表人
C. 发包人代表和总监理工程师 D. 政府职能监督部门和发包人代表

9. 根据《建设工程项目管理规范》，建设工程实施前由施工企业法定代表人或其授权人与项目经理协商制定的文件是( )。

A. 施工组织设计 B. 项目管理目标责任书
C. 施工总体规划 D. 工程承包合同

10. 根据构成风险的因素分类，建设工程施工现场因防火设施数量不足而产生的风险属于( )风险。

A. 组织 B. 经济与管理
C. 工程环境 D. 技术

11. 根据《建设工程监理规范》，关于旁站监理的说法，正确的是( )。

A. 施工企业对需要旁站监理的关键部位进行施工之前，应至少提前48h通知项目监理机构
B. 旁站监理人员对主体结构混凝土浇筑应进行旁站监理
C. 若施工企业现场质检人员未签字而旁站监理人员签字认可，即可进行下一道工序
D. 旁站监理人员发现施工活动危及工程质量的，可直接下达停工指令

12. 根据《建设工程安全生产管理条例》，关于工程监理单位安全责任的说法，正确的是( )。

A. 在实施监理过程中发现情况严重的安全事故隐患，应要求施工单位整改
B. 在实施监理过程中发现情况严重的安全事故隐患，应及时向有关主管部门报告
C. 应审查专项施工方案是否符合工程建设强制性标准
D. 对于情节严重的安全事故隐患，施工单位拒不整改时应向建设单位报告

13. 根据《建筑安装工程费用项目组成》，对超额劳动和增收节支而支付给个人的劳动报酬，应计入建筑安装工程费用人工费项目中的( )。

A. 计时工资或计件工资 B. 奖金

C. 津贴补贴 D. 特殊情况下支付的工资

14. 某建设工程采用《建设工程工程量清单计价规范》，招标工程量清单中挖土方工程量为2500m³。投标人根据地质条件和施工方案计算的挖土方工程量为4000m³，完成该土方分项工程的人、材、机费用为98000元，管理费13500元，利润8000元。如不考虑其他因素，投标人报价时的挖土方综合单价为（　　）元/m³。
   A. 29.88 B. 42.40
   C. 44.60 D. 47.80

15. 编制人工定额时，由于作业面准备不充分导致的停工时间应计入（　　）。
   A. 施工本身造成的停工时间 B. 多余和偶然时间
   C. 非施工本身造成的停工时间 D. 不可避免中断时间

16. 编制施工机械台班使用定额时，工人装车的砂石数量不足导致的汽车在降低负荷下工作所延续的时间属于（　　）。
   A. 有效工作时间 B. 低负荷下的工作时间
   C. 有根据地降低负荷下的工作时间 D. 非施工本身造成的停工时间

17. 根据《建设工程工程量清单计价规范》，采用单价合同的工程结算工程量应为（　　）。
   A. 施工单位实际完成的工程量
   B. 合同中约定应予计量的工程量
   C. 合同中约定应予计量并实际完成的工程量
   D. 以合同图纸的图示尺寸为准计算的工程量

18. 根据《建设工程工程量清单计价规范》，采用经审定批准的施工图纸及其预算方式发包形成的总价合同，施工过程中未发生工程变更，结算工程量应为（　　）。
   A. 承包人实际施工的工程量
   B. 总价合同各项目的工程量
   C. 承包人因施工需要自行变更后的工程量
   D. 承包人调整施工方案后的工程量

19. 根据《建设工程工程量清单计价规范》，暂列金额可用于支付（　　）。
   A. 业主提供了暂估价的材料采购费用
   B. 因承包人原因导致隐蔽工程质量不合格的返工费用
   C. 因施工缺陷造成的工程维修费用

D. 施工中发生设计变更增加的费用

20. 根据《建设工程工程量清单计价规范》，发包人应在工程开工后的 28d 内预付不低于当年施工进度计划的安全文明施工费总额的（　　）。
　　A. 50%　　　　　　　　　　　　　B. 60%
　　C. 90%　　　　　　　　　　　　　D. 100%

21. 某建设工程由于业主方临时设计变更导致停工，承包商的工人窝工 8 个工日，窝工费为 300 元/工日；承包商租赁的挖土机窝工 2 个台班，挖土机租赁费为 1000 元/台班，动力费 160 元/台班；承包商自有的自卸汽车窝工 2 个台班，该汽车折旧费用 400 元/台班，动力费为 200 元/台班，则承包商可以向业主索赔的费用为（　　）元。
　　A. 4800　　　　　　　　　　　　　B. 5200
　　C. 5400　　　　　　　　　　　　　D. 5800

22. 采用时间—成本累计曲线编制建设工程项目进度计划时，从节约资金贷款利息的角度出发，适宜采取的做法是（　　）。
　　A. 所有工作均按最早开始时间开始　　B. 关键工作均按最迟开始时间开始
　　C. 所有工作均按最迟开始时间开始　　D. 关键工作均按最早开始时间开始

23. 对竣工项目进行工程现场成本核算的目的是（　　）。
　　A. 评价财务管理效果　　　　　　　B. 考核项目管理绩效
　　C. 核算企业经营效益　　　　　　　D. 评价项目成本效益

24. 某单位产品 1 月份成本相关参数见下表，用因素分析法计算，单位产品人工消耗量变动对成本的影响是（　　）元。

项目	单位	计划值	实际值
产品产量	件	180	200
单位产品人工消耗量	工日/件	12	11
人工单价	元/工日	100	110

　　A. −18000　　　　　　　　　　　　B. −19800
　　C. −20000　　　　　　　　　　　　D. −22000

25. 对施工项目进行综合成本分析时，可作为分析基础的是（　　）。
　　A. 月（季）度成本分析　　　　　　B. 分部分项工程成本分析
　　C. 年度成本分析　　　　　　　　　D. 竣工成本分析

26. 某分部分项工程预算单价为 300 元/m³，计划 1 个月完成工程量 100m³。实际施工中用了两个月（匀速）完成工程量 160m³，由于材料费上涨导致实际单价为 330 元/m³，则该分部分项工程的费用偏差为（ ）元。
   A. 4800　　　　　　　　　　　　B. －4800
   C. 18000　　　　　　　　　　　 D. －18000

27. 根据建设工程项目总进度目标论证的工作步骤，编制各层（各级）进度计划的紧前工作是（ ）。
   A. 调查研究和资料收集　　　　　B. 进行项目结构分析
   C. 进行进度计划系统的结构分析　D. 确定项目的工作编码

28. 编制控制性施工进度计划的主要目的是（ ）。
   A. 合理安排施工企业计划周期内的生产活动
   B. 具体指导建设工程施工
   C. 对施工承包合同所规定的施工进度目标进行再论证
   D. 确定项目实施计划周期内的资金需求

29. 关于横道图进度计划的说法，正确的是（ ）。
   A. 横道图的一行只能表达一项工作　　B. 横道图的工作可按项目对象排序
   C. 工作的简要说明必须放在表头内　　D. 横道图不能表达工作间的逻辑关系

30. 关于双代号网络图中终点节点和箭线关系的说法，正确的是（ ）。
   A. 既有内向箭线，又有外向箭线　　　B. 只有内向箭线，没有外向箭线
   C. 只有外向箭线，没有内向箭线　　　D. 既无内向箭线，又无外向箭线

31. 绘制双代号时标网络计划，首先应（ ）。
   A. 绘制时标计划表　　　　　　　　　B. 定位起点节点
   C. 确定时间坐标长度　　　　　　　　D. 绘制非时标网络计划

32. 关于双代号网络计划的工作最迟开始时间的说法，正确的是（ ）。
   A. 最迟开始时间等于各紧后工作最迟开始时间的最大值
   B. 最迟开始时间等于各紧后工作最迟开始时间的最小值
   C. 最迟开始时间等于各紧后工作最迟开始时间的最大值减去持续时间
   D. 最迟开始时间等于各紧后工作最迟开始时间的最小值减去持续时间

33. 单代号网络计划时间参数计算中，相邻两项工作之间的时间间隔（$LAG_{i,j}$）

是( )。

    A. 紧后工作最早开始时间和本工作最早开始时间之差

    B. 紧后工作最早开始时间和本工作最早完成时间之差

    C. 紧后工作最早完成时间和本工作最早开始时间之差

    D. 紧后工作最迟完成时间和本工作最早完成时间之差

34. 用工作计算法计算双代号网络计划的时间参数时，自由时差宜按( )计算。

    A. 工作完成节点的最迟时间减去开始节点的最早时间再减去工作的持续时间

    B. 所有紧后工作的最迟开始时间的最小值减去本工作的最早完成时间

    C. 本工作与所有紧后工作之间时间间隔的最小值

    D. 所有紧后工作的最早开始时间的最小值减去本工作的最早开始时间和持续时间

35. 建设工程施工方进度目标能否实现的决定性因素是( )。

    A. 组织体系   B. 项目经理

    C. 施工方案   D. 信息技术

36. 下列建设工程施工方进度控制的措施中，属于技术措施的是( )。

    A. 重视信息技术在进度控制中的应用

    B. 采用网络计划方法编制进度计划

    C. 编制与进度相适应的资源需求计划

    D. 分析工程设计变更的必要性和可能性

37. 某建设工程网络计划如下图（时间单位：d）所示，工作 C 的自由时差是( )d。

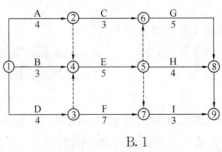

    A. 0   B. 1

    C. 2   D. 3

38. 下列影响建设工程施工质量的因素中，作为施工质量控制基本出发点的因素是( )。

    A. 人   B. 机械

C. 材料 D. 环境

39. 根据建筑工程质量终身责任制要求，施工单位项目经理对建设工程质量承担责任的时间期限是（   ）。
   A. 建筑工程实际使用年限 B. 建设单位要求年限
   C. 建筑工程设计使用年限 D. 缺陷责任期

40. 建设工程施工质量保证体系运行的主线是（   ）。
   A. 质量计划   B. 过程管理
   C. PDCA 循环   D. 质量手册

41. 关于施工企业质量管理体系文件构成的说法，正确的是（   ）。
   A. 质量计划是纲领性文件
   B. 质量记录应阐述企业质量目标和方针
   C. 程序文件是质量手册的支持性文件
   D. 质量手册应阐述项目各阶段的质量责任和权限

42. 施工单位在建设工程开工前编制的测量控制方案，需经（   ）批准后方可实施。
   A. 施工项目经理   B. 总监理工程师
   C. 甲方工程师   D. 项目技术负责人

43. 建设工程施工过程中对分部工程质量验收时，应该给出综合质量评价的检查项目是（   ）。
   A. 观感质量验收   B. 分项工程质量验收
   C. 质量控制资料验收   D. 主体结构功能检测

44. 在建设工程施工过程的质量验收中，检验批的合格质量主要取决于（   ）。
   A. 主控项目的检验结果
   B. 主控项目和一般项目的检验结果
   C. 资料检查完整、合格和主控项目检验结果
   D. 资料检查完整、合格和一般项目的检验结果

45. 根据《质量管理体系 基础和术语》，工程产品与规定用途有关的不合格，称为（   ）。
   A. 质量通病   B. 质量缺陷
   C. 质量问题   D. 质量事故

46. 建设工程施工质量事故的处理程序中，确定处理结果是否达到预期目的、是否依然存在隐患，属于（　　）环节的工作。
　　A. 事故调查　　　　　　　　　　　　B. 事故原因分析
　　C. 制订事故处理技术方案　　　　　　D. 事故处理鉴定验收

47. 政府质量监督机构检查参与工程项目建设各方的质量保证体系的建立情况，属于（　　）质量监督的内容。
　　A. 项目开工前　　　　　　　　　　　B. 施工过程
　　C. 竣工验收阶段　　　　　　　　　　D. 建立档案阶段

48. 建设工程主体结构施工中，政府质量监督机构安排监督检查的频率至少是（　　）。
　　A. 每周一次　　　　　　　　　　　　B. 每旬一次
　　C. 每月一次　　　　　　　　　　　　D. 每季度一次

49. 根据《环境管理体系 要求及使用指南》，PDCA循环中"A"环节指的是（　　）。
　　A. 策划　　　　　　　　　　　　　　B. 支持和运行
　　C. 改进　　　　　　　　　　　　　　D. 绩效评价

50. 关于职业健康安全与环境管理体系中管理评审的说法，正确的是（　　）。
　　A. 管理评审是施工企业接受政府监督的一种机制
　　B. 管理评审是施工企业最高管理者对管理体系的系统评价
　　C. 管理评审是管理体系自我保证和自我监督的一种机制
　　D. 管理评审是对管理体系运行中执行相关法律情况进行的评价

51. 某建设工程施工现场发生一触电事故后，项目部对工人进行安全用电操作教育，同时对现场的配电箱、用电电路进行防护改造，设置漏电开关，严禁非专业电工乱接乱拉电线。这体现了施工安全隐患处理原则中的（　　）。
　　A. 直接隐患与间接隐患并治原则　　　B. 单项隐患综合处理原则
　　C. 预防与减灾并重处理原则　　　　　D. 动态处理原则

52. 下列风险控制方法中，适用于第一类危险源控制的是（　　）。
　　A. 提高各类施工设施的可靠性　　　　B. 设置安全监控系统
　　C. 隔离危险物质　　　　　　　　　　D. 改善作业环境

53. 根据《生产安全事故报告和调查处理条例》，下列建设工程施工生产安全事故中，属于重大事故的是（　　）。

　　A. 某基坑发生透水事件，造成直接经济损失5000万元，没有人员伤亡

　　B. 某拆除工程安全事故，造成直接经济损失1000万元，45人重伤

　　C. 某建设工程脚手架倒塌，造成直接经济损失960万元，8人重伤

　　D. 某建设工程提前拆模导致结构坍塌，造成35人死亡，直接经济损失4500万元

54. 某建设工程生产安全事故应急预案中，针对脚手架拆除可能发生的事故、相关危险源和应急保障而制定的方案，从性质上属于（　　）。

　　A. 综合应急预案　　　　　　　　B. 专项应急预案

　　C. 现场应急预案　　　　　　　　D. 现场处置方案

55. 关于建设工程施工现场文明施工措施的说法，正确的是（　　）。

　　A. 施工现场要设置半封闭的围挡

　　B. 施工现场设置的围挡高度不得低于1.5m

　　C. 施工现场主要场地应硬化

　　D. 专职安全员为现场文明施工的第一责任人

56. 根据建设工程文明工地标准，施工现场必须设置"五牌一图"，其中"一图"是指（　　）。

　　A. 施工进度横道图　　　　　　　B. 大型机械布置位置图

　　C. 施工现场交通组织图　　　　　D. 施工现场平面布置图

57. 关于建设工程施工现场环境污染处理措施的说法，正确的是（　　）。

　　A. 所有固体废弃物必须集中储存且有醒目标识

　　B. 存放化学溶剂的库房地面和高250mm墙面必须进行防渗处理

　　C. 施工现场搅拌站的污水可经排水沟直接排入城市污水管网

　　D. 现场气焊用的乙炔发生罐产生的污水应倾倒在基坑中

58. 某建设工程采用固定总价方式招标，业主在招标投标过程中对某项争议工程量不予更正，投标单位正确的应对策略是（　　）。

　　A. 修改工程量后进行报价

　　B. 按业主要求工程量修改单价后报价

　　C. 采用不平衡报价法提高该项工程报价

　　D. 投标时注明工程量表存在错误，应按实结算

59. 与施工平行发包模式相比，施工总承包模式对业主不利的方面是(   )。
   A. 合同管理工作量增大
   B. 组织协调工作量增大
   C. 开工前合同价不明确，不利于对总造价的早期控制
   D. 建设周期比较长，对项目总进度控制不利

60. 关于建设工程专业分包人的说法，正确的是(   )。
   A. 分包人须服从监理人直接发出的与分包工程有关的指令
   B. 分包人可直接致函监理人，对相关指令进行澄清
   C. 分包人不能直接致函给发包人
   D. 分包人在接到监理人要求后，可不执行承包人的指令

61. 根据《建设工程施工劳务分包合同（示范文本）》，关于保险办理的说法，正确的是(   )。
   A. 劳务分包人施工开始前，应由工程承包人为施工场地内自有人员及第三人人员生命财产办理保险
   B. 运至施工场地用于劳务施工的材料，由工程承包人办理保险并支付费用
   C. 工程承包人提供给劳务分包人使用的施工机械设备由劳务分包人办理保险并支付费用
   D. 工程承包人需为从事危险作业的劳务人员办理意外伤害险并支付费用

62. 由采购方负责提货的建筑材料，交货期限应以(   )为准。
   A. 采购方收货戳记的日期
   B. 供货方按照合同规定通知的提货日期
   C. 供货方发运产品时承运单位签发的日期
   D. 采购方向承运单位提出申请的日期

63. 某土方工程采用单价合同方式，投标报价总价为30万元，土方单价为50元/m^3，清单工程量为6000m^3，现场实际完成并经监理工程师确认的工程量为5000m^3，则结算工程款应为(   )万元。
   A. 20   B. 25
   C. 30   D. 35

64. 对于业主而言，成本加酬金合同的优点是(   )。
   A. 有利于控制投资   B. 可通过分段施工缩短工期
   C. 不承担工程量变化的风险   D. 不需介入工程施工和管理

65. 下列合同计价方式中，对承包商来说风险最小的是(   )。
   A. 单价合同   B. 固定总价合同
   C. 变动总价合同   D. 成本加酬金合同

66. 根据《标准施工招标文件》通用合同条款，承包人应该在收到变更指示最多不超过(   )d内，向监理人提交变更报价书。
   A. 7   B. 14
   C. 28   D. 30

67. 下列工作内容中，属于反索赔工作内容的是(   )。
   A. 防止对方提出索赔   B. 收集准备索赔资料
   C. 编写法律诉讼文件   D. 发出最终索赔通知

68. 政府投资工程的承包人向发包人提出的索赔请求，索赔文件应该交由(   )进行审核。
   A. 造价鉴定机构   B. 造价咨询人
   C. 监理人   D. 政府造价管理部门

69. 索赔事件是指实际情况与合同规定不符合，最终引起(   )变化的各类事件。
   A. 工期、费用   B. 质量、成本
   C. 安全、工期   D. 标准、信息

70. 关于建设工程施工文件归档质量要求的说法，正确的是(   )。
   A. 归档文件用原件和复印件均可
   B. 工程文件应签字手续完备，是否盖章不做要求
   C. 利用施工图改绘竣工图，有重大改变时，不必重新绘制
   D. 工程文件文字材料幅面尺寸规格宜为 A4 幅面

二、**多项选择题**（共 25 题，每题 2 分。每题的备选项中，有 2 个或 2 个以上符合题意，至少有 1 个错项。错选，本题不得分；少选，所选的每个选项得 0.5 分）

71. 关于建设工程项目结构分解的说法，正确的有(   )。
   A. 项目结构分解应结合项目进展的总体部署
   B. 项目结构分解应结合项目合同结构的特点
   C. 项目结构分解应结合项目组织结构的特点
   D. 单体项目也可进行项目结构分解
   E. 每一个项目只能有一种项目结构分解方法

72. 建设工程施工组织总设计的编制依据有（   ）。
   A. 施工企业资源配置情况　　　　　　B. 相关规范、法律
   C. 合同文件　　　　　　　　　　　　D. 建设地区基础资料
   E. 工程施工图纸及标准图

73. 根据《建设工程施工合同（示范文本）》，关于发包人书面通知更换不称职项目经理的说法，正确的有（   ）。
   A. 承包人应在接到更换通知后 14d 内向发包人提出书面改进报告
   B. 承包人应在接到第二次更换通知后 42d 内更换项目经理
   C. 发包人要求更换项目经理的，承包人无需提供继任项目经理的证明文件
   D. 承包人无正当理由拒绝更换项目经理的，应按专用合同条款的约定承担违约责任
   E. 发包人接受承包人提出的书面改进报告后，可不更换项目经理

74. 在建设工程施工管理过程中，项目经理在企业法定代表人授权范围内可以行使的管理权力有（   ）。
   A. 选择施工作业队伍　　　　　　　　B. 组织项目管理班子
   C. 指挥工程项目建设的生产经营活动　D. 对外进行纳税申报
   E. 制定企业经营目标

75. 根据《建设工程工程量清单计价规范》，分部分项工程清单项目的综合单价包括（   ）。
   A. 企业管理费　　　　　　　　　　　B. 其他项目费
   C. 规费　　　　　　　　　　　　　　D. 税金
   E. 利润

76. 影响建设工程周转性材料消耗的因素有（   ）。
   A. 第一次制造时的材料消耗　　　　　B. 每周转使用一次时的材料损耗
   C. 周转使用次数　　　　　　　　　　D. 周转材料的最终回收和回收折价
   E. 施工工艺流程

77. 建设工程施工成本考核的主要指标有（   ）。
   A. 施工成本降低额　　　　　　　　　B. 竣工工程实际成本
   C. 局部成本偏差　　　　　　　　　　D. 施工成本降低率
   E. 累计成本偏差

78. 为了有效地控制施工机械使用费的支出，施工企业可以采取的措施有（   ）。

A. 尽量采用租赁的方式，降低设备购置费
B. 加强设备租赁计划管理，减少安排不当引起的设备闲置
C. 加强机械调度，避免窝工
D. 加强现场设备维修保养，避免不当使用造成设备停置
E. 做好机上人员和辅助人员的配合，提高台班产量

79. 大型建设工程项目总进度纲要的主要内容包括(　　)。
A. 项目实施总体部署　　　　　　B. 总进度规划
C. 施工准备与资源配置计划　　　D. 确定里程碑事件的计划进度目标
E. 总进度目标实现的条件和应采取的措施

80. 关于与施工进度有关的计划及其类型的说法，正确的有(　　)。
A. 建设工程项目施工进度计划一般由业主编制
B. 施工企业的施工生产计划属于工程项目管理的范畴
C. 建设工程项目施工进度计划应依据企业的施工生产计划合理安排
D. 施工企业的生产计划编制需要往复多次的协调过程
E. 施工企业的月度生产计划属于实施性施工进度计划

81. 某建设工程网络计划如下图（时间单位：月）所示，该网络计划的关键线路有(　　)。

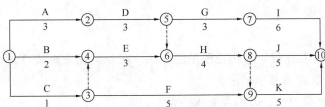

A. ①—②—⑤—⑦—⑩　　　　　B. ①—④—⑥—⑧—⑩
C. ①—②—⑤—⑥—⑧—⑩　　　D. ①—②—⑤—⑥—⑧—⑨—⑩
E. ①—④—⑥—⑧—⑨—⑩

82. 根据建设工程施工进度检查情况编制的进度报告，其内容有(　　)。
A. 进度计划实施过程中存在的问题分析
B. 进度执行情况对质量、安全和施工成本的影响
C. 进度的预测
D. 进度计划实施情况的综合描述
E. 进度计划的完整性分析

83. 根据建设工程的工程特点和施工生产特点，施工质量控制的特点有（   ）。

A. 终检局限性大　　　　　　　　B. 控制的难度大

C. 需要控制的因素多　　　　　　D. 控制的成本高

E. 过程控制要求高

84. 下列建设工程施工质量保证体系的内容中，属于组织保证体系的有（   ）。

A. 进行技术培训　　　　　　　　B. 编制施工质量计划

C. 成立质量管理小组　　　　　　D. 建立质量信息系统

E. 分解施工质量目标

85. 下列建设工程资料中，可以作为施工质量事故处理依据的有（   ）。

A. 质量事故状况的描述　　　　　B. 设计委托合同

C. 施工记录　　　　　　　　　　D. 现场制备材料的质量证明资料

E. 工程竣工报告

86. 某建设工程基础分部工程施工过程中，政府质量监督活动内容有（   ）。

A. 检查参与工程建设各方的质量行为

B. 检查参与工程建设各方的组织机构

C. 检查参与工程建设各方的质量责任制履行情况

D. 审查参与工程建设各方人员资格证书

E. 监督基础分部工程验收

87. 根据《建设工程安全生产管理条例》和《职业健康安全管理体系》，对建设工程施工职业健康安全管理的基本要求有（   ）。

A. 施工企业必须对本企业的安全生产负全面责任

B. 设计单位对已发生的生产安全事故处理提出指导意见

C. 施工项目负责人和专职安全生产管理人员应持证上岗

D. 坚持安全第一、预防为主和防治结合的方针

E. 实行总承包的工程，分包单位应当接受总承包单位的安全生产管理

88. 下列施工企业员工的安全教育中，属于经常性安全教育的有（   ）。

A. 事故现场会　　　　　　　　　B. 岗前三级教育

C. 安全生产会议　　　　　　　　D. 变换岗位时的安全教育

E. 安全活动日

89. 根据《生产安全事故报告和调查处理条例》，对事故发生单位主要负责人处上一

年年收入 40%～80%罚款的违法行为有( )。
   A. 伪造或者故意破坏事故现场　　　B. 不立即组织事故抢救
   C. 谎报或者瞒报事故　　　　　　　D. 在事故调查处理期间擅离职守
   E. 迟报或者漏报事故

90. 关于建设工程施工招标标前会议的说法，正确的有( )。
   A. 标前会议是招标人按投标须知在规定的时间、地点召开的会议
   B. 标前会议结束后，招标人应将会议纪要用书面形式发给每个投标人
   C. 标前会议纪要与招标文件不一致时，应以招标文件为准
   D. 招标人可以根据实际情况在标前会议上确定延长投标截止时间
   E. 招标人的答复函件对问题的答复须注明问题来源

91. 某建设工程因发包人提出设计图纸变更，监理人向承包人发出暂停施工指令 60d 后，仍未向承包人发出复工通知，则承包人正确的做法有( )。
   A. 向监理人提交书面通知，要求监理人在接到书面通知后 28d 内准许已暂停的工程继续施工
   B. 如监理人逾期不予批准承包人的书面通知，则承包人可以通知监理人，将工程受影响部分视为变更的可取消工作
   C. 如暂停施工影响到整个工程，可视为发包人违约
   D. 不受设计变更影响的部分工程，不论监理人是否同意，承包人都可进行施工
   E. 要求发包人延长工期、支付合理利润

92. 若建设工程采用固定总价合同，承包商承担的风险主要有( )。
   A. 报价计算错误的风险　　　　　　B. 物价、人工费上涨的风险
   C. 工程变更的风险　　　　　　　　D. 设计深度不够导致误差的风险
   E. 投资失控的风险

93. 下列工作内容中，属于合同实施偏差分析的有( )。
   A. 产生偏差的原因分析　　　　　　B. 实施偏差的费用分析
   C. 实施偏差的责任分析　　　　　　D. 合同实施趋势分析
   E. 合同终止的原因分析

94. 建设工程索赔成立应当同时具备的条件有( )。
   A. 与合同对照，事件已经造成承包人项目成本的额外支出
   B. 造成费用增加的原因，按合同约定不属于承包人的行为责任
   C. 造成的费用增加数额已得到第三方核认

D. 承包人按合同规定的程序、时间提交索赔意向通知书和索赔报告
E. 发包人按合同规定的时间回复索赔报告

95. 根据建设工程施工文件档案管理的要求，项目竣工图应(　　)。
A. 按规范要求统一折叠　　　　　　B. 编制总说明及专业说明
C. 由建设单位负责编制　　　　　　D. 有一般性变更时必须重新绘制
E. 真实反映项目竣工验收时实际情况

2018年度参考答案及解析

一、单项选择题

1. D

【考点】 建设工程项目管理的类型。

【解析】 建设项目工程总承包方项目管理工作涉及项目实施阶段的全过程,即设计前的准备阶段、设计阶段、施工阶段、动用前准备阶段和保修期。

因此,正确答案是 D。

2. C

【考点】 施工项目管理的目标和任务。

【解析】 施工总承包方对所承包的建设工程承担施工任务的执行和组织的总的责任,包括:(1)负责整个工程的施工安全、施工总进度控制、施工质量控制和施工的组织与协调等;(2)控制施工的成本;(3)工程施工的总执行者和总组织者;(4)负责施工资源的供应;(5)代表施工方与业主方、设计方、工程监理方等外部单位进行必要的联系和协调等。

因此,正确答案是 C。

3. A

【考点】 施工管理的管理职能分工。

【解析】 管理是由多个环节组成的过程,即(1)提出问题;(2)筹划(提出解决问题的可能方案,并对多个可能的方案进行分析);(3)决策;(4)执行;(5)检查。

因此,正确答案是 A。

4. D

【考点】 施工管理的组织结构。

【解析】 矩阵组织结构在最高指挥者(部门)下设纵向和横向两种不同类型的工作部门。纵向工作部门可以是计划管理、技术管理、合同管理、财务管理和人事管理部门等,横向工作部门可以是项目部。

因此,正确答案是 D。

5. C

【考点】 施工组织设计的编制方法。

【解析】 施工组织总设计的编制通常采用的程序是:

(1)收集和熟悉编制施工组织总设计所需的有关资料和图纸,进行项目特点和施工条件的调查研究;

(2) 计算主要工种工程的工程量；

(3) 确定施工的总体部署；

(4) 拟定施工方案；

(5) 编制施工总进度计划；

(6) 编制资源需求量计划；

(7) 编制施工准备工作计划；

(8) 施工总平面图设计；

(9) 计算职业技术经济指标。

因此，正确答案是 C。

6. B

【考点】 动态控制方法。

【解析】 项目目标动态控制的工作程序如下：

(1) 项目目标动态控制的准备工作：将对项目的目标（如计划投资/成本、进度和质量目标）进行分解，以确定用于目标控制的计划值。

(2) 在项目实施过程中对项目目标进行动态跟踪和控制：收集项目目标的实际值、定期进行项目目标的计划值与实际值的比较，如有偏差，则采取纠偏措施进行纠偏。

因此，正确答案是 B。

7. D

【考点】 动态控制方法在施工管理中的应用。

【解析】 施工进度目标的分解是从施工开始前和在施工过程中，逐步地由宏观到微观，由粗到细编制深度不同的进度计划的过程。对于大型建设工程项目，应通过编制施工总进度规划、施工总进度计划、项目各子系统和各子项目施工进度计划等进行项目施工进度目标的逐层分解。

因此，正确答案是 D。

8. C

【考点】 施工项目经理的任务和责任。

【解析】 《建设工程施工合同（示范文本）》GF—2017—0201 中的第 3.2.2 款：项目经理按合同约定组织过程实施。在紧急情况下为确保施工安全和人员安全，在无法与发包人代表和总监理工程师及时联系时，项目经理有权采取必要的措施保障与工程有关的人身、财产和工程的安全，但应在 48h 内向发包人代表和总监理工程师提交书面报告。

因此，正确答案是 C。

9. B

【考点】 施工项目经理的责任。

【解析】 根据《建设工程项目管理规范》GB/T 50326—2017，项目管理目标责任书应在建设工程实施前，由施工企业法定代表人或其授权人与项目经理协商制定。

因此，正确答案是 B。

10. B

【考点】 施工风险的类型。

【解析】 根据构成风险的因素分类，建设工程项目的风险包括组织风险、经济与管理风险、工程环境风险和技术风险。其中经济与管理风险又包括：(1) 工程资金供应条件；(2) 合同风险；(3) 现场与公用防火设施的可用性及其数量；(4) 事故防范措施和计划；(5) 人身安全控制计划；(6) 信息安全控制计划等。

因此，正确答案是 B。

11. B

【考点】 工程监理的工作方法。

【解析】 旁站监理的有关规定：

(1) 旁站监理规定的房屋建筑工程的关键部位、关键工序，在主体结构工程方面包括：梁柱节点钢筋隐蔽过程、混凝土浇筑、预应力张拉、装配式结构安装、钢结构安装、网架结构安装、索膜安装。

(2) 施工企业根据监理企业制定的旁站监理方案，在需要实施旁站监理的关键部位、关键工序进行施工前24h，应当书面通知监理企业派驻工地的监理机构。项目监理机构应当安排旁站监理人员按照旁站监理方案实施旁站监理。

(3) 旁站监理人员的主要职责是：①检查施工企业现场质检人员到岗、特殊工种人员持证上岗以及施工机械、建筑材料准备情况；②在现场跟班监督关键部位、关键工序施工时，执行的施工方案以及工程建设强制性标准情况；③核查进场建筑材料、建筑构配件、设备和商品混凝土的质量检验报告等，并可在现场监督施工企业进行检验或者委托具有资格的第三方进行复验；④做好旁站监理记录和监理日记，保存旁站监理原始资料。

(4) 旁站监理人员应当认真履行职责，对需要实施旁站监理的关键部位、关键工序在施工现场跟班监督，及时发现和处理旁站监理过程中出现的问题，如实准确地做好旁站监理记录。凡旁站监理人员和施工企业现场质检人员未在旁站监理记录上签字的，不得进行下一道工序施工。

(5) 旁站监理人员实施旁站监理时，发现施工企业有违反工程建设强制性标准行为的，有权责令施工企业立即整改；发现其施工活动已经或者可能危及工程质量的，应当及时向监理工程师或者总监理工程师报告，由总监理工程师下达局部暂停施工指令或者采取其他应急措施。

因此，正确答案是 B。

12. C

【考点】 工程监理的工作任务。

【解析】《建设工程安全生产管理条例》(国务院令第93号，2003年) 中的规定：工程监理单位应当审查施工组织设计中的安全技术措施或者专项施工方案是否符合工程建设强制性标准。工程监理单位在实施监理过程中，发现存在安全事故隐患的，应当要求施工单位整改；情况严重的，应当要求施工单位暂时停止施工，并及时报告建设单位。施工单位拒不整改或者不停止施工的,工程监理单位应当及时向有关主管部门报告。工程监理单位和监理工程师应当按照法律、法规和工程建设强制性标准实施监理,并对建设工程安全生产承担监理责任。

因此,正确答案是C。

13. B

【考点】 按费用构成要素划分的建筑安装工程费用项目组成。

【解析】 根据《建筑安装工程费用项目组成》,奖金是指对超额劳动和增收节支而支付给个人的劳动报酬。如节约奖、劳动竞赛奖等。

因此,正确答案是B。

14. D

【考点】 工程量清单计价。

【解析】 挖土方的综合单价为:(98000+13500+8000)/2500=47.80元/m³。

因此,正确答案是D。

15. A

【考点】 人工定额。

【解析】 停工时间是工作班内停止工作造成的工时损失,按其性质可分为施工本身造成的停工时间和非施工本身造成的停工时间两种。施工本身造成的停工时间,是由于施工组织不善、材料供应不及时、工作面准备工作做得不好、工作地点组织不良等情况引起的停工时间。

因此,正确答案是A。

16. B

【考点】 施工机械台班使用定额。

【解析】 低负荷下的工作时间,是由于个人或技术人员的过错所造成的施工机械在降低负荷的情况下工作的时间。例如,工人装车的砂石数量不足引起的汽车在降低负荷的情况下工作所延续的时间。此项工作时间不能作为计算时间定额的基础。

因此,正确答案是B。

17. C

【考点】 合同价款约定。

【解析】 根据《建设工程工程量清单计价规范》GB 50500,对使用工程量清单计价的工程,宜采用单价合同,但不排斥总价合同。采用工程量清单形式时,工程量清单是合同文件必不可少的组成内容,其中的工程量一般不具备合同约束力,工程款结算时按照合同约定应予计量并实际完成的工程量计算进行调整。

因此,正确答案是C。

18. B

【考点】 工程计量。

【解析】 根据《建设工程工程量清单计价规范》GB 50500,采用经审定批准的施工图纸及其预算方式发包形成的总价合同，除按照工程变更规定引起的工程量增减外，总价合同各项目的工程量是承包人用于结算的最终工程量。

因此，正确答案是 B。

19. D

【考点】 合同价款调整。

【解析】 根据《建设工程工程量清单计价规范》GB 50500，暂列金额是指招标人在工程量清单中暂定并包括在合同价款中的一笔款项，用于工程合同签订时尚未确定或者不可预见的所需材料、工程设备、服务的采购，施工中可能发生的工程变更、合同约定调整因素出现时的合同价款调整以及发生的索赔、现场签证确认等的费用。

因此，正确答案是 D。

20. B

【考点】 合同价款期中支付。

【解析】 根据《建设工程工程量清单计价规范》GB 50500，发包人应在工程开工后的 28d 内预付不低于当年施工进度计划的安全文明施工费总额的 60%，其余部分按照提前安排的原则进行分解，与进度款同期支付。

因此，正确答案是 B。

21. B

【考点】 索赔与现场签证。

【解析】 承包商可以向业主索赔的费用为：$300 \times 3 + 1000 \times 2 + 400 \times 2 = 5200$ 元。

因此，正确答案是 B。

22. C

【考点】 施工成本计划的编制方法。

【解析】 一般而言，所有工作都按最迟开始时间开始，对节约资金贷款利息是有利的，但同时也降低了项目按期竣工的保证率。

因此，正确答案是 C。

23. B

【考点】 施工成本管理的任务与措施。

【解析】 对竣工工程的成本核算，应区分为竣工工程现场成本和竣工工程完全成本，分别由项目管理机构和企业财务部门进行核算分析，其目的在于分别考核项目管理绩效和企业经营效益。

因此，正确答案是 B。

24. C

【考点】 施工成本分析的方法。

【解析】 （1）以目标数 216000 元（$180 \times 12 \times 100$）为分析替代的基础。

第一次替代产量因素，以 200 替代 180，

$$200 \times 12 \times 100 = 240000 \text{ 元}$$

第二次替代人工消耗量因素，以 11 替代 12，
$$200\times11\times100=220000 元$$
第三次替代人工单价因素，以 110 替代 100，
$$200\times11\times110=242000 元$$

(2) 计算差额

第一次替代与目标数的差额＝240000－216000＝24000 元

第二次替代与第一次替代的差额＝220000－240000＝－20000 元

第三次替代与第二次替代的差额＝242000－220000＝22000 元

因此，正确答案是 C。

25. B

【考点】 施工成本分析的方法。

【解析】 分部分项工程成本分析是施工成本分析的基础。

因此，正确答案是 B。

26. B

【考点】 施工成本控制的方法。

【解析】 费用偏差 $CV＝$ 已完工作预算费用（$BCWP$）－已完工作实际费用（$ACWP$）
$$=160\times300-160\times330=-4800 元$$

因此，正确答案是 B。

27. D

【考点】 总进度目标。

【解析】 建设工程项目总进度目标论证的工作步骤如下：

(1) 调查研究和收集资料；

(2) 进行项目结构分析；

(3) 进行进度计划系统的结构分析；

(4) 确定项目的工作编码；

(5) 编制各层（各级）进度计划；

(6) 协调各层进度计划的关系和编制总进度计划；

(7) 若所编制的总进度计划不符合项目的进度目标，作为设法调整；

(8) 若经过多次调整，进度目标无法实现，作为报告项目决策者。

因此，正确答案是 D。

28. C

【考点】 控制性施工进度计划的作用。

【解析】 编制控制性施工进度计划的主要目的是通过计划的编制，以对施工承包合同所规定的施工进度目标进行再论证，并对进度目标进行分解，确定施工的总体部署，并确定为实现进度目标的里程碑事件的进度目标，作为进度控制的依据。

因此，正确答案是 C。

29. B

【考点】 横道图进度计划的编制方法。

【解析】 通常横道图的表头为工作及其简要说明，项目进展表示在时间表格上；根据横道图使用者的要求，工作可按时间先后、责任、项目对象同类资源等进行排序；横道图的另一种形式是将工作简要说明直接放在横道上，这样，一行上可容纳多项工作；横道图也可将最重要的逻辑关系标注在内。

因此，正确答案是 B。

30. B

【考点】 工程网络计划的类型和应用。

【解析】 双代号网络计划中，终点节点即网络图的最后一个节点，它只有内向箭线，一般表示一项任务或一个项目的完成。

因此，正确答案是 B。

31. A

【考点】 工程网络计划的类型和应用。

【解析】 时标网络计划宜按各个工作的最早开始时间编制。在编制时标网络计划之前，应先按已确定是时间单位绘制出时标计划表。

因此，正确答案是 A。

32. D

【考点】 工程网络计划的类型和应用。

【解析】 双代号网络计划中，工作最迟时间参数受到紧后工作的约束，故其计算顺序应从终点节点起，逆着箭线方向一次逐项计算。工作的最迟完成时间（终点节点为箭头节点的工作外）等于各紧后工作的最迟开始时间的最小值，工作的最迟开始时间等于最迟完成时间减其持续时间。

因此，正确答案是 D。

33. B

【考点】 工程网络计划的类型和应用。

【解析】 单代号网络计划中，相邻两工作间的间隔时间（$LAG_{i,j}$）等于紧后工作的最早开始时间和本工作的最早完成时间之差。

因此，正确答案是 B。

34. D

【考点】 工程网络计划的类型和应用。

【解析】 双代号网络计划中，工作的自由时差等于所有紧后工作的最早开始时间的最小值减去本工作的最早完成时间（最早开始时间＋持续时间）。

因此，正确答案是 D。

35. A

【考点】 施工进度控制的措施。

【解析】 施工方进度控制的措施包括组织措施、管理措施、经济措施和技术措施。而组织是目标能否实现的决定性因素，因此，为实现项目的进度目标，应充分重视健全项目管理的组织体系。

因此，正确答案是 A。

36. D

【考点】 施工进度控制的措施。

【解析】 施工进度控制的技术措施涉及对实现施工进度目标有利的设计技术和施工技术的选用，主要体现在：(1) 不同的设计理念、设计技术路线、设计方案会对工程进度产生不同的影响，在工程进度受阻时，应分析是否存在设计技术的影响因素，为实现进度目标有无设计变更的必要和是否可能变更；(2) 施工方案对工程进度有直接的影响，不仅应分析技术的先进性和经济合理性，还应考虑其等进度的影响。在工程进度受阻时，应分析是否存在施工技术的影响因素，为实现进度目标有无改变施工技术、施工方法和施工机械的可能性。

因此，正确答案是 D。

37. C

【考点】 工程网络计划的类型和应用。

【解析】 计算该网络计划的实际参数如下：

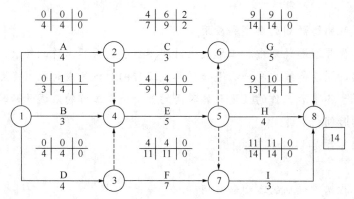

工作C的总时差和自由时差均为2。

因此，正确答案是 C。

38. A

【考点】 影响施工质量的主要因素。

【解析】 影响施工质量的主要因素有"人、材料、机械、方法及环境"，其中人的因素起决定性的作用。所以，施工质量控制应以控制人的因素为基本出发点。

因此，正确答案是 A。

39. C

【考点】 施工质量管理和施工质量控制的内涵、特点与责任。

【解析】 根据住建部《建筑施工项目经理质量安全责任十项规定（试行)》和《建筑

工程五方责任主体项目负责人质量终身责任追究暂行办法》，建筑施工项目经理必须对工程项目施工质量安全负全责；其质量终身责任是指参与新建、扩建、改建的施工单位项目经理按照国家法律法规和有关规定，在工程设计使用年限内对工程质量承担相应责任。

因此，正确答案是 C。

40. A

【考点】 工程项目施工质量保证体系的建立和运行。

【解析】 施工质量保证体系的运行，应以质量计划为主线，以过程管理为重心，应用 PDCA 循环的原理，按照计划、实施、检查和处理的步骤展开。

因此，正确答案是 A。

41. C

【考点】 工程项目施工质量保证体系的建立和运行。

【解析】 质量手册是质量管理体系的规范，是阐明一个企业的质量政策、质量体系和质量实践的文件，是实施和保证质量体系过程中长期遵循的纲领性文件；程序文件是质量手册的支持性文件，是企业落实质量管理工作而建立的各项管理标准、规章制度，是企业各职能部门为贯彻质量手册要求而规定的实施细则；质量计划是为了确保过程的有效运行和控制，在程序文件的指导下，针对特定的产品、过程、合同或项目，而制定出的专门质量措施和厚度顺序的文件；质量记录是产品质量水平和质量体系中各项质量活动进行及结果的客观反映，是证明各阶段产品质量达到要求和质量体系运行有效的证据。

因此，正确答案是 C。

42. D

【考点】 施工过程的质量控制。

【解析】 施工单位在建设工程开工前编制的测量控制方案，需经项目技术负责人批准后方可实施。

因此，正确答案是 D。

43. A

【考点】 施工质量验收的规定和方法。

【解析】 建设工程施工过程中对分部工程质量验收时，有些检查往往难以定量，只能以观察、触摸或简单量测的方式进行，并由各个人的主观印象判断，检查结果并不给出"合格"或"不合格"的结论，而是综合给出质量评价，即观感质量验收。

因此，正确答案是 A。

44. B

【考点】 施工质量验收的规定和方法。

【解析】 检验批质量验收合格应符合下列条件：

(1) 主控项目的质量经抽样检验均应合格；

(2) 一般项目的质量经抽样检验合格；

(3) 具有完整的施工操作依据、质量检查记录。

检验批的合格质量主要取决于对主控项目和一般项目的检验结果。

因此，正确答案是 B。

45. B

【考点】 工程质量事故分类。

【解析】 根据《质量管理体系 基础和术语》GB/T 19000—2016，凡工程产品未满足质量要求，称为质量不合格；与预期或规定用途有关的不合格，称为质量缺陷。

因此，正确答案是 B。

46. D

【考点】 施工质量事故的处理方法。

【解析】 施工质量事故处理的一般程序是：事故调查、事故原因分析、制订事故处理的技术方案、事故处理、事故处理的鉴定验收、提交处理报告。质量事故的处理是否达到预期的目的，是否依然存在隐患，应当通过检查鉴定和验收做出确认。

因此，正确答案是 D。

47. A

【考点】 政府对施工质量监督的实施。

【解析】 在工程项目开工前，在施工现场召开由建设参与各方代表参加的鉴定会议，公布监督方案，提出监督要求，并进行第一次的监督检查工作。检查的主要内容有：

（1）检查参与观察项目建设各方的质量保证体系建立情况，包括组织机构、质量控制方案、措施及质量责任制等制度；

（2）审查参与建设各方的工程经营资质证书和相关人员的资格证书；

（3）审查按建设程序规定的开工前必须办理的各项建设行政手续是否齐全完备；

（4）审查施工组织设计、监理规划等文件以及审批手续；

（5）检查结果的记录保存。

因此，正确答案是 A。

48. C

【考点】 政府对施工质量监督的实施。

【解析】 监督机构按照监督方案对工程项目全过程施工的情况进行不定期的检查，其中等基础和主体结构阶段的施工应每月安排监督检查。

因此，正确答案是 C。

49. C

【考点】 职业健康安全与环境管理体系标准。

【解析】 环境管理体系的结构系统采用的是 PDCA 循环、不断上升的螺旋式管理运行模式，在"策划（P）—支撑与运行（D）—绩效评价（C）—改进（A）"四大要素构成的动态循环过程基础上，结合环境管理特点，考虑组织所处环境、内外部问题、相关方需求及期望等因素，形成完整的持续改进动态管理体系。

因此，正确答案是 C。

50. B

【考点】 职业健康安全管理体系与环境管理体系的建立和运行。

【解析】 管理评审是由施工企业的最高管理者对管理体系的系统评价，判断企业的管理体系面对内部情况的变化和外部环境是否充分适应有效，由此决定是否对管理体系做出调整，包括方针、目标、机构和程序等。

因此，正确答案是 B。

51. B

【考点】 安全隐患的处理。

【解析】 施工安全隐患处理的原则包括：冗余安全度处理原则、单项隐患综合处理原则、直接隐患与间接隐患并治原则、重点处理原则、动态处理原则。其中，单项隐患综合处理原则是指一件单项隐患问题的整改需要综合（多角度）处理。人的隐患，既要治人也要治机具及生产环境等各环节。例如某工地发生触电事故，一方面要进行人的安全用电教育，同时现场也要设置漏电开关，对配电箱、用电电路进行保护改造，也要严禁非专业电工乱接乱拉电线。

因此，正确答案是 B。

52. C

【考点】 危险源的识别和风险控制。

【解析】 第一类危险源控制方法：可以采取消除危险源、限制能量和隔离危险物质、个体防护、应急救援等方法。建设工程可能遇到不可预测的各种自然灾害引发的风险，只能采取预测、预防、应急计划和应急救援等措施，以尽量消除或减少人员伤亡和财产损失。

第二类危险源控制方法：提高各类设施的可靠性以消除或减少故障、增加安全系数、设置安全监控系统、改善作业环境等。最重要的是加强员工的安全意识培训和教育，克服不良的操作习惯，严格按章办事，并在生产过程中保持良好的生理和心理状态。

因此，正确答案是 C。

53. A

【考点】 职业健康安全事故的分类和处理。

【解析】 根据《生产安全事故报告和调查处理条例》，生产安全事故造成的人员伤亡或者直接经济损失，事故一般分为以下等级：

（1）特别重大事故，是指造成30人以上死亡，或者100人以上重伤（包括急性工业中毒，下同），或者1亿元以上直接经济损失的事故；

（2）重大事故，是指造成10人以上30人以下死亡，或者50人以上100人以下重伤，或者5000万元以上1亿元以下直接经济损失的事故；

（3）较大事故，是指造成3人以上10人以下死亡，或者10人以上50人以下重伤，或者1000万元以上5000万元以下直接经济损失的事故；

（4）一般事故，是指造成3人以下死亡，或者10人以下重伤，或者1000万元以下直接经济损失的事故。

因此，正确答案是 A。

54. B

【考点】 安全生产事故应急预案的内容。

【解析】 生产安全事故应急预案是指事先制定的关于生产安全事故发生时进行紧急救援的组织、程序、措施、责任及协调等方面的方案和计划，是对特定潜在事件和紧急情况发生时所采取措施的计划安排，是应急响应的行动指南。生产安全事故应急预案应形成体系，通常包括综合应急预案、专项应急预案和现场处置方案。

综合应急预案是从总体上阐述施工的依据方针、政策，应急组织结构及相关应急职责、应急行动、措施和保障等基本要求和程序，是应对各类事故的综合性文件。

专项应急预案是针对具体的事故类别（如基坑开挖、脚手架拆除等事故）、危险源和应急保障而制定的计划或方案，是综合应急预案的组成部分，应按照综合应急预案的程序和要求组织制定，并作为综合应急预案的附件。

专项处置方案是针对具体的装置、场所或设施、岗位所制定的应急处置措施。

因此，正确答案是 B。

55. C

【考点】 施工现场文明施工的要求。

【解析】 施工现场文明施工的措施主要包括：

（1）确立项目经理为现场文明施工的第一责任人，以各专业工程师、施工质量、安全、材料、保卫、后勤等现场项目经理部人员为成员的施工现场文明施工管理组织，共同负责本工程现场文明施工工作。

（2）工地四周设置连续、封闭的围墙，与外界隔绝进行封闭施工，围墙高度按不同地段的要求进行搭设，市区主要路段和其他涉及市容景观路段的工地设置围墙的高度不低于2.5m，其他工地的围挡高度不低于1.8m。

（3）场内道路要平整、坚实、畅通，主要场地应硬化，并设置相应的安全防护设施和安全标志。

因此，正确答案是 C。

56. D

【考点】 施工现场文明施工的要求。

【解析】 施工现场设置的"五牌一图"是指工程概况牌、管理人员名单及监督电话牌、消防保卫（防火责任）牌、安全生产牌、文明施工牌和施工现场平面图。

因此，正确答案是 D。

57. B

【考点】 施工现场环境保护的要求。

【解析】 建设工程施工现场环境污染处理措施的正确做法是：

（1）施工现场设立专门的固体废弃物临时储存场所，用砖砌成池，废弃物应分类存放，对有可能造成二次污染的废弃物必须单独储存、设置安全防范措施且有醒目标识。

（2）施工现场存放油料、化学溶剂等设有专门的库房，必须对库房地面和高250mm墙面进行防渗处理。

（3）施工现场搅拌站的污水、水磨石的污水等经排水沟排放和沉淀池沉淀后再排入城市污水管道或河流，污水未经处理不得直接排入城市污水管道或河流。

（4）对于现场气焊用的乙炔发生罐产生的污水严禁随地倾倒，乙炔专用容器集中存放，并倒入沉淀池处理，以免污染环境。

因此，正确答案是B。

58. D

【考点】 施工招标与投标。

【解析】 对于总价合同，如果业主在投标前对争议工程量不予更正，而且是对投标者不利的情况，投标者在投标时要附上声明：工程量表中某项工程量有错误，施工结算应按实际完成量计算。

因此，正确答案是D。

59. D

【考点】 施工发承包的主要类型。

【解析】 与施工平行发包模式相比，采用施工总承包模式，业主的合同管理工作量大大减小了，组织和协调工作量也大大减小，协调比较容易，但建设周期可能比较长，对项目总进度控制不利。

因此，正确答案是D。

60. C

【考点】 施工专业分包合同的内容。

【解析】 分包人与发包人的关系：分包人须服从承包人转发的发包人或工程师（监理人）与分包工程有关的指令。未经承包人允许，分包人不得以任何理由与发包人或工程师（监理人）发生直接工作关系，分包人不得直接致函发包人或工程师（监理人），也不得直接接受发包人或工程师（监理人）的指令。如分包人与发包人或工程师（监理人）发生直接工作联系，被视为违约，并承担违约责任。

因此，正确答案是C。

61. B

【考点】 施工劳务分包合同的内容。

【解析】 根据《建设工程施工劳务分包合同（示范文本）》，关于保险的条款有：

（1）劳务分包人施工开始前，工程承包人应获得发包人为施工场地内的自有人员及第三人人员生命财产办理的保险，且不需劳务分包人支付保险费；

（2）运至施工场地由于劳务施工的材料和待安装设备，有工程承包人办理或获得保险，且不需劳务分包人支付保险费；

（3）工程承包人必须为租赁或提供给劳务分包人使用的施工机械设备办理保险，并支付保险费用；

(4) 劳务分包人必须为从事危险作业的职工办理意外伤害保险，并为施工场地内自有人员生命财产和施工机械设备办理保险，支付保险费用；

(5) 保险事故发生时，劳务分包人和工程承包人有责任采取必要措施，防止或减少损失。

因此，正确答案是 B。

62. B

【考点】 物资采购合同的主要内容。

【解析】 物资采购合同中，交货日期的确定可以按照下列方式：

(1) 供货方负责送货的，以采购方收货戳记的日期为准；

(2) 采购方提货的，以供货方按合同规定通知的提货日期为准；

(3) 凡委托运输部门或单位运输、送货或代运的产品，一般以供货方发运产品时承运单位签发的日期为准，不是以向承运单位提出申请的日期为准。

因此，正确答案是 B。

63. B

【考点】 单价合同。

【解析】 单价合同的特点是单价优先，实际工程价款按实际完成的工程量和承包商投标时所报的单价计算。则结算工程价款为：$5000 \times 50 = 250000$ 元。

因此，正确答案是 B。

64. B

【考点】 成本加酬金合同。

【解析】 对于业主而言，成本加酬金合同的优点有：

(1) 可以通过分段施工缩短工期，而不必等待所有施工图完成才开始招标和施工；

(2) 可以减少承包商的对立情绪，承包商对工程变更和不可预见条件的反应会比较积极和快捷；

(3) 可以利用承包商的施工技术专家，帮助改进或弥补设计中的不足；

(4) 业主可以根据自身力量和需要，较深入地介入和控制工程施工和管理；

(5) 也可以通过确定最大保证价格约束工程成本不超过某一限值，从而转移一部分风险。

因此，正确答案是 B。

65. D

【考点】 施工计价方式。

【解析】 采用单价合同时，承包商要承担通货膨胀或价格方面的风险，一般不承担工程量方面的风险。

采用固定总价合同时，承包商承担承担了较大的风险，风险主要有两个方面：一是价格风险，二是工程量风险。可变总价合同，对承包商而言，其风险相对较小。

采用成本加酬金合同时，承包商不承担任何价格变化或工程量变化的风险，这些风险主要由业主承担。

因此，正确答案是 D。

66. B

【考点】 施工合同变更管理。

【解析】 根据《标准施工招标文件》通用合同条款的规定：除专用合同条款对期限另有约定外，承包人应该在收到变更指示或变更意向书后的 14d 内，向监理人提交变更报价书。

因此，正确答案是 B。

67. A

【考点】 施工合同索赔的程序。

【解析】 反索赔的工作内容包括两个方面：一是防止对方索赔，二是反击或反驳对方的索赔要求。

因此，正确答案是 A。

68. C

【考点】 施工合同索赔的程序。

【解析】 对于承包人向发包人提出的索赔请求，索赔文件应该交由工程师（监理人）审核。

因此，正确答案是 C。

69. A

【考点】 施工合同索赔的依据和证据。

【解析】 索赔事件（又称干扰事件），是指那些实际情况与合同规定不符合，最终引起工期和费用变化的各类事件。

因此，正确答案是 A。

70. D

【考点】 施工文件的归档。

【解析】 根据《建设工程文件归档规范》GB/T 50328—2014，建设工程施工文件归档文件的质量要求有：

(1) 归档的文件均为原件。

(2) 工程文件的内容及其深度必须符合国家有关工程勘察、设计、施工、监理等方面的技术规范、标准和规程。

(3) 工程文件的内容必须真实、准确，与工程实际相符。

(4) 工程文件应采用耐久性强的书写材料，不得使用易褪色的书写材料。

(5) 工程文件应字迹清楚，图样清晰，图表整洁，签字盖章手续完备。

(6) 工程文件文字材料幅面尺寸规格宜为 A4 幅面。图纸宜采用国家标准图幅。

(7) 工程文件的纸张应采用能够长期保存的韧力大、耐久性强的纸张。图纸一般采用蓝晒图，竣工图应是新蓝图。脚手架出图必须清晰，不得使用计算机出图的复印件。

(8) 所有竣工图均应加盖竣工图章。

(9) 利用施工图改绘竣工图，必须注明变更修改依据；凡施工图结构、工艺、平面布置等有重大改变，或变更部分超过图面1/3的，应当重新绘制竣工图。

因此，正确答案是 D。

二、多项选择题

71. A、B、C、D

【考点】 项目结构分析。

【解析】 项目结构分解并没有统一的模式，但应结合项目的特点并参考下列原则进行：

(1) 考虑项目进展的总体部署；

(2) 考虑项目的组成；

(3) 有利于项目实施任务（设计、施工和物资采购）的发包和有利于项目实施任务的进行，并结合合同结构的特点；

(4) 有利于项目目标的控制；

(5) 结合项目管理的组织结构的特点等。

对于群体工程的项目结构分解，单体工程如有必要（如投资、进度和质量控制的需要）也应进行项目结构分解。

因此，正确答案是 A、B、C、D。

72. B、C、D

【考点】 施工组织设计的编制方法。

【解析】 建设工程施工组织总设计的编制依据，主要包括：

(1) 计划文件；

(2) 设计文件；

(3) 合同文件；

(4) 建设地区基础资料；

(5) 有关的标准、规范和法律；

(6) 类似建设工程项目的资料和经验。

因此，正确答案是 B、C、D。

73. A、D、E

【考点】 施工项目经理的任务和责任。

【解析】《建设工程施工合同（示范文本）》GF—2017—0201 中关于更换不称职项目经理的规定（第3.2.4条）：发包人有权书面通知承包人更换其认为不称职的项目经理，通知中应当载明要求更换的理由。承包人应在接到更换通知后14d内向发包人提出书面的改进报告。发包人接到改进报告后仍要求更换的，承包人应在接到第二次更换通知的28d内进行更换，并将新任命的项目经理的注册执业资格、管理经验等资料书面通知发包人。

继任项目经理继续履行第3.2.1项约定的职责。承包人无正当理由拒绝更换项目经理的，应按照专用合同条款的约定承担违约责任。

因此，正确答案是A、D、E。

74. A、B、C

【考点】 施工项目经理的任务。

【解析】 项目经理在承担工程项目施工的管理过程中，应当按照建筑施工企业与建设单位签订的工程承包合同，与本企业法定代表人签订项目管理目标责任书，并在企业法定代表人授权范围内行使以下管理权力：

(1) 组织项目管理班子；

(2) 以企业法定代表人的代表身份处理与所承担的工程项目有关的外部关系，受托签署有关合同；

(3) 指挥工程项目建设的生产经营活动，调配并管理进入工程项目的人力、资金、物资、机械设备等生产要素；

(4) 选择施工作业队伍；

(5) 进行合理的经济分配；

(6) 企业法定代表人授予的其他管理权力。

因此，正确答案是A、B、C。

75. A、E

【考点】 工程量清单计价。

【解析】 根据《建设工程工程量清单计价规范》，工程量清单综合单价是指完成一个规定计量单位的分部分项工程量清单项目或措施清单项目所需的人工费、材料费、施工机具使用费和企业管理费与利润，以及一定范围内的风险费用。

因此，正确答案是A、E。

76. A、B、C、D

【考点】 材料消耗定额。

【解析】 周转性材料消耗一般与下列四个因素有关：

(1) 第一次制造时的材料消耗（一次消耗量）；

(2) 每周转使用一次材料的损耗（第二次使用时需要补充）；

(3) 周转使用次数；

(4) 周转材料的最终回收及其回收折价。

因此，正确答案是A、B、C、D。

77. A、D

【考点】 施工成本管理的任务与措施。

【解析】 施工成本考核是衡量成本降低的实际效果，也是对成本指标完成情况的总结和评价。成本考核的主要指标是施工成本降低额和施工成本降低率。

因此，正确答案是A、D。

78. B、C、D、E

【考点】 施工成本控制的方法。

【解析】 施工机械使用费主要由台班数量和台班单价量方面决定，为有效控制施工机械使用费支出，主要从以下几个方面进行控制：

(1) 合理安排施工生产，加强设备租赁计划管理，减少因安排不当引起的设备闲置；

(2) 加强机械设备的调度工作，尽量避免窝工，提高现场设备利用率；

(3) 加强现场设备的维修保养，避免因不正当使用造成机械设备的闲置；

(4) 做好机上人员与辅助生产人员的协调配合，提高施工机械台班产量。

因此，正确答案是 B、C、D、E。

79. A、B、D、E

【考点】 总进度目标。

【解析】 大型建设工程项目总进度纲要的主要内容包括：

(1) 项目实施的总体部署；

(2) 总进度规划；

(3) 各子系统进度规划；

(4) 确定里程碑事件的计划进度目标；

(5) 总进度目标实现的条件和应采取的措施等。

因此，正确答案是 A、B、D、E。

80. C、D

【考点】 施工进度计划的类型。

【解析】 施工方所编制的与施工进度有关的计划包括施工企业的施工生产计划和建设工程项目施工进度计划。

施工企业的施工生产计划，属企业计划的范畴。它以整个施工企业为系统，根据施工任务量、企业经营的需求和资源利用的可能性等，合理安排计划周期内的施工生产活动，如年度生产计划、进度生产计划、月度生产计划和旬生产计划等。

建设工程项目施工进度计划，属工程项目管理的范畴。它以每个建设工程项目的施工为系统，依据企业的施工生产计划的总体安排和履行施工合同的要求，以及施工的条件[包括设计资料提供的条件、施工现场的条件、施工的组织条件、施工的技术条件和资源（主要指人力、物力和财力）]和资源利用的可能性，合理安排一个项目施工的进度，如整个项目施工总进度方案、施工总进度规划、施工总进度计划，子项目施工进度计划和单体工程施工进度计划，项目施工的年度施工计划、项目施工的季度施工计划、项目施工的月度施工计划和旬施工作业计划等。

施工企业的施工生产计划与建设工程项目施工进度计划虽属两个不同系统的计划，但是，两者是紧密相关的。前者针对整个企业，而后者则针对一个具体工程项目，计划的编制有一个自下而上和自上而下的往复多次的协调过程。

因此，正确答案是 C、D。

81. A、C、D

【考点】 工程网络计划的类型和应用。

【解析】 计算该网络计划的时间参数,如下图所示。

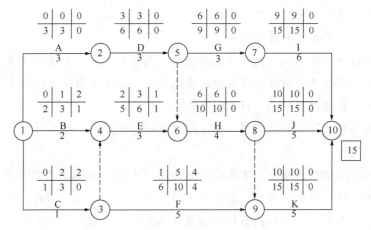

由上图可知,关键线路有:①—②—⑤—⑦—⑩
①—②—⑤—⑥—⑧—⑩
①—②—⑤—⑥—⑧—⑨—⑩

因此,正确答案是 A、C、D。

82. A、B、C、D

【考点】 施工进度控制的任务。

【解析】 根据建设工程施工进度检查情况编制的进度报告,其内容应包括:

(1) 计划进度实施情况的综合描述;

(2) 实际工程进度与计划进度的比较;

(3) 进度计划在实施过程中存在的问题及其原因分析;

(4) 进度执行情况对工程质量、安全和施工成本的影响情况;

(5) 将采取的措施;

(6) 进度的预测。

因此,正确答案是 A、B、C、D。

83. A、B、C、E

【考点】 施工质量管理和施工质量控制的内涵、特点与责任。

【解析】 施工质量控制的特点主要有:(1) 需要控制的因素多;(2) 控制的难度大;(3) 过程控制要求高;(4) 终检局限大。

因此,正确答案是 A、B、C、E。

84. C、D

【考点】 工程项目施工质量保证体系的建立和运行。

【解析】 建设工程施工质量保证体系的内容中,组织保证体系主要由成立质量管理小组(QC小组),健全各种规章制度,明确规定各职能部门主管人员和参与事故人员在保证和提高工程质量中所承担的任务、职责和权限，建立质量信息系统等内容构成。

因此，正确答案是 C、D。

85. A、B、C、D

【考点】 施工质量事故的处理方法。

【解析】 施工质量事故处理的依据有：

（1）质量事故的实况资料。包括质量事故发生的时间、地点；质量事故状况的描述；质量事故发展变化的情况；有关质量事故的观测记录、事故现场状态的照片或录像；事故调查组调查研究所获得的第一手资料。

（2）有关的合同文件。包括工程承包合同、设计委托合同、设备与器材采购合同、监理合同及分包合同等。

（3）有关的技术文件和档案。主要是有关的设计文件（如施工图纸和技术说明）、与施工有关的技术文件、档案和资料（如施工方案、施工计划、施工记录、施工日志、有关建筑材料的质量证明资料、现场制备材料的质量证明资料、质量事故发生后对事故状况的观测记录、试验记录或试验报告等）。

（4）相关的技术法规。

因此，正确答案是 A、B、C、D。

86. A、C、E

【考点】 政府对施工质量监督的实施。

【解析】 施工过程的质量监督：

（1）监督机构按照监督方案对工程项目全过程施工的情况进行不定期的检查。检查的内容主要内容包括：参与工程建设各方的质量行为及质量责任制的履行情况，工程实体质量和质量控制资料的完成情况，其中对基础和主体结构阶段的施工应每月安排阶段检查。

（2）对工程项目建设中的结构主要部位（如桩基、基础、主体结构）除进行常规检查外，监督机构还应在分部工程验收时进行监督，监督检查验收合格后，方可进行后续工程的施工。

（3）监督机构对在施工过程中发生的质量问题、质量事故进行查处。

因此，正确答案是 A、C、E。

87. A、C、D、E

【考点】 职业健康安全与环境管理的特点和要求。

【解析】 根据《建设工程安全生产管理条例》和《职业健康安全管理体系》，对建设工程施工职业健康安全管理的基本要求有：

（1）坚持安全第一、预防为主和防治结合的方针，建立职业健康安全管理体系并持续改进职业健康安全管理工作。

（2）施工企业在其经营生产的活动中必须对本企业的安全生产负全面责任。

（3）在工程设计阶段，设计单位应按照有关建设工程法律法规的规定和强制性标准的要求，进行安全保护设施的设计；对涉及施工安全的重点部分和环节在设计文件中应进行注明，并对防范安全生产事故提出指导意见，防止因设计考虑不周而导致生产安全事故的发生；对于采用新结构、新材料、新工艺的建设工程和特殊结构的建设工程，设计文件中提出保障施工作业人员安全和预防生产安全事故的措施和建议。

（4）在工程施工阶段，施工企业应根据风险预防要求和项目的特点，制定职业健康安全生产技术措施计划；在进行施工平面图设计和安排施工计划时，应充分考虑安全、防火、防爆和职业健康等因素；施工企业应制定安全生产应急救援预案，建立相关组织，完善应急准备措施；发生事故时，应按国家有关规定，向关于部门报告；处理事故时，应防止二次伤害。

建设工程实行总承包的，有总承包单位对施工现场的安全生产负总责并自行完成工程主体结构施工。分包单位应当接受总承包单位的安全生产管理，分包合同中应当明确各自的安全生产方面的权利、义务。分包单位不服从管理导致安全生产事故的，由分包单位承担主要责任，总承包和分包单位对分包工程的安全生产承担连带责任。

因此，正确答案是 A、C、D、E。

88. A、C、E

【考点】 安全生产管理制度体系。

【解析】 经常性安全教育的形式有：每天的班前班后会上说明安全注意事项；安全活动日；安全生产会议；事故现场会；张贴安全生产招贴画、宣传标语及标志等。

因此，正确答案是 A、C、E。

89. B、D、E

【考点】 职业健康安全施工的分类和处理。

【解析】 根据《生产安全事故报告和调查处理条例》，事故报告和调查处理中的违法行为主要有：

（1）不立即组织事故抢救；

（2）在事故调查处理期间擅离职守；

（3）迟报或者漏报事故；

（4）谎报或者隐瞒事故；

（5）伪造或者故意破坏事故现场；

（6）转移、隐匿资金、财产，或者销毁有关证据、资料；

（7）拒绝接受调查或者拒绝提供有关情况和资料；

（8）在事故调查中作伪证或者指使他人作伪证等。

关于法律责任：事故发生单位主要负责人有上述（1）～（3）条违法行为之一的，处上一年年收入 40%～80% 的罚款；属于国家工作人员的，并依法给予处分；构成犯罪的，依法追究刑事责任。

因此，正确答案是 B、D、E。

90. A、B、D

【考点】 施工招标与投标。

【解析】 标前会议是招标人按投标须知规定的时间和地点召开的会议。标前会议上，招标人除了介绍工程概况外，还可以对招标文件中的某些内容加以修改或补充说明，以及对投标人书面提出的问题和会议上即席提出的问题给予解答，会议结束后，招标人应将会议纪要用书面通知的形式发给每一个投标人。

无论是会议纪要还是对个别投标人的问题的解答，都应以书面形式发给每一个获得投标文件的投标人，以保证招标的公平和公正。但对问题的答复不需要说明问题来源。会议纪要和答复函件形成招标文件的补充文件，都是招标文件的有效组成部分，与招标文件具有同等方可效力。当补充文件与招标文件内容不一致时，应以补充文件为准。

为了使投标单位在编写投标文件时有充分的时间考虑招标人对招标文件的补充或修改内容，招标人可以根据实际情况在标前会议上确定延长投标截止时间。

因此，正确答案是 A、B、D。

91. A、B、C、E

【考点】 施工承包合同的主要内容。

【解析】 根据《标准施工招标文件》"通用合同条款"中"暂停施工持续 56d 以上"的有关规定如下：监理人发出暂停施工指示 56d 内未向承包人发出复工通知，除了该项停工属于第 12.1 款（即由于承包人暂停施工的责任）的情况外，承包人可向监理人提交书面通知，要求监理人在收到书面通知后 28d 内准许已暂停施工的工程或其中一部分工程继续施工。如监理人逾期不予批准，则承包人可以通知监理人，将工程受影响的部分视为第 15.1（1）项（即变更）的可取消工作。如暂停施工影响到整个工程，可视为发包人违约，应按第 22.2 款的规定（即发包人违约）办理。

因此，正确答案是 A、B、C、E。

92. A、B、C、D

【考点】 总价合同。

【解析】 采用固定总价合同，承包商的风险主要有两个方面：一是价格风险，二是工作量风险。价格风险有报价计算错误、漏报项目、物价和人工费上涨等；工程量风险有工作量计算错误、工程范围不确定、工程变更或者由于设计深度不够所造成的误差等。

因此，正确答案是 A、B、C、D。

93. A、C、D

【考点】 施工合同跟踪与控制。

【解析】 合同实施偏差分析的内容包括以下几个方面：

(1) 产生偏差的原因分析。

(2) 合同实施偏差的责任分析。

(3) 合同实施趋势分析。

因此，正确答案是 A、C、D。

94. A、B、D

【考点】 施工合同索赔的依据和证据。

【解析】 索赔的成立，应该同时具备以下三个前提条件：

（1）与合同对照，事件已造成了承包人工程项目成本的额外支出或直接工期损失；

（2）造成费用增加或工期损失的原因，按合同约定不属于承包人的行为责任或风险责任；

（3）承包人按合同规定的程序和时间提交索赔意向通知和索赔报告。

以上三个条件必须同时具备，缺一不可。

因此，正确答案是 A、B、D。

95. A、B、E

【考点】 施工文件归档管理的主要内容。

【解析】 承包人应根据施工合同约定，提交合格的竣工图。根据建设工程施工文件档案管理的要求，项目竣工图编制要求有：

（1）各项新建、扩建、改建、技术改造、技术引进项目，在项目竣工时要编制竣工图。项目竣工图应由施工单位负责编制。

（2）竣工图应完整、准确、清晰、规范，修改到位，真实反映项目竣工验收时的实际情况。

（3）如果按施工图施工没有变动的，由竣工图编制单位在施工图上加盖并签署竣工图章。

（4）一般性图纸变更及符合杠改或划改要求的变更，可在原图上更改，加盖并签署竣工图章。

（5）涉及结构形式、工艺、平面布置、项目等重大改变及图面变更面积超过 30% 的，应重新绘制竣工图。

（6）同一建筑物、构筑物重复的标准图、通用图可不编入竣工图中，但应在图纸目录中列出图号，指明该图所在位置并在编制说明中注明；不同建筑物、构筑物应分别编制。

（7）竣工图图幅应按《技术制图 复制图的折叠方法》GB/T 10609.3—2009 要求统一折叠。

（8）编制竣工图总说明及各专业的编制说明，叙述竣工图编制原则、各专业目录及编制情况。

因此，正确答案是 A、B、E。

2017年度二级建造师执业资格考试试卷

一、单项选择题（共70题，每题1分。每题的备选项中，只有1个最符合题意）

1. 对施工方而言，建设工程项目管理的"费用目标"是指项目的（　　）。
   A. 投资目标　　　　　　　　　　B. 成本目标
   C. 财务目标　　　　　　　　　　D. 经营目标

2. 甲企业为某工程项目的施工总承包方，乙企业为甲企业依法选定的分包方，丙企业为业主依法选定的专业分包方。则关于甲、乙和丙企业在施工及管理中关系的说法，正确的是（　　）。
   A. 甲企业只负责完成自己承担的施工任务
   B. 丙企业只听从业主的指令
   C. 丙企业只听从乙企业的指令
   D. 甲企业负责组织和管理乙企业与丙企业的施工

3. 某施工项目技术负责人从项目技术部提出的两个土方开挖方案中选定了拟实施的方案，并要求技术部对该方案进行深化。该项目技术负责人在施工管理中履行的管理职能是（　　）。
   A. 检查　　　　　　　　　　　　B. 执行
   C. 决策　　　　　　　　　　　　D. 计划

4. 某项目部根据项目特点制定了投资控制、进度控制、合同管理、付款和设计变更等工作流程，这些工作流程组织属于（　　）。
   A. 物质流程组织　　　　　　　　B. 管理工作流程组织
   C. 信息处理工作流程组织　　　　D. 施工工作流程组织

5. 把施工所需的各种资源、生产、生活活动场地及各种临时设施合理地布置在施工现场，使整个现场能有组织地进行文明施工，属于施工组织设计中（　　）的内容。
   A. 施工部署　　　　　　　　　　B. 施工方案
   C. 安全施工专项方案　　　　　　D. 施工平面图

6. 项目部针对施工进度滞后问题，提出了落实管理人员责任、优化工作流程、改进施工方法、强化奖惩机制等措施，其中属于技术措施的是（　　）。
A. 落实管理人员责任　　　　　　B. 优化工作流程
C. 改进施工方法　　　　　　　　D. 强化奖惩机制

7. 运用动态控制原理控制施工成本时，相对于实际施工成本，宜作为分析对比的成本计划值是（　　）。
A. 投标报价　　　　　　　　　　B. 工程支付款
C. 施工成本规划值　　　　　　　D. 施工决算成本

8. 根据《建设工程项目管理规范》GB/T 50326—2006，项目实施前，企业法定代表人应与施工项目经理协商制定（　　）。
A. 项目成本管理规划　　　　　　B. 项目管理目标责任书
C. 项目管理承诺书　　　　　　　D. 质量保证承诺书

9. 根据《建设工程项目管理规范》GB/T 50326—2006，施工项目经理在项目管理实施规划编制中的职责是（　　）。
A. 主持编制　　　　　　　　　　B. 参与编制
C. 协助编制　　　　　　　　　　D. 批准实施

10. 某施工企业与建设单位采用固定总价方式签订了写字楼项目的施工总承包合同，若合同履行过程中材料价格上涨导致成本增加，这属于施工风险中的（　　）风险。
A. 组织　　　　　　　　　　　　B. 技术
C. 工程环境　　　　　　　　　　D. 经济与管理

11. 根据《建设工程监理规范》GB/T 50319—2013，工程建设监理规划应当在（　　）前报送建设单位。
A. 签订委托监理合同　　　　　　B. 签发工程开工令
C. 业主组织施工招标　　　　　　D. 召开第一次工地会议

12. 工程监理人员实施监理过程中，发现工程设计不符合工程质量标准或合同约定的质量要求时，应当采取的措施是（　　）。
A. 报告建设单位要求设计单位改正
B. 要求施工单位报告设计单位改正
C. 直接与设计单位确认修改工程设计
D. 要求施工单位改正并报告设计单位

13. 根据《建筑安装工程费用项目组成》（建标 [2013] 44 号），施工企业对建筑以及材料、构件和建筑安装物进行一般鉴定、检查所发生的费用，应计入建筑安装工程费用项目中的（　　）。

　　A. 措施费
　　B. 规费
　　C. 企业管理费
　　D. 材料费

14. 根据《建设工程工程量清单计价规范》GB 50500—2013，施工企业在投标报价时，不得作为竞争性费用的是（　　）。

　　A. 总承包服务费
　　B. 工程排污费
　　C. 夜间施工增加费
　　D. 冬雨期施工增加费

15. 编制人工定额时，应计入定额时间的是（　　）。

　　A. 擅自离开工作岗位的时间
　　B. 工作时间内聊天的时间
　　C. 辅助工作消耗的时间
　　D. 工作面未准备好导致的停工时间

16. 某出料容量 $0.5m^3$ 的混凝土搅拌机，每一次循环中，装料、搅拌、卸料、中断需要的时间分别为 1min、3min、1min、1min，机械利用系数为 0.8，则该搅拌机的台班产量定额是（　　）m^3/台班。

　　A. 32
　　B. 36
　　C. 40
　　D. 50

17. 某单价合同履行中，承包人提交了已完工程量报告，发包人认为需要到现场计量，并在计量前 24 小时通知了承包人，但承包人收到通知后没有派人参加。则关于发包人现场计量结果的说法，正确的是（　　）。

　　A. 以承包人的计量核实结果为准
　　B. 以发包人的计量核实结果为准
　　C. 由监理工程师根据具体情况确定
　　D. 双方的计量核实结果均无效

18. 某工程项目施工合同约定竣工时间为 2016 年 12 月 30 日，合同实施过程中因承包人施工质量不合格返工导致总工期延误了 2 个月；2017 年 1 月项目所在地政府出台了新政策，直接导致承包人计入总造价的税金增加 20 万元。关于增加的 20 万元税金责任承担的说法，正确的是（　　）。

　　A. 由承包人承担，理由是承包人责任导致延期、进而导致税金增加
　　B. 由承包人和发包人共同承担，理由是国家政策变化，非承包人的责任
　　C. 由发包人承担，理由是国家政策变化，承包人没有义务承担
　　D. 由发包人承担，理由是承包人承担质量问题责任，发包人承担政策变化责任

19. 某室内装饰工程根据《建设工程工程量清单计价规范》GB 50500—2013 签订了单价合同，约定采用造价信息调整价格差额方法调整价格；原定 6 月施工的项目因发包人修改设计推迟至当年 12 月；该项目主材为发包人确认的可调价材料，价格由 300 元/m² 变为 350 元/m²。关于该工程工期延误责任和主材结算价格的说法，正确的是( )。

A. 发包人承担延误责任，材料价格按 350 元/m² 计算
B. 发包人承担延误责任，材料价格按 300 元/m² 计算
C. 承包人承担延误责任，材料价格按 350 元/m² 计算
D. 承包人承担延误责任，材料价格按 300 元/m² 计算

20. 根据九部委《标准施工招标文件》，监理人对隐蔽工程重新检查，经检验证明工程质量符合合同要求的，发包人应补偿承包人( )。

A. 工期和费用 B. 费用和利润
C. 工期、费用和利润 D. 工期和利润

21. 施工企业对竣工工程现场成本和竣工工程完全成本进行核算分析的主体分别是( )。

A. 项目经理部和项目经理部 B. 企业财务部门和企业财务部门
C. 项目经理部和企业财务部门 D. 企业财务部门和项目经理部

22. 项目经理部通过在混凝土拌和物中加入添加剂以降低水泥消耗量，属于成本管理措施中的( )。

A. 经济措施 B. 组织措施
C. 合同措施 D. 技术措施

23. 关于用时间－成本累计曲线编制成本计划的说法，正确的是( )。

A. 全部工作必须按照最早开始时间安排
B. 全部工作必须按照最迟开始时间安排
C. 可调整非关键工作的开工时间以控制实际成本支出
D. 可缩短关键工作的持续时间以降低成本

24. 关于施工过程中材料费控制的说法，正确的是( )。

A. 有消耗定额的材料采用限额发料
B. 没有消耗定额的材料必须包干使用
C. 零星材料应实行计划管理并按指标控制
D. 有消耗定额的材料均不能超过领料限额

25. 某工程基坑开挖恰逢雨季,造成承包商雨期施工增加费用超支,产生此费用偏差的原因是( )。
    A. 业主原因				B. 客观原因
    C. 设计原因				D. 施工原因

26. 某工程的赢得值曲线如下图,关于 t_1 时点成本和进度状态的说法,正确的是( )。

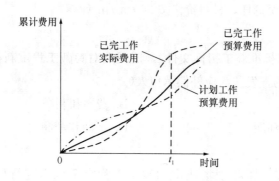

    A. 费用超支、进度超前			B. 费用节约、进度超前
    C. 费用超支、进度拖延			D. 费用节约、进度拖延

27. 关于建设工程项目总进度目标的说法,正确的是( )。
    A. 建设工程项目总进度目标的控制是施工总承包方项目管理的任务
    B. 项目实施阶段的总进度指的就是施工进度
    C. 在进行项目总进度目标控制前,应分析和论证目标实现的可能性
    D. 项目总进度目标论证就是要编制项目的总进度计划

28. 建设工程项目总进度目标论证的主要工作包括:①进行进度计划系统的结构分析;②进行项目结构分析;③确定项目的工作编码;④协调各层进度计划的关系;⑤编制各层进度计划。其正确的工作步骤是( )。
    A. ①→②→③→④→⑤			B. ③→②→④→①→⑤
    C. ②→①→③→⑤→④			D. ①→③→②→④→⑤

29. 对某综合楼项目实施阶段的总进度目标进行控制的主体是( )。
    A. 设计单位				B. 建设单位
    C. 施工单位				D. 监理单位

30. 根据下表逻辑关系绘制的双代号网络图如下,存在的绘图错误是( )。

工作名称	A	B	C	D	E	G	H
紧前工作	—	—	A	A	A、B	C	E

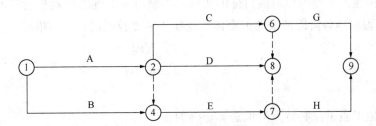

A. 节点编号不对
B. 逻辑关系不对
C. 有多个起点节点
D. 有多个终点节点

31. 某网络计划中，工作F有且仅有两项并行的紧后工作G和H，G工作的最迟开始时间为第12天，最早开始时间为第8天；H工作的最迟完成时间为第14天，最早完成时间为第12天；工作F与G、H的时间间隔分别为4天和5天，则F工作的总时差为( )天。
   A. 4   B. 5
   C. 7   D. 8

32. 某双代号网络计划中，工作M的最早开始时间和最迟开始时间分别为第12天和第15天，其持续时间为5天；工作M有3项紧后工作，它们的最早开始时间分别为第21天、第24天和第28天，则工作M的自由时差为( )天。
   A. 1   B. 4
   C. 8   D. 11

33. 某双代号网络计划如下图（时间单位：天）所示，其关键线路有( )条。

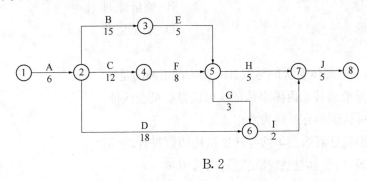

   A. 1   B. 2
   C. 3   D. 4

34. 下列施工方进度控制的措施中，属于组织措施的是( )。
   A. 制定进度控制工作流程
   B. 优化工程施工方案

C. 应用 BIM 信息模型　　　　　　D. 采用网络计划技术

35. 为确保建设工程项目进度目标的实现，编制与施工进度计划相适应的资源需求计划，以反映工程实施各阶段所需要的资源。这属于进度控制的(　　)措施。
A. 组织　　　　　　　　　　　　B. 管理
C. 经济　　　　　　　　　　　　D. 技术

36. 关于施工质量控制特点的说法，正确的是(　　)。
A. 需要控制的因素少，只有 4M1E 五大方面
B. 施工生产的流动性导致控制的难度大
C. 生产受业主监督，因此过程控制要求低
D. 工程竣工验收是对施工质量的全面检查

37. 根据《建设工程质量管理条例》，对因过错造成一般质量事故的相关注册执业人员，责令其停止执业的时间为(　　)年。
A. 1　　　　　　　　　　　　　B. 2
C. 3　　　　　　　　　　　　　D. 5

38. 建立工程项目施工质量保证体系的目标是(　　)。
A. 保证体系文件的严格执行　　　B. 控制产品生产的过程质量
C. 保证管理体系运行的质量　　　D. 控制和保证施工产品的质量

39. 企业质量管理体系的文件中，在实施和保持质量体系过程中要长期遵循的纲领性文件是(　　)。
A. 作业指导书　　　　　　　　　B. 质量计划
C. 质量手册　　　　　　　　　　D. 质量记录

40. 关于质量管理体系认证与监督的说法，正确的是(　　)。
A. 企业质量管理体系由国家认证认可监督委员会认证
B. 企业获准认证的有效期为六年
C. 企业获准认证后第三年接受认证机构的监督管理
D. 企业获准认证后应经常性的进行内部审核

41. 下列施工准备质量控制的工作中，属于技术准备的是(　　)。
A. 复核原始坐标　　　　　　　　B. 规划施工场地
C. 布置施工机械　　　　　　　　D. 设置质量控制点

42. 下列工程材料采购时，供货商必须提供《生产许可证》的是（   ）。
  A. 黏土烧结砖   B. 建筑防水卷材
  C. 脚手架用钢管   D. 混凝土外加剂

43. 项目开工前，项目技术负责人应向（   ）进行书面技术交底。
  A. 项目经理   B. 施工班组长
  C. 承担施工的负责人   D. 操作工人

44. 当工程质量缺陷经加固、返工处理后仍无法保证达到规定的安全要求，但没有完全丧失使用功能时，适宜采用的处理方法是（   ）。
  A. 不作处理   B. 限制使用
  C. 报废处理   D. 返修处理

45. 关于政府质量监督性质与权限的说法，正确的是（   ）。
  A. 政府质量监督机构有权颁发施工企业资质证书
  B. 政府质量监督属于行政调解行为
  C. 政府质量监督机构应对质量检测单位的工程质量行为进行监督
  D. 工程质量监督的具体工作必须由当地人民政府建设主管部门实施

46. 工程质量监督机构接受建设单位提交的有关建设工程质量监督申报手续，审查合格后应签发（   ）。
  A. 质量监督文件   B. 施工许可证
  C. 质量监督报告   D. 第一次监督记录

47. 职业健康安全管理体系与环境管理体系的管理评审，应由施工企业的（   ）进行。
  A. 项目经理   B. 技术负责人
  C. 专职安全员   D. 最高管理者

48. 根据《建设工程安全生产管理条例》，施工单位应自施工起重机械架设验收合格之日起最多不超过（   ）日内，向建设行政主管部门或者其他有关部门登记。
  A. 30   B. 40
  C. 50   D. 60

49. 项目安全管理的第二类危险源控制中，最重要的工作是（   ）。
  A. 改善施工作业环境   B. 建立安全生产监控体系

C. 制定应急救援体系　　　　　　　D. 加强员工的安全意识培训和教育

50. 施工安全隐患处理的单项隐患综合处理原则指的是（　　）。
A. 在处理安全隐患时应考虑设置多道防线
B. 人、机、料、法、环境任一环节的安全隐患，都要从五者匹配的角度考虑处理
C. 既对人机环境系统进行安全治理，又需治理安全管理措施
D. 既要减少肇发事故的可能性，又要对事故减灾做充分准备

51. 根据《生产安全事故应急预案管理办法》，施工单位应当制定本企业的应急预案演练计划，每年至少组织现场处置方案演练（　　）次。
A. 1　　　　　　　　　　　　　　B. 2
C. 3　　　　　　　　　　　　　　D. 4

52. 根据《生产安全事故应急预案管理办法》，施工单位应急预案未按照规定备案的，由县级以上安全生产监督管理部门给予（　　）的处罚。
A. 一万元以上三万元以下罚款
B. 责令停产停业整顿并处三万元以下罚款
C. 三万元以上五万元以下罚款
D. 责令停产停业整顿并处五万元以下罚款

53. 根据《生产安全事故报告和调查处理条例》，某工程因提前拆模导致垮塌，造成74人死亡，2人受伤的事故。该事故属于（　　）事故。
A. 特别重大　　　　　　　　　　　B. 重大
C. 较大　　　　　　　　　　　　　D. 一般

54. 施工现场文明施工"五牌一图"中，"五牌"是指（　　）。
A. 工程概况牌、管理人员名单及监督电话牌、现场平面布置牌、安全生产牌、文明施工牌
B. 工程概况牌、管理人员名单及监督电话牌、消防保卫牌、安全生产牌、文明施工牌
C. 工程概况牌、现场危险警示牌、现场平面布置牌、安全生产牌、文明施工牌
D. 工程概况牌、现场危险警示牌、消防保卫牌、安全生产牌、文明施工牌

55. 下列施工现场作业行为中，符合环境保护技术措施和要求的是（　　）。
A. 将未经处理的泥浆水直接排入城市排水设施
B. 在施工现场露天熔融沥青或者焚烧油毡

C. 在大门口铺设一定距离的石子路

D. 将有害废弃物用作深层土回填

56. 某施工现场存放水泥、白灰、珍珠岩等易飞扬的细颗粒散体材料，应采取的合理措施是（　　）。

A. 洒水覆膜封闭或表面临时固化或植草

B. 周围采用密目式安全网和草帘搭设屏障

C. 安装除尘器

D. 入库密闭存放或覆盖存放

57. 施工平行发承包模式的特点是（　　）。

A. 对每部分施工任务的发包，都以施工图设计为基础，有利于投资的早期控制

B. 由于要进行多次招标，业主用于招标的时间多，建设工期会加长

C. 业主招标工作量大，对业主不利

D. 业主不直接控制所有工程的发包，但可决定所有工程的承包商

58. 关于建设工程施工招标评标的说法，正确的是（　　）。

A. 投标报价中出现单价与数量的乘积之和与总价不一致时，将作无效标处理

B. 投标书中投标报价正本、副本不一致时，将作无效标处理

C. 初步评审是对标书进行实质性审查，包括技术评审和商务评审

D. 评标委员会推荐的中标候选人应当限定在1～3人，并标明排列顺序

59. 关于施工投标的说法，正确的是（　　）。

A. 投标人在投标截止时间后送达的投标文件，招标人应移交评标委员会处理

B. 投标书需要盖有投标企业公章和企业法人的名章（签字）并进行密封，密封不满足要求的按无效标处理

C. 投标书在招标范围以外提出新的要求，可视为对投标文件的补充，由评标委员会进行评定

D. 投标书中采用不平衡报价时，应视为对招标文件的否定

60. 根据九部委《标准施工招标文件》，工程接收证书颁发后产生的竣工清场费用应由（　　）承担。

A. 发包人　　　　　　　　　　B. 承包人

C. 监理人　　　　　　　　　　D. 主管部门

61. 根据《建设工程施工专业分包合同（示范文本）》GF—2003—0213，关于分包人

与项目相关方关系的说法，正确的是( )。

A. 须服从承包人转发的监理人与分包工程有关的指令

B. 就分包工程可与发包人发生直接工作联系

C. 就分包工程可与监理人发生直接工作联系

D. 就分包工程可直接致函给发包人或监理人

62. 根据《建设工程施工专业分包合同（示范文本）》GF—2003—2013，关于施工专业分包的说法，正确的是( )。

A. 专业分包人应按规定办理有关施工噪声排放的手续，并承担由此发生的费用

B. 专业分包人只有在承包人发出指令后，允许发包人授权的人员在工作时间内进入分包工程施工场地

C. 分包工程合同不能采用固定价格合同

D. 分包工程合同价款与总包合同相应部分价款没有连带关系

63. 根据《建设工程施工劳务分包合同（示范文本）》GF—2003—0214，关于保险的说法，正确的是( )。

A. 施工前，劳务分包人应为施工场地内的自有人员及第三人人员生命财产办理保险，并承担相关费用。

B. 劳务分包人应为运至施工场地用于劳务施工的材料办理保险，并承担相关保险费用

C. 劳务分包人必须为租赁使用的施工机械设备办理保险，并支付相关保险费用

D. 劳务分包人必须为从事危险作业的职工办理意外伤害险，并支付相关保险费用

64. 关于单价合同的说法，正确的是( )。

A. 对于投标书中出现明显数字计算错误时，评标委员会有权力先作修改再评标

B. 单价合同允许随工程量变化而调整工程单价，业主承担工程量方面的风险

C. 单价合同又分为固定单价合同、变动单价合同、成本补偿合同

D. 实际工程款的支付按照估算工程量乘以合同单价进行计算

65. 固定总价合同中，承包商承担的价格风险是( )。

A. 工程计量错误 B. 工程范围不确定

C. 工程变更   D. 漏报项目

66. 根据九部委《标准施工招标文件》，关于施工合同变更权和变更程序的说法，正确的是( )。

A. 承包人书面报告发包人后，可根据实际情况对工程进行变更

B. 发包人可以直接向承包人发出变更意向书

C. 承包人根据合同约定，可以向监理人提出书面变更建议

D. 监理人应在收到承包人书面建议后 30 天内做出变更指示

67. 根据九部委《标准施工招标文件》，对于施工合同变更的估价，已标价工程量清单中无适用项目的单价，监理工程师确定承包商提出的变更工作单价时，应按照( )原则。

　　A. 固定总价　　　　　　　　　B. 固定单价
　　C. 可调单价　　　　　　　　　D. 成本加利润

68. 承包商可以向业主提起索赔的情形是( )。

A. 监理工程师提出的工程变更造成费用的增加

B. 承包商为确保质量而增加的措施费

C. 分包商因返工造成费用增加、工期顺延

D. 承包商自行采购材料的质量有问题造成费用增加、工期顺延

69. 根据九部委《标准施工招标文件》，关于承包人索赔期限的说法，正确的是( )。

A. 按照合同约定接受竣工付款证书后，仍有权提出在合同工程接收证书颁发前发生的索赔

B. 按照合同约定接受竣工验收证书后，无权提出在合同工程接收证书颁发前发生的索赔

C. 按照合同约定提交的最终结清申请单中，只限于提出工程接收证书颁发前发生的索赔

D. 按照合同约定提交的最终结清申请单中，只限于提出工程接收证书颁发后发生的索赔

70. 下列工程管理信息资源中，属于管理类工程信息的是( )。

　　A. 与建筑业有关的专家信息　　　B. 与合同有关的信息
　　C. 建设物资的市场信息　　　　　D. 与施工有关的技术信息

二、多项选择题（共 25 题，每题 2 分。每题的备选项中，有 2 个或 2 个以上符合题意，至少有 1 个错项。错选，本题不得分；少选，所选的每个选项得 0.5 分）

71. 项目技术组针对施工进度滞后的情况，提出了增加夜班作业、改变施工方法两种加快进度的方案，项目经理通过比较，确定采用增加夜班作业以加快进度，物资组落实了夜间施工照明等条件，安全组对夜间施工安全条件进行了复查。上述管理工作体现在管理职能中"筹划"环节的有( )。

A. 确定采用增加夜间施工加快进度的方案　　B. 提出两种可能加快进度的方案

C. 两种方案的比较分析　　D. 复查夜间施工安全条件

E. 落实夜间施工照明条件

72. 下列施工组织设计的内容中,属于施工部署与施工方案内容的有(　　)。

A. 安排施工顺序　　B. 计算主要技术经济指标

C. 编制施工准备计划　　D. 比选施工方案

E. 编制资源需求计划

73. 关于施工企业项目经理地位的说法,正确的有(　　)。

A. 是承包人为实施项目临时聘用的专业人员

B. 是施工企业法定代表人委托对项目施工过程全面负责的项目管理者

C. 项目经理经承包人授权后代表承包人负责履行合同

D. 是施工企业全面履行施工承包合同的法定代表人

E. 是施工承包合同中的权利、义务和责任主体

74. 根据《建设工程项目管理规范》GB/T 50326—2006,施工企业项目经理的权限有(　　)。

A. 向外筹集项目建设资金　　B. 参与组建项目经理部

C. 制定项目内部计酬办法　　D. 主持项目经理部工作

E. 自主选择分包人

75. 根据《建设工程工程量清单计价规范》GB 50500—2013,分部分项工程综合单价应包含(　　)。

A. 企业管理费　　B. 利润

C. 税金　　D. 规费

E. 措施费

76. 下列工人工作的时间中,属于损失时间的有(　　)。

A. 多余和偶然工作时间

B. 材料供应不及时导致的停工时间

C. 技术工人由于差错导致的工时损失

D. 工人午休后迟到造成的工时损失

E. 因施工工艺特点引起的工作中断时间

77. 关于施工成本核算的说法,正确的有(　　)。

A. 成本核算制和项目经理责任制等共同构成项目管理的运行机制

B. 定期成本核算是竣工工程全面成本核算的基础

C. 成本核算时应做到预测、计划、实际成本三同步

D. 竣工工程完全成本用于考核项目管理绩效

E. 施工成本一般以单位工程为成本核算对象

78. 某工程主要工作是混凝土浇筑，中标的综合单价是 400 元/m³，计划工程量是 8000m³。施工过程中因原材料价格提高使实际单价为 500 元/m³，实际完成并经监理工程师确认的工程量是 9000m³。若采用赢得值法进行综合分析，正确的结论有（　　）。

A. 已完工作预算费用为 360 万元
B. 已完工作实际费用为 450 万元
C. 计划工作预算费用为 320 万元
D. 费用偏差为 90 万元，费用节省
E. 进度偏差为 40 万元，进度拖延

79. 关于建设工程项目进度计划系统的说法，正确的有（　　）。

A. 项目进度计划系统的建立和完善是逐步进行的
B. 在项目进展过程中进度计划需要不断地调整
C. 供货方根据需要和用途可编制不同深度的进度计划系统
D. 业主方只需编制总进度规划和控制性进度规划
E. 业主方与施工方进度控制的目标和时间范畴相同

80. 关于实施性施工进度计划作用的说法，正确的有（　　）。

A. 确定施工总进度目标
B. 确定里程碑事件的进度目标
C. 确定施工作业的具体安排
D. 确定一定周期内的人工需求
E. 确定一定周期内的资金需求

81. 某项目分部工程双代号时标网络计划如下图，关于该网络计划的说法，正确的有（　　）。

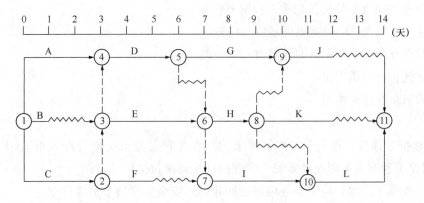

A. 工作 A、C、H、L 是关键工作　　B. 工作 C、E、I、L 组成关键线路
C. 工作 G 的总时差与自由时差相等　　D. 工作 H 的总时差为 2 天
E. 工作 D 的总时差为 1 天

82. 下列施工方进度控制的措施中,属于管理措施的有(　　)。
A. 构建施工进度控制的组织体系　　B. 用工程网络计划技术进行进度管理
C. 选择合理的合同结构　　D. 采取进度风险的管理措施
E. 编制与施工进度相适应的资源需求计划

83. 下列影响施工质量的因素中,属于材料因素的有(　　)。
A. 计量器具　　B. 建筑构配件
C. 工程设备　　D. 新型模板
E. 安全防护设施

84. 施工质量成本中,运行质量成本包括(　　)。
A. 预防成本　　B. 鉴定成本
C. 内部损失成本　　D. 外部损失成本
E. 外部质量保证成本

85. 下列施工质量事故中,属于指导责任事故的有(　　)。
A. 负责人放松质量标准造成的质量事故
B. 混凝土振捣疏漏造成的质量事故
C. 负责人追求施工进度造成的质量事故
D. 砌筑工人不按操作规程施工导致墙体倒塌
E. 浇筑混凝土时操作者随意加水使强度降低造成的质量事故

86. 政府质量监督机构实施监督检查时,有权采取的措施有(　　)。
A. 要求被检查单位提供相关工程财务台账
B. 进入被检查单位的施工现场进行检查
C. 发现有影响工程质量的问题时,责令改正
D. 降低企业资质等级
E. 吊销企业营业执照

87. 根据《建设工程安全生产管理条例》和《职业健康安全管理体系》GB/T 28000 标准,建设工程对施工职业健康安全管理的基本要求包括(　　)。
A. 工程施工阶段,施工企业应制定职业健康安全生产技术措施计划

B. 施工企业在其经营生产的活动中必须对本企业的安全生产负全面责任
C. 工程设计阶段，设计单位应制定职业健康安全生产技术措施计划
D. 实行总承包的建设工程，由总承包单位对施工现场的安全生产负总责
E. 实行总承包的建设工程，分包单位应当接受总承包单位的安全生产管理

88. 根据《建设工程安全生产管理条例》，对达到一定规模的危险性较大的分部分项工程，正确的安全管理做法有( )。
    A. 施工单位应当编制专项施工方案，并附具安全验算结果
    B. 所有专项施工方案均应组织专家进行论证、审查
    C. 专项施工方案由专职安全生产管理人员进行现场监督
    D. 专项施工方案经现场监理工程师签字后即可实施
    E. 专项施工方案应由企业法定代表人审批

89. 根据《生产安全事故报告和调查处理条例》，对事故发生单位处 100 万元以上 500 万元以下罚款的情形有( )。
    A. 迟报或者漏报事故　　　　　　B. 谎报或者瞒报事故
    C. 伪造事故现场　　　　　　　　D. 事故发生后逃匿
    E. 在事故调查处理期间擅离职守

90. 与施工总承包模式相比，施工总承包管理模式的优点有( )。
    A. 整个项目的合同总额确定较有依据
    B. 通过招标确定施工承包单位，有利于业主节约投资
    C. 施工总承包管理单位只赚取总包与分包之间的差价
    D. 业主对分包单位的选择具有控制权
    E. 一般在施工图设计全部结束后，才能进行施工总承包管理的招标

91. 关于《标准施工招标文件》中缺陷责任的说法，正确的有( )。
    A. 发包人提前验收的单位工程，缺陷责任期按全部工程竣工日期起计算
    B. 承包人应在缺陷责任期内对已交付使用的工程承担缺陷责任
    C. 缺陷责任期内，承包人对已验收使用的工程承担日常维护工作
    D. 监理人和承包人应共同查清工程产生缺陷和（或）损坏的原因
    E. 承包人不能在合理时间内修复缺陷，发包人自行修复，承包人承担一切费用

92. 根据《建设工程施工合同（示范文本）》GF—2013—0201，采用变动总价合同时，一般可对合同价款进行调整的情形有( )。
    A. 法律、行政法规和国家有关政策变化影响合同价款

B. 工程造价管理部门公布的价格调整
C. 承包方承担的损失超过其承受能力
D. 一周内非承包商原因停电造成的停工累计达到 7 小时
E. 外汇汇率变化影响合同价款

93. 下列工程任务或工作中,可作为施工合同跟踪对象的有(　　)。
    A. 工程施工质量　　　　　　　　B. 工程施工进度
    C. 政府质量监督部门的质量检查　　D. 业主工程款项支付
    E. 施工成本的增加和减少

94. 下列信息和资料中,可以作为施工合同索赔证据的有(　　)。
    A. 施工合同文件　　　　　　　　B. 监理工程师的口头指示
    C. 工程各项会议纪要　　　　　　D. 相关法律法规
    E. 施工日记和现场记录

95. 下列施工文件档案中,属于工程质量控制资料的有(　　)。
    A. 工程质量事故记录文件　　　　B. 工程项目原材料检验报告
    C. 施工试验记录　　　　　　　　D. 隐蔽工程验收记录文件
    E. 交接检查记录

2017 年度参考答案及解析

一、单项选择题

1. B

【考点】 建设工程项目管理的类型。

【解析】 建设工程项目管理的内涵是：自项目开始至项目完成，通过项目策划和项目控制，以使项目的费用目标、进度目标和质量目标得以实现。"费用目标"对业主而言是投资目标，对施工方而言是成本目标。

因此，正确选项是 B。

2. D

【考点】 施工项目管理的目标和任务。

【解析】 施工总承包方是工程施工的总执行者和总组织者，它除了完成自己承担的施工任务以外，还负责组织和指挥它自行分包的分包施工单位和业主指定的分包施工单位的施工（业主指定的分包施工单位有可能与业主单独签订合同，也可能与施工总承包方签约，不论采用何种合同模式，施工总承包方应负责组织和管理业主指定的分包施工单位的施工，这也是国际惯例），并为分包施工单位提供和创造必要的施工条件。

因此，正确选项是 D。

3. C

【考点】 施工管理的管理职能分工。

【解析】 管理职能的内涵：管理是由多个环节组成的过程，即：

（1）提出问题；

（2）筹划——提出解决问题的可能的方案，并对多个可能的方案进行分析；

（3）决策；

（4）执行。

其中，决策可以解释从上述几个可能的方案中选择一个将被执行的方案，如增加夜班作业。

因此，正确选项是 C。

4. B

【考点】 施工管理的工作流程组织。

【解析】 管理工作流程组织，如投资控制、进度控制、合同管理、付款和设计变更等流程。

因此，正确选项是 B。

5. D

【考点】 施工组织设计的内容。

【解析】 施工平面图是施工方案及施工进度计划在空间上的全面安排。它把投入的各种资源、材料、构件、机械、道路、水电供应网络、生产、生活活动场地及各种临时工程设施合理地布置在施工现场,使整个现场能有组织地进行文明施工。

因此,正确选项是 D。

6. C

【考点】 动态控制方法。

【解析】 技术措施,是分析由于技术(包括设计和施工的技术)的原因而影响项目目标实现的问题,并采取相应的措施,如调整设计、改进施工方法和改变施工机具等。

因此,正确选项是 C。

7. C

【考点】 动态控制方法在施工管理中的应用。

【解析】 施工成本的计划值和实际值的比较包括:(1) 工程合同价与投标价中的相应成本项的比较;(2) 工程合同价与施工成本规划中的相应成本项的比较;(3) 施工成本规划与实际施工成本中的相应成本项的比较;(4) 工程合同价与实际施工成本中的相应成本项的比较;(5) 工程合同价与工程款支付中的相应成本项的比较等。

因此,正确选项是 C。

8. B

【考点】 施工项目经理的责任。

【解析】 项目管理目标责任书应在项目实施之前,由法定代表人或其授权人与项目经理协商制定。

因此,正确选项是 B。

9. A

【考点】 施工项目经理的责任。

【解析】 项目经理应履行下列职责:

(1) 项目管理目标责任书规定的职责;

(2) 主持编制项目管理实施规划,并对项目目标进行系统管理;

(3) 对资源进行动态管理;

(4) 建立各种专业管理体系,并组织实施;

(5) 进行授权范围内的利益分配;

(6) 收集工程资料,准备结算资料,参与工程竣工验收;

(7) 接受审计,处理项目经理部解体的善后工作;

(8) 协助组织进行项目的检查、鉴定和评奖申报工作

因此,正确选项是 A。

10. D

【考点】 施工风险的类型。

【解析】 经济与管理风险，如：

(1) 工程资金供应条件；

(2) 合同风险；

(3) 现场与公用防火设施的可用性及其数量；

(4) 事故防范措施和计划；

(5) 人身安全控制计划；

(6) 信息安全控制计划等。

因此，正确选项是 D。

11. D

【考点】 工程监理的工作方法。

【解析】 工程建设监理规划应在签订委托监理合同及收到设计文件后开始编制，在召开第一次工地会议前报送建设单位。

因此，正确选项是 D。

12. A

【考点】 工程监理的工作方法。

【解析】 工程监理人员认为工程施工不符合工程设计要求、施工技术标准和合同约定的，有权要求建筑施工企业改正。工程监理人员发现工程设计不符合建筑工程质量标准或者合同约定的质量要求的，应当报告建设单位要求设计单位改正。

因此，正确选项是 A。

13. C

【考点】 按费用构成要素划分的建筑安装工程费用项目组成。

【解析】 企业管理费是指建筑安装企业组织施工生产和经营管理所需的费用，包括：管理人员工资、办公费、差旅交通费、固定资产使用费、工具用具使用费、劳动保险和职工福利费、劳动保护费、检验试验费、工会经费、职工教育经费、财产保险费、财务费、税金、其他。

检验试验费是指施工企业按照有关标准规定，对建筑以及材料、构件和建筑安装物进行一般鉴定、检查所发生的费用，包括自设试验室进行试验所耗用的材料等费用。

因此，正确选项是 C。

14. B

【考点】 建筑安装工程费用计算方法。

【解析】 规费是指按国家法律、法规规定，由省级政府和省级有关权力部门规定必须缴纳或计取的费用。包括：社会保险费、住房公积金、工会排污费。

建设单位和施工企业均应按照省、自治区、直辖市或行业建设主管部门发布的标准计算规费和税金，不得作为竞争性费用。

因此，正确选项是 B。

15. C

【考点】 人工定额。

【解析】 必需消耗的工作时间,包括有效工作时间,休息和不可避免中断时间。

有效工作时间是从生产效果来看与产品生产直接有关的时间消耗。包括基本工作时间、辅助工作时间、准备与结束工作时间。

因此,正确选项是C。

16. A

【考点】 施工机械台班使用定额。

【解析】 该搅拌机的台班产量=机械净工作生产率×工作班延续时间×机械利用系数 =60÷(1+3+1+1)×0.5×8×0.8=32。

因此,正确选项是A。

17. B

【考点】 工程计量。

【解析】 发包人认为需要进行现场计量核实时,应在计量前24小时通知承包人,承包人应为计量提供便利条件并派人参加。双方均同意核实结果时,则双方应在上述记录上签字确认。承包人收到通知后不派人参加计量,视为认可发包人的计量核实结果。发包人不按照约定时间通知承包人,致使承包人未能派人参加计量,计量核实结果无效。

因此,正确选项是B。

18. A

【考点】 合同价款调整。

【解析】 招标工程以投标截止日前28天,非招标工程以合同签订前28天为基准日,其后国家的法律、法规、规章和政策发生变化引起工程造价增减变化的,发承包双方应当按照省级或行业建设主管部门或其授权的工程造价管理机构据此发布的规定调整合同价款。

因承包人原因导致工期延误,且上述规定的调整时间在合同工程原定竣工时间之后,合同价款调增的不予调整,合同价款调减的予以调整。

因此,正确选项是A。

19. A

【考点】 合同价款调整。

【解析】 在履行合同过程中,由于发包人原因造成工期延误的,则计划进度日期后续工程的价格,采用计划进度日期与实际进度日期两者的较高者。

因此,正确选项是A。

20. C

【考点】 索赔与现场签证

【解析】 承包人按《标准施工招标文件》的"通用合同条款"第13.5.1项或第13.5.2项覆盖工程隐蔽部位后,监理人对质量有疑问的,可要求承包人对已覆盖的部位进行钻孔探测或揭开重新检验，承包人应遵照执行，并在检验后重新覆盖恢复原状。经检验证明工程质量符合合同要求的，由发包人承担由此增加的费用和（或）工期延误，并支付承包人合理利润；经检验证明工程质量不符合合同要求的，由此增加的费用和（或）工期延误由承包人承担。

因此，正确选项是 C。

21. C

【考点】 施工成本管理的任务与措施。

【解析】 对竣工工程的成本核算，应区分为竣工工程现场成本和竣工工程完全成本，分别由项目经理部和企业财务部门进行核算分析，其目的在于分别考核项目管理绩效和企业经营效益。

因此，正确选项是 C。

22. D

【考点】 施工成本管理的任务与措施。

【解析】 施工过程中降低成本的技术措施，包括如进行技术经济分析，确定最佳的施工方案。结合施工方法，进行材料使用的比选，在满足功能要求的前提下，通过代用、改变配合比、使用添加剂等方法降低材料消耗的费用。

因此，正确选项是 D。

23. C

【考点】 施工成本计划的编制方法。

【解析】 项目经理可根据编制的成本支出计划来合理安排资金，同时项目经理也可以根据筹措的资金来调整 S 形曲线，即通过调整非关键路线上的工序项目的最早或最迟开工时间，力争将实际的成本支出控制在计划的范围内。

一般而言，所有工作都按最迟开始时间开始，对节约资金贷款利息是有利的，但同时，也降低了项目按期竣工的保证率，因此项目经理必须合理地确定成本支出计划，达到既节约成本支出，又能控制项目工期的目的。

因此，正确选项是 C。

24. A

【考点】 施工成本控制的方法。

【解析】 在保证符合设计要求和质量标准的前提下，合理使用材料，通过定额管理、计量管理等手段有效控制材料物资的消耗，具体方法如下：

（1）定额控制。对于有消耗定额的材料，以消耗定额为依据，实行限额发料制度。在规定限额内分期分批领用，超过限额领用的材料，必须先查明原因，经过一定审批手续方可领料。

（2）指标控制。对于没有消耗定额的材料，则实行计划管理和按指标控制的办法。根据以往项目的实际耗用情况，结合具体施工项目的内容和要求，制定领用材料指标，据以控制发料。超过指标的材料，必须经过一定的审批手续方可领用。

(3) 计量控制。准确做好材料物资的收发计量检查和投料计量检查。

(4) 包干控制。在材料使用过程中，对部分小型及零星材料（如钢钉、钢丝等）根据工程量计算出所需材料量，将其折算成费用，由作业者包干控制。

因此，正确选项是 A。

25. B

【考点】 施工成本控制的方法。

【解析】 一般来说，产生费用偏差的原因有以下几种，见下图。

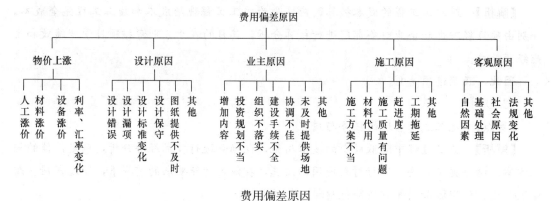

费用偏差原因

该题中雨季为自然原因，属于客观原因。

因此，正确选项是 B。

26. A

【考点】 施工成本控制的方法。

【解析】 费用偏差（CV）＝已完工作预算费用（BCWP）－已完工作实际费用（ACWP）。

当费用偏差（CV）为负值时，即表示项目运行超出预算费用；当费用偏差（CV）为正值时，表示项目运行节支，实际费用没有超出预算费用。

进度偏差（SV）＝已完工作预算费用（BCWP）－计划工作预算费用（BCWS）。

当进度偏差（SV）为负值时，表示进度延误，即实际进度落后于计划进度；当进度偏差（SV）为正值时，表示进度提前，即实际进度快于计划进度。

本题的 CV 为负值，费用超支。SV 为正值，进度超前。

因此，正确选项是 A。

27. C

【考点】 总进度目标。

【解析】 (1) 建设工程项目总进度目标的控制是业主方项目管理的任务（若采用建设项目总承包的模式，协助业主进行项目总进度目标的控制也是建设项目总承包方项目管理的任务）。

(2) 建设工程项目的总进度目标指的是整个项目的进度目标，它是在项目决策阶段项目定义时确定的,项目管理的主要任务是在项目的实施阶段对项目的目标进行控制。

(3) 在进行建设工程项目总进度目标控制前,首先应分析和论证目标实现的可能性。

(4) 总进度目标论证并不是单纯的总进度规划的编制工作,它涉及许多工程实施的条件分析和工程实施策划方面的问题。

因此,正确选项是C。

28. C

【考点】 总进度目标。

【解析】 建设工程项目总进度目标论证的工作步骤如下:

(1) 调查研究和收集资料;
(2) 进行项目结构分析;
(3) 进行进度计划系统的结构分析;
(4) 确定项目的工作编码;
(5) 编制各层(各级)进度计划;
(6) 协调各层进度计划的关系和编制总进度计划;
(7) 若所编制的总进度计划不符合项目的进度目标,则设法调整;
(8) 若经过多次调整,进度目标无法实现,则报告项目决策者。

因此,正确选项是C。

29. B

【考点】 总进度目标。

【解析】 建设工程项目总进度目标的控制是业主方项目管理的任务(若采用建设项目总承包的模式,协助业主进行项目总进度目标的控制也是建设项目总承包方项目管理的任务)。

因此,正确选项是B。

30. D

【考点】 工程网络计划的类型和应用。

【解析】 双代号网络图中应只有一个起点节点和一个终点节点(多目标网络计划除外),而本题中有两个终点⑧和⑨。

因此,正确选项是D。

31. C

【考点】 工程网络计划的类型和应用。

【解析】 总时差(TF_{i-j}),是指在不影响总工期的前提下,工作$i-j$可以利用的机动时间。工作F的总时差等于该工作的紧后工作G、H的总时差加该工作与其紧后工作之间的时间间隔之和的最小值。工作G的总时差为4,工作H的总时差为2。工作F的总时差为:min{4+4;2+5}=7。

因此,正确选项是C。

32. B

【考点】 工程网络计划的类型和应用。

【解析】 自由时差（FF_{i-j}），是指在不影响其紧后工作最早开始的前提下，工作 $i-j$ 可以利用的机动时间。

自由时差等于其紧后工作的最早开始时间（最小值）减去本工作的最迟结束时间。或者其紧后工作的最早开始时间（最小值）减去本工作的最早开始时间再减去该工作的持续时间。即 21－12－5＝4。

因此，正确选项是 B。

33. D

【考点】 工程网络计划的类型和应用。

【解析】 线路上总的工作持续时间最长的线路为关键线路。图中的关键线路如下：

①→②→③→⑤→⑦→⑧
①→②→③→⑤→⑥→⑦→⑧
①→②→④→⑤→⑦→⑧
①→②→④→⑤→⑥→⑦→⑧

即有4条关键线路。

因此，正确选项是 D。

34. A

【考点】 施工进度控制的措施。

【解析】 施工方进度控制的组织措施其中一条是"应编制施工进度控制工作流程"。

因此，正确选项是 A。

35. C

【考点】 施工进度控制的措施。

【解析】 施工进度控制的经济措施涉及工程资金需求计划和加快施工进度的经济激励措施等。为确保进度目标的实现，应编制与进度计划相适应的资源需求计划（资源进度计划），包括资金需求计划和其他资源（人力和物力资源）需求计划，以反映工程施工的各时段所需要的资源。

因此，正确选项是 C。

36. C

【考点】 施工质量管理和施工质量控制的内涵、特点与责任。

【解析】 施工质量控制的特点：

(1) 需要控制的因素多；

(2) 控制的难度大；

(3) 过程控制要求高；

(4) 终检局限大。

因此，正确选项是 C。

37. A

【考点】 施工质量管理和施工质量控制的内涵、特点与责任。

【解析】 发生工程质量事故等情形的,对施工单位项目经理按以下方式进行责任追究:

(1) 项目经理为相关注册执业人员的,责令停止执业1年;造成重大质量事故的,吊销执业资格证书,5年以内不予注册;情节特别恶劣的,终身不予注册;

(2) 构成犯罪的,移送司法机关依法追究刑事责任;

(3) 处单位罚款数额5%以上10%以下的罚款;

(4) 向社会公布曝光。

因此,正确选项是A。

38. D

【考点】 工程项目施工质量保证体系的建立和运行。

【解析】 工程项目的施工质量保证体系以控制和保证施工产品质量为目标,从施工准备、施工生产到竣工投产的全过程,运用系统的概念和方法,在全体人员的参与下,建立一套严密、协调、高效的全方位的管理体系,从而实现工程项目施工质量管理的制度化、标准化。

因此,正确选项是D。

39. C

【考点】 施工企业质量管理体系的建立和认证。

【解析】 质量手册是阐明一个企业的质量政策、质量体系和质量实践的文件,是实施和保持质量体系过程中长期遵循的纲领性文件。

因此,正确选项是C。

40. D

【考点】 施工企业质量管理体系的建立和认证。

【解析】 质量管理体系由公正的第三方认证机构,依据质量管理体系的要求标准,审核企业质量管理体系要求的符合性和实施的有效性,进行独立、客观、科学、公正的评价,得出结论。企业获准认证的有效期为三年。企业获准认证后,应经常性的进行内部审核,保持质量管理体系的有效性,并每年一次接受认证机构对企业质量管理体系实施的监督管理。

因此,正确选项是D。

41. D

【考点】 施工准备的质量控制。

【解析】 技术准备的质量控制,包括对技术准备工作成果的复核审查,检查这些成果有无错漏,是否符合相关技术规范、规程的要求和对施工质量的保证程度;制订施工质量控制计划,设置质量控制点,明确关键部位的质量管理点等。

因此,正确选项是D。

42. B

【考点】 施工准备的质量控制。

【解析】 材料供货商对下列材料必须提供《生产许可证》：钢筋混凝土用热轧带肋钢筋、冷轧带肋钢筋、预应力混凝土用钢材（钢丝、钢棒和钢绞线）、建筑防水卷材、水泥、建筑外窗、建筑幕墙、建筑钢管脚手架扣件、人造板、铜及铜合金管材、混凝土输水管、电力电缆等材料产品。

因此，正确选项是 B。

43. C

【考点】 施工过程的质量控制。

【解析】 项目开工前应由项目技术负责人向承担施工的负责人或分包人进行书面技术交底，技术交底资料应办理签字手续并归档保存。

因此，正确选项是 C。

44. B

【考点】 施工质量事故的处理方法。

【解析】 当工程质量缺陷按修补方法处理后无法保证达到规定的使用要求和安全要求，而又无法返工处理的情况下，不得已时可做出诸如结构卸荷或减荷以及限制使用的决定。

因此，正确选项是 B。

45. C

【考点】 政府对施工质量的监督职能。

【解析】 政府质量监督机构无权颁发施工企业资质证书。政府质量监督的性质属于行政执法行为，其对工程实体质量和工程建设、勘察、设计、施工、监理单位（此五类单位简称为工程质量责任主体）和质量检测等单位的工程质量行为实施监督。工程质量监督管理的具体工作可以由县级以上地方人民政府建设主管部门委托所属的工程质量监督机构实施。

因此，正确选项是 C。

46. A

【考点】 政府对施工质量监督的实施。

【解析】 在工程项目开工前，监督机构接受建设单位有关建设工程质量监督的申报手续，并对建设单位提供的有关文件进行审查，审查合格签发有关质量监督文件。

因此，正确选项是 A。

47. D

【考点】 职业健康安全与环境管理体系标准。

【解析】 最高管理者应按计划的时间间隔，对组织的职业健康安全管理体系进行评审，以确保其持续适宜性、充分性和有效性。

因此，正确选项是 D。

48. A

【考点】 安全生产管理制度体系。

【解析】《建设工程安全生产管理条例》第二十五条规定:"施工单位应当自施工起重机械和整体提升脚手架、模板等自升式架设设施验收合格之日起三十日内,向建设行政主管部门或者其他有关部门登记。登记标志应当置于或者附着于该设备的显著位置。"

因此,正确选项是 A。

49. D

【考点】 危险源的识别和风险控制。

【解析】 第二类危险源控制方法:提高各类设施的可靠性以消除或减少故障、增加安全系数、设置安全监控系统、改善作业环境等。最重要的是加强员工的安全意识培训和教育,克服不良的操作习惯,严格按章办事,并在生产过程中保持良好的生理和心理状态。

因此,正确选项是 D。

50. B

【考点】 安全隐患的处理。

【解析】 单项隐患综合处理原则:人、机、料、法、环境五者任一环节产生安全隐患,都要从五者安全匹配的角度考虑,调整匹配的方法,提高匹配的可靠性。一件单项隐患问题的整改需综合(多角度)处理。人的隐患,既要治人也要治机具及生产环境等各环节。

因此,正确选项是 B。

51. B

【考点】 生产安全事故应急预案的管理。

【解析】 施工单位应当制定本单位的应急预案演练计划,根据本单位的事故预防重点,每年至少组织一次综合应急预案演练或者专项应急预案演练,每半年至少组织一次现场处置方案演练。

因此,正确选项是 B。

52. A

【考点】 生产安全事故应急预案的管理。

【解析】 施工单位应急预案未按照本办法规定备案的,由县级以上安全生产监督管理部门给予警告,并处三万元以下罚款。

因此,正确选项是 A。

53. A

【考点】 职业健康安全事故的分类和处理。

【解析】 生产安全事故(以下简称事故)造成的人员伤亡或者直接经济损失,事故一般分为以下等级:

(1) 特别重大事故,是指造成 30 人以上死亡,或者 100 人以上重伤(包括急性工业中毒,下同),或者 1 亿元以上直接经济损失的事故;

(2) 重大事故,是指造成 10 人以上 30 人以下死亡,或者 50 人以上 100 人以下重伤,或者 5000 万元以上 1 亿元以下直接经济损失的事故；

（3）较大事故，是指造成 3 人以上 10 人以下死亡，或者 10 人以上 50 人以下重伤，或者 1000 万元以上 5000 万元以下直接经济损失的事故；

（4）一般事故，是指造成 3 人以下死亡，或者 10 人以下重伤，或者 1000 万元以下直接经济损失的事故。

因此，正确选项是 A。

54. B

【考点】 施工现场文明施工的要求。

【解析】 "五牌一图"，即工程概况牌、管理人员名单及监督电话牌、消防保卫（防火责任）牌、安全生产牌、文明施工牌和施工现场平面图。

因此，正确选项是 B。

55. C

【考点】 施工现场环境保护的要求。

【解析】 在大门口铺设一定距离的石子（定期过筛洗选）路自动清理车轮或作一段混凝土路面和水沟用水冲洗车轮车身，或人工清扫车轮车身。

因此，正确选项是 C。

56. D

【考点】 施工现场环境保护的要求。

【解析】 易飞扬材料入库密闭存放或覆盖存放。如水泥、白灰、珍珠岩等易飞扬的细颗粒散体材料，应入库存放。若室外临时露天存放时，必须下垫上盖，严密遮盖防止扬尘。运输水泥、白灰、珍珠岩粉等易飞扬的细颗粒粉状材料时，要采取遮盖措施，防止沿途遗洒、扬尘。卸货时，应采取措施，以减少扬尘。

因此，正确选项是 D。

57. C

【考点】 施工发承包的主要类型。

【解析】 业主要负责对所有承包商的组织与协调，承担类似于施工总承包管理的角色，工作量大，对业主不利（业主的对立面多，各个合同之间的界面多，关系复杂，矛盾集中，业主的管理风险大）。

因此，正确选项是 C。

58. D

【考点】 施工招标与投标。

【解析】 初步评审主要是进行符合性审查，即重点审查投标书是否实质上响应了招标文件的要求。审查内容包括：投标资格审查、投标文件完整性审查、投标担保的有效性、与招标文件是否有显著的差异和保留等。另外还要对报价计算的正确性进行审查，如果计算有误，通常的处理方法是：大小写不一致的以大写为准，单价与数量的乘积之和与所报的总价不一致的应以单价为准；标书正本和副本不一致的，则以正本为准。评标结束应该推荐中标候选人。评标委员会推荐的中标候选人应当限定在1~3人,并标明排列顺序。

因此,正确选项是D。

59. B

【考点】 施工招标与投标。

【解析】 投标时需要注意以下问题:

(1) 注意投标的截止日期

招标人所规定的投标截止日就是提交标书最后的期限。

(2) 投标文件的完备性

招标人应当按照招标文件的要求编制投标文件。投标文件应当对招标文件提出的实质性要求和条件做出响应。投标不完备或投标没有达到招标人的要在招标范围以外提出新的要求,均被视为对于招标文件的否定,不会被招标人所接受。

(3) 注意标书的标准

标书的提交要有固定的要求,基本内容是:签章、密封。

因此,正确选项是B。

60. B

【考点】 施工承包合同的主要内容。

【解析】 除合同另有约定外,工程接收证书颁发后,承包人应按以下要求对施工场地进行清理,直至监理人检验合格为止。

因此,正确选项是B。

61. A

【考点】 施工专业分包合同的内容。

【解析】 分包人须服从承包人转发的发包人或工程师(监理人)与分包工程有关的指令。未经承包人允许,分包人不得以任何理由与发包人或工程师(监理人)发生直接工作联系,分包人不得直接致函发包人或工程师(监理人),也不得直接接受发包人或工程师(监理人)的指令。如分包人与发包人或工程师(监理人)发生直接工作联系,将被视为违约,并承担违约责任。

因此,正确选项是A。

62. D

【考点】 施工专业分包合同的内容。

【解析】 分包合同价款与总包合同相应部分价款无任何连带关系。

因此,正确选项是D。

63. D

【考点】 施工劳务分包合同的内容。

【解析】 施工劳务分包合同中,有关保险的条款有:

(1) 劳务分包人施工开始前,工程承包人应获得发包人为施工场地内的自有人员及第三人人员生命财产办理的保险,且不需劳务分包人支付保险费用。

(2) 运至施工场地用于劳务施工的材料和待安装设备，由工程承包人办理或获得保险，且不需劳务分包人支付保险费用。

(3) 工程承包人必须为租赁或提供给劳务分包人使用的施工机械设备办理保险，并支付保险费用。

(4) 劳务分包人必须为从事危险作业的职工办理意外伤害保险，并为施工场地内自有人员生命财产和施工机械设备办理保险，支付保险费用。

因此，正确选项是D。

64. A

【考点】 单价合同。

【解析】 在投标报价、评标以及签订合同中，人们常常注重总价格，但在工程款结算中单价优先，对于投标书中明显的数字计算错误，业主有权力先作修改再评标，当总价和单价的计算结果不一致时，以单价为准调整总价。

因此，正确选项是A。

65. D

【考点】 总价合同。

【解析】 承包商的风险主要有两个方面：一是价格风险，二是工作量风险。价格风险有报价计算错误、漏报项目、物价和人工费上涨等；工作量风险有工程量计算错误、工程范围不确定、工程变更或者由于设计深度不够所造成的误差等。

因此，正确选项是D。

66. C

【考点】 施工合同变更管理。

【解析】 承包人收到监理人按合同约定发出的图纸和文件，经检查认为其中存在第15.1款约定情形的，可向监理人提出书面变更建议。

因此，正确选项是C。

67. D

【考点】 施工合同变更管理。

【解析】 变更估价原则：

(1) 已标价工程量清单中有适用于变更工作的子目的，采用该子目的单价。

(2) 已标价工程量清单中无适用于变更工作的子目，但有类似子目的，可在合理范围内参照类似子目的单价，由监理人按《标准施工招标文件》中"通用合同、条款"第3.5款商定或确定变更工作的单价。

(3) 已标价工程量清单中无适用或类似子目的单价，可按照成本加利润的原则，由监理人按《标准施工招标文件》中"通用合同、条款"第3.5款商定或确定变更工作的单价。

因此，正确选项是D。

68. A

【考点】 施工合同索赔的依据和证据。

【解析】 构成施工项目索赔条件的事件：

（1）发包人违反合同给承包人造成时间、费用的损失；

（2）因工程变更（含设计变更、发包人提出的工程变更、监理工程师提出的工程变更，以及承包人提出并经监理工程师批准的变更）造成的时间、费用损失；

（3）由于监理工程师对合同文件的歧义解释、技术资料不确切，或由于不可抗力导致施工条件的改变，造成了时间、费用的增加；

（4）发包人提出提前完成项目或缩短工期而造成承包人的费用增加；

（5）发包人延误支付期限造成承包人的损失；

（6）合同规定以外的项目进行检验，且检验合格，或非承包人的原因导致项目缺陷的修复所发生的损失或费用；

（7）非承包人的原因导致工程暂时停工；

（8）物价上涨，法规变化及其他。

因此，正确选项是 A。

69. D

【考点】 施工合同索赔的程序。

【解析】 根据九部委《标准施工招标文件》中的通用合同条款，承包人提出索赔的期限如下：

（1）承包人按合同约定接受了竣工付款证书后，应被认为已无权再提出在合同工程接收证书颁发前所发生的任何索赔。

（2）承包人按合同约定提交的最终结清申请单中，只限于提出工程接收证书颁发后发生的索赔。提出索赔的期限自接受最终结清证书时终止。

因此，正确选项是 D。

70. B

【考点】 施工信息管理的方法。

【解析】 管理类工程信息，如与投资控制、进度控制、质量控制、合同管理和信息管理有关的信息等。

因此，正确选项是 B。

二、多项选择题

71. B、C

【考点】 施工管理的管理职能分工。

【解析】 管理职能由多个环节组成，以下以一个示例来解释管理职能的含义：

（1）提出问题——通过进度计划值和实际值的比较，发现进度推迟了；

（2）筹划——加快进度有多种可能的方案，如改一班工作制为两班工作制，增加夜班作业，增加施工设备或改变施工方法，针对这几个方案进行比较；

(3) 决策——从上述几个可能的方案中选择一个将被执行的方案，如增加夜班作业；

(4) 执行——落实夜班施工的条件，组织夜班施工；

(5) 检查——检查增加夜班施工的决策有否被执行，如已执行，则检查执行的效果如何。

本题中 A 属于决策，D 属于检查，E 属于执行。

因此，正确选项是 B、C。

72. A、D

【考点】 施工组织设计的内容。

【解析】 施工部署及施工方案包括：

(1) 根据工程情况，结合人力、材料、机械设备、资金、施工方法等条件，全面部署施工任务，合理安排施工顺序，确定主要工程的施工方案；

(2) 对拟建工程可能采用的几个施工方案进行定性、定量的分析，通过技术经济评价，选择最佳方案。

因此，正确选项是 A、D。

73. B、C

【考点】 施工项目经理的任务和责任。

【解析】 项目经理应是承包人正式聘用的员工，承包人应向发包人提交项目经理与承包人之间的劳动合同，以及承包人为项目经理缴纳社会保险的有效证明。选项 A 错误。

项目经理应为合同当事人所确认的人选，并在专用合同条款中明确项目经理的姓名、职称、注册执业证书编号、联系方式及授权范围等事项，项目经理经承包人授权后代表承包人负责履行合同。选项 C 正确。

建筑施工企业项目经理（以下简称项目经理），是指受企业法定代表人委托对工程项目施工过程全面负责的项目管理者，是建筑施工企业法定代表人在工程项目上的代表人。选项 B 正确，选项 D、E 错误。

因此，正确选项是 B、C。

74. B、C、D

【考点】 施工项目经理的责任。

【解析】 项目经理应具有下列权限：

(1) 参与项目招标、投标和合同签订；

(2) 参与组建项目经理部；

(3) 主持项目经理部工作；

(4) 决定授权范围内的项目资金的投入和使用；

(5) 制定内部计酬办法；

(6) 参与选择并使用具有相应资质的分包人；

(7) 参与选择物资供应单位；

(8) 在授权范围内协调与项目有关的内、外部关系；

(9)法定代表人授予的其他权力。

因此,正确选项是 B、C、D。

75. A、B

【考点】 建筑安装工程费用计算方法。

【解析】 综合单价包括人工费、材料费、施工机具使用费、企业管理费和利润以及一定范围的风险费用。

因此,正确选项是 A、B。

76. A、B、C、D

【考点】 施工成本控制的方法。

【解析】 工人工作时间的分类如下图所示。

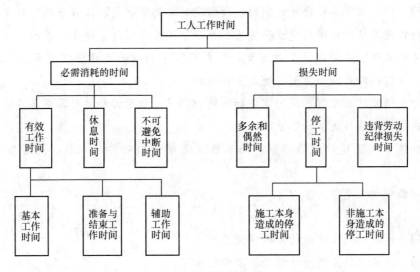

工人工作时间分类图

因此,正确选项是 A、B、C、D。

77. A、B、E

【考点】 施工成本管理的任务与措施。

【解析】 (1)项目管理必须实行施工成本核算制,它和项目经理责任制等共同构成了项目管理的运行机制。

(2)定期的成本核算是竣工工程全面成本核算的基础。

(3)形象进度、产值统计、实际成本归集三同步,即三者的取值范围应是一致的。

(4)对竣工工程的成本核算,应区分为竣工工程现场成本和竣工工程完全成本,分别由项目经理部和企业财务部门进行核算分析,其目的在于分别考核项目管理绩效和企业经营效益。

(5)施工成本一般以单位工程为成本核算对象。

因此,正确选项是 A、B、E。

78. A、B、C

【考点】 施工成本控制的方法。

【解析】 已完工作预算费用＝已完成工作量×预算单价＝9000×400＝360 万元。

已完工作实际费用＝已完成工作量×实际单价＝9000×500＝450 万元

计划工作预算费用＝计划工作量×预算单价＝8000×400＝320 万元

费用偏差＝已完工作预算费用－已完工作实际费用＝360－450＝－90 万元，费用超支。

进度偏差＝已完工作预算费用－计划工作预算费用＝360－320＝40 万元，进度提前。

因此，正确选项是 A、B、C。

79. A、B、C

【考点】 总进度目标。

【解析】 (1) 由于各种进度计划编制所需要的必要资料是在项目进展过程中逐步形成的，因此项目进度计划系统的建立和完善也有一个过程，它也是逐步完善的。

(2) 建设工程项目管理有多种类型，代表不同方利益的项目管理都有进度控制的任务，但是，其控制的目标和时间范畴是不相同的。

(3) 由于项目进度控制不同的需要和不同的用途，业主方和项目各参与方可以编制多个不同的建设工程项目进度计划系统。

(4) 如只重视进度计划的编制，而不重视进度计划必要的调整，则进度无法得到控制。

因此，正确选项是 A、B、C。

80. C、D、E

【考点】 实施性施工进度计划的作用。

【解析】 实施性施工进度计划的主要作用如下：

(1) 确定施工作业的具体安排；

(2) 确定（或据此可计算）一个月度或旬的人工需求（工种和相应的数量）；

(3) 确定（或据此可计算）一个月度或旬的施工机械的需求（机械名称和数量）；

(4) 确定（或据此可计算）一个月度或旬的建筑材料（包括成品、半成品和辅助材料等）的需求（建筑材料的名称和数量）；

(5) 确定（或据此可计算）一个月度或旬的资金的需求等

因此，正确选项是 C、D、E。

81. B、D、E

【考点】 工程网络计划的类型和应用。

【解析】 关键工作指的是网络计划中总时差最小的工作。当计划工期等于计算工期时，总时差为零的工作就是关键工作。本题关键工作为 C、E、I、L。工作 G 自由时差为 0，总时差为 2 天。

因此，正确选项是 B、D、E。

82. B、C、D

【考点】 施工进度控制的措施。

【解析】 施工方进度控制的管理措施如下：

（1）施工进度控制的管理措施涉及管理的思想、管理的方法、管理的手段、承发包模式、合同管理和风险管理等。

（2）用工程网络计划的方法编制进度计划。

（3）承发包模式的选择直接关系到工程实施的组织和协调。为了实现进度目标，应选择合理的合同结构。

（4）为实现进度目标，不但应进行进度控制，还应注意分析影响工程进度的风险，并在分析的基础上采取风险管理措施，以减少进度失控的风险量。

因此，正确选项是B、C、D。

83. B、D

【考点】 影响施工质量的主要因素。

【解析】 材料的因素：材料包括工程材料和施工用料，又包括原材料、半成品、成品、构配件和周转材料等。计量器具、工程设备以及安全防护设施属于机械的因素。

因此，正确选项是B、D。

84. A、B、C、D

【考点】 工程项目施工质量保证体系的建立和运行。

【解析】 质量成本可分为运行质量成本和外部质量保证成本。运行质量成本是指为运行质量体系达到和保持规定的质量水平所支付的费用，包括预防成本、鉴定成本、内部损失成本和外部损失成本。

因此，正确选项是A、B、C、D。

85. A、C

【考点】 工程质量事故分类。

【解析】 指导责任事故：指由于工程指导或领导失误而造成的质量事故。例如，由于工程负责人不按规范指导施工，强令他人违章作业，或片面追求施工进度，放松或不按质量标准进行控制和检验，降低施工质量标准等而造成的质量事故。B、D、E属于操作责任事故。

因此，正确选项是A、C。

86. B、C

【考点】 政府对施工质量的监督职能。

【解析】 主管部门实施监督检查时，有权采取下列措施：

（1）要求被检查的单位提供有关工程质量的文件和资料；

（2）进入被检查单位的施工现场进行检查；

（3）发现有影响工程质量的问题时，责令改正。

因此，正确选项是B、C。

87. A、B、D、E

【考点】 职业健康安全与环境管理的特点和要求。

【解析】 施工企业在其经营生产的活动中必须对本企业的安全生产负全面责任。

在工程施工阶段，施工企业应根据风险预防要求和项目的特点，制定职业健康安全生产技术措施计划。建设工程实行总承包的，由总承包单位对施工现场的安全生产负总责并自行完成工程主体结构的施工。分包单位应当接受总承包单位的安全生产管理，分包合同中应当明确各自的安全生产方面的权利、义务。分包单位不服从管理导致生产安全事故的，由分包单位承担主要责任，总承包和分包单位对分包工程的安全生产承担连带责任。

因此，正确选项是A、B、D、E。

88. A、C

【考点】 安全生产管理制度体系。

【解析】 依据《建设工程安全生产管理条例》第二十六条的规定：施工单位应当在施工组织设计中编制安全技术措施和施工现场临时用电方案，对下列达到一定规模的危险性较大的分部分项工程编制专项施工方案，并附具安全验算结果，经施工单位技术负责人、总监理工程师签字后实施，由专职安全生产管理人员进行现场监督，包括基坑支护与降水工程；土方开挖工程；模板工程；起重吊装工程；脚手架工程；拆除、爆破工程；国务院建设行政主管部门或者其他有关部门规定的其他危险性较大的工程。对前款所列工程中涉及深基坑、地下暗挖工程、高大模板工程的专项施工方案，施工单位还应当组织专家进行论证、审查。

因此，正确选项是A、C。

89. B、C、D

【考点】 职业健康安全事故的分类和处理。

【解析】 法律责任：

（1）不立即组织事故抢救；

（2）在事故调查处理期间擅离职守；

（3）迟报或者漏报事故；

（4）谎报或者瞒报事故；

（5）伪造或者故意破坏事故现场；

（6）转移、隐匿资金、财产，或者销毁有关证据、资料；

（7）拒绝接受调查或者拒绝提供有关情况和资料；

（8）在事故调查中作伪证或者指使他人作伪证；

（9）事故发生后逃匿；

（10）阻碍、干涉事故调查工作；

（11）对事故调查工作不负责任，致使事故调查工作有重大疏漏；

（12）包庇、袒护负有事故责任的人员或者借机打击报复；

（13）故意拖延或者拒绝落实经批复对事故责任人的处理意见。

事故发生单位及其有关人员有上述（4）～（9）条违法行为之一的，对事故发生单位处 100 万元以上 500 万元以下的罚款。

因此，正确选项是 B、C、D。

90. A、B、D

【考点】 施工发承包的主要类型。

【解析】 施工总承包管理模式与施工总承包模式相比具有以下优点：

(1) 合同总价不是一次确定，某一部分施工图设计完成以后，再进行该部分工程的施工招标，确定该部分工程的合同价，因此整个项目的合同总额的确定较有依据；

(2) 所有分包合同和分供货合同的发包，都通过招标获得有竞争力的投标报价，对业主方节约投资有利；

(3) 施工总承包管理单位只收取总包管理费，不赚总包与分包之间的差价；

(4) 业主对分包单位的选择具有控制权；

(5) 每完成一部分施工图设计，就可以进行该部分工程的施工招标，可以边设计边施工，可以提前开工，缩短建设周期，有利于进度控制。

因此，正确选项是 A、B、D。

91. B、D

【考点】 施工承包合同的主要内容。

【解析】 缺陷责任

(1) 承包人应在缺陷责任期内对已交付使用的工程承担缺陷责任；

(2) 缺陷责任期内，发包人对已接收使用的工程负责日常维护工作。发包人在使用过程中，发现已接收的工程存在新的缺陷或已修复的缺陷部位或部件又遭损坏的，承包人应负责修复，直至检验合格为止；

(3) 监理人和承包人应共同查清缺陷和（或）损坏的原因。经查明属承包人原因造成的，应由承包人承担修复和查验的费用。经查验属发包人原因造成的，发包人应承担修复和查验的费用，并支付承包人合理利润；

(4) 承包人不能在合理时间内修复缺陷的。发包人可自行修复或委托其他人修复，所需费用和利润的承担，根据缺陷和（或）损坏原因处理。

因此，正确选项是 B、D。

92. A、B、E

【考点】 总价合同。

【解析】 根据《建设工程施工合同（示范文本）》GF—2013—0201，合同双方可约定，在以下条件下可对合同价款进行调整：

(1) 法律、行政法规和国家有关政策变化影响合同价款；

(2) 工程造价管理部门公布的价格调整；

(3) 一周内非承包人原因停水、停电、停气造成的停工累计超过 8 小时；

(4) 双方约定的其他因素。

在工程施工承包招标时，施工期限一年左右的项目一般实行固定总价合同，通常不考

177

虑价格调整问题，以签订合同时的单价和总价为准，物价上涨的风险全部由承包商承担。但是对建设周期一年半以上的工程项目，则应考虑下列因素引起的价格变化问题：

（1）劳务工资以及材料费用的上涨；

（2）其他影响工程造价的因素，如运输费、燃料费、电力等价格的变化；

（3）外汇汇率的不稳定；

（4）国家或者省、市立法的改变引起的工程费用的上涨。

因此，正确选项是 A、B、E。

93. A、B、D、E

【考点】 施工合同跟踪与控制。

【解析】 施工合同跟踪，对承包的任务进行跟踪，主要应掌握：

（1）工程施工的质量，包括材料、构件、制品和设备等的质量，以及施工或安装质量是否符合合同要求等。

（2）工程进度是否在预定期限内施工，工期有无延长，延长的原因是什么等。

（3）工程数量是否按合同要求完成全部施工任务，有无合同规定以外的施工任务等。

（4）成本的增加和减少。

对业主和其委托的工程师（监理人）的工作进行跟踪，主要掌握：

（1）业主是否及时、完整地提供了工程施工的实施条件，如场地、图纸、资料等。

（2）业主和工程师（监理人）是否及时给予了指令、答复和确认等。

（3）业主是否及时并足额地支付了应付的工程款项。

因此，正确选项是 A、B、D、E。

94. A、C、E

【考点】 施工合同索赔的依据和证据。

【解析】 常见的索赔证据主要有：

（1）各种合同文件，包括施工合同协议书及其附件、中标通知书、投标书、标准和技术规范、图纸、工程量清单、工程报价单或者预算书、有关技术资料和要求、施工过程中的补充协议等。

（2）经过发包人或者工程师（监理人）批准的承包人的施工进度计划、施工方案、施工组织设计和现场实施情况记录。

（3）施工日记和现场记录，包括有关设计交底、设计变更、施工变更指令，工程材料和机械设备的采购、验收与使用等方面的凭证及材料供应清单、合格证书，工程现场水、电、道路等开通、封闭的记录，停水、停电等各种干扰事件的时间和影响记录等。

（4）工程有关照片和录像等。

（5）备忘录，对工程师（监理人）或业主的口头指示和电话应随时用书面记录，并请给予书面确认。

（6）发包人或者工程师（监理人）签认的签证。

（7）工程各种往来函件、通知、答复等。

(8) 工程各项会议纪要。

(9) 发包人或者工程师（监理人）发布的各种书面指令和确认书，以及承包人的要求、请求、通知书等。

(10) 气象报告和资料，如有关温度、风力、雨雪的资料。

(11) 投标前发包人提供的参考资料和现场资料。

(12) 各种验收报告和技术鉴定等。

(13) 工程核算资料、财务报告、财务凭证等。

(14) 其他，如官方发布的物价指数、汇率、规定等。

因此，正确选项是 A、C、E。

95. B、C、D、E

【考点】 施工文件归档管理的主要内容。

【解析】 工程质量控制资料是建设工程施工全过程全面反映工程质量控制和保证的依据性证明资料。应包括：

(1) 工程项目原材料、构配件、成品、半成品和设备的出厂合格证及进场检（试）验报告；

(2) 施工试验记录和见证检测报告；

(3) 隐蔽工程验收记录文件；

(4) 检查记录。

因此，正确选项是 B、C、D、E。

2016年度二级建造师执业资格考试试卷

一、**单项选择题**（共70题，每题1分。每题的备选项中，只有1个最符合题意）

1. 关于建设工程项目管理的说法，正确的是（   ）。

   A. 业主方是建设工程项目生产过程的总集成者，工程总承包方是建设工程项目生产过程的总组织者

   B. 建设项目工程总承包方的项目管理工作不涉及项目设计准备阶段

   C. 供货方项目管理的目标包括供货方的成本目标、供货的进度和质量目标

   D. 建设项目工程总承包方管理的目标只包括总承包方的成本目标、项目的进度和质量目标

2. 项目设计准备阶段的工作包括（   ）。

   A. 编制项目建议书 B. 编制项目可行性研究报告
   C. 编制项目初步设计 D. 编制项目设计任务书

3. 某施工企业组织结构如下图所示，关于该组织结构模式特点的说法，正确的是（   ）。

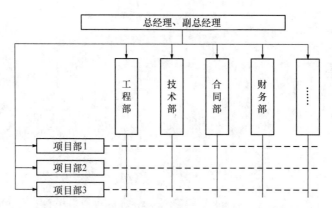

   A. 每一项纵向和横向交汇的工作只有一个指令源

   B. 当纵向和横向工作部门的指令发生矛盾时，以横向部门指令为主

   C. 当纵向和横向工作部门的指令发生矛盾时，由总经理进行决策

   D. 当纵向和横向工作部门的指令发生矛盾时，以纵向部门指令为主

4. 当管理职能分工表不足以明确每个工作部门的管理职能时，还可以辅助使

用（   ）。

  A. 岗位责任描述书   B. 工作任务分工表

  C. 管理职能分工描述书   D. 工作任务分工描述书

5. 需要编制单位工程施工组织设计的工程项目是（   ）。

  A. 新建居民小区工程   B. 工厂整体搬迁工程

  C. 拆除工程定向爆破工程   D. 发电厂干灰库烟囱工程

6. 分析和论证施工成本目标实现的可能性，并对施工成本目标进行分解是通过（   ）进行的。

  A. 编制施工成本比较报表   B. 编制工作任务分工表

  C. 编制施工组织设计   D. 编制施工成本规划

7. 运用动态控制原理控制施工质量时，质量目标不仅包括各分部分项工程的施工质量，还包括（   ）。

  A. 设计图纸的质量   B. 材料及设备的质量

  C. 业主的决策质量   D. 施工计划的质量

8. 关于施工项目经理的地位、作用的说法，正确的是（   ）。

  A. 项目经理是一种专业人士的名称

  B. 项目经理的管理任务不包括项目的行政管理

  C. 项目经理是企业法定代表人在项目上的代表人

  D. 没有取得建造师执业资格的人员也可担任施工项目的项目经理

9. 根据《建设工程项目管理规范》GB/T 50326—2006，施工项目经理具有的权限是（   ）。

  A. 编制项目管理实施规划   B. 制定内部计酬办法

  C. 参与工程竣工验收   D. 对资源进行动态管理

10. 根据《建设工程项目管理规范》GB/T 50326—2006，若经评估材料价格上涨的风险发生的可能性中等，且造成的后果属于重大损失，则此种风险等级评估为（   ）等风险。

  A. 2   B. 3

  C. 4   D. 5

11. 专业监理工程师发现工程设计不符合建筑工程质量标准，该监理工程师的正确做法是（   ）。

A. 要求设计院进行设计变更 B. 下达设计整改通知单
C. 报告建设单位要求设计院改正 D. 下达停工令

12. 对于采用新材料、新工艺及新设备的工程项目，承担其监理业务的项目监理机构除了编制工程建设监理规划之外，还应编制（ ）。
A. 工程建设监理大纲 B. 工程建设监理实施规划
C. 工程建设监理实施细则 D. 工程建设监理实施方案

13. 根据《建筑安装工程费用项目组成》（建标［2013］44 号），因病而按计时工资标准的一定比例支付的工资属于（ ）。
A. 津贴补贴 B. 特殊情况下支付的工资
C. 医疗保险费 D. 职工福利费

14. 根据《建设工程工程量清单计价规范》GB 50500—2013，投标时不能作为竞争性费用的是（ ）。
A. 夜间施工增加费 B. 冬雨季施工增加费
C. 安全文明施工费 D. 已完工程保护费

15. 对于同类型产品规格多、工序重复、工作量小的施工过程，编制人工定额宜采用的方法是（ ）。
A. 经验估价法 B. 比较类推法
C. 技术测定法 D. 统计分析法

16. 施工企业在投标报价时，周转性材料的消耗量应按（ ）计算。
A. 摊销量 B. 一次使用量
C. 周转使用次数 D. 每周转使用一次的损耗量

17. 斗容量 1m³ 反铲挖土机，挖三类土，装车，挖土深度 2m 以内，小组成员两人，机械台班产量为 4.56（定额单位 100m³），则用该机械挖土 100m³ 的人工时间定额为（ ）。
A. 0.22 工日 B. 0.44 工日
C. 0.22 台班 D. 0.44 台班

18. 根据《建设工程工程量清单计价规范》GB 50500—2013，对于任一招标工程量清单项目，如果因业主方变更的原因导致工程量偏差，则调整原则为（ ）。
A. 当工程量增加超过 15% 以上时，其增加部分的工程量单价应予调低

B. 当工程量增加超过15%以上时，其增加部分的工程量单价应予调高

C. 当工程量减少超过10%以上时，其相应部分的措施费应予调低

D. 当工程量增加超过15%以上时，其相应部分的措施费应予调高

19. 根据《建设工程工程量清单计价规范》GB 50500—2013，在施工中因发包人原因导致工期延误的，计划进度日期后续工程的价格调整原则是（   ）。

   A. 采用计划进度日期与实际进度日期两者的较高者

   B. 采用计划进度日期与实际进度日期两者的较低者

   C. 如果没有超过15%，则不作调整

   D. 应采用造价信息差额调整法

20. 某工程由于业主方征地拆迁没有按期完成，监理工程师下令暂停施工一个月，独立承包人除提出人工费、材料费、施工机械使用费索赔外，还可以索赔的费用是（   ）。

   A. 现场管理费、保险费、保函手续费、利息、企业管理费

   B. 现场管理费、保险费、保函手续费、企业管理费、措施项目费

   C. 保险费、保函手续费、利息、企业管理费、安全文明施工费

   D. 现场管理费、保险费、保函手续费、企业管理费、分包费用

21. 某工程合同金额4000万元，工程预付款为合同金额的20%，主要材料、构件占合同金额的比重为50%，预付款的扣回方式为：从未完施工工程尚需的主要材料及构件的价值相当于工程预付款数额时开始扣回，则该工程预付款的起扣点是（   ）万元。

   A. 1600　　　　　　　　　　　　B. 2000

   C. 2400　　　　　　　　　　　　D. 3200

22. 建设项目施工成本考核的主要指标包括（   ）。

   A. 责任成本降低额和责任成本降低率

   B. 预算成本降低额和预算成本降低率

   C. 施工成本降低额和施工成本降低率

   D. 施工成本动态变化额和施工成本动态变化率

23. 关于施工预算和施工图预算比较的说法，正确的是（   ）。

   A. 施工预算的编制以施工定额为依据，施工图预算的编制以预算定额为依据

   B. 施工预算既适用于建设单位，也适用于施工单位

   C. 施工预算是投标报价的依据，施工图预算是施工企业组织生产的依据

   D. 编制施工预算依据的定额比编制施工图预算依据的定额粗略一些

24. 某工程按月编制的成本计划如下图所示,若6月、8月实际成本为1000万元和700万元,其余月份的实际成本与计划成本均相同,关于该工程施工成本的说法,正确的是( )。

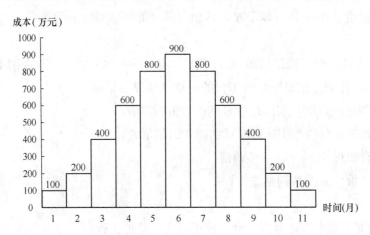

A. 第6月末计划成本累计值为3100万元
B. 第8月末计划成本累计值为4500万元
C. 第6月末实际成本累计值为3000万元
D. 第8月末实际成本累计值为4600万元

25. 施工成本控制的工作包括:①按实际情况估计完成项目所需的总费用;②分析产生成本偏差的原因;③对工程的进展进行跟踪和检查;④将施工成本计划值与实际值逐项进行比较;⑤采取纠偏措施,其正确的工作步骤是( )。

A. ③→②→①→④→⑤   B. ④→②→③→⑤→①
C. ③→④→②→①→⑤   D. ④→②→①→⑤→③

26. 在工程项目的施工阶段,对现场用到的钢钉、钢丝等零星材料的用量控制,宜采用的控制方法是( )。

A. 定额控制   B. 指标控制
C. 计量控制   D. 包干控制

27. 某地下工程施工合同约定,3月份计划开挖土方量40000m³,合同单价为90元/m³;3月份实际开挖土方量38000m³,实际单价为80元/m³。则至3月底,该工程的进度偏差为( )万元。

A. 18   B. -18
C. 16   D. -16

28. 建设工程项目总进度目标论证的工作包括:①进行项目结构分析;②调查研究和

收集资料；③编制各层进度计划；④协调各层进度计划的关系和编制总进度计划；⑤确定项目的工作编码，其正确的工作步骤是（　　）。

A. ①→③→④→②→⑤   B. ①→④→②→⑤→③
C. ②→①→⑤→③→④   D. ②→③→①→④→⑤

29. 施工中可作为整个项目进度控制的纲领性文件，并且作为组织和指挥施工依据的是（　　）。

A. 施工承包合同   B. 项目年度施工进度计划
C. 实施性施工进度计划   D. 控制性施工进度计划

30. 关于横道图进度计划的说法，正确的是（　　）。

A. 可用于计算资源需要量
B. 尤其适用于较大的进度计划系统
C. 各项工作必须按照时间先后进行排序
D. 不能将工作简要说明直接放在横道图上

31. 某网络计划中，已知工作 M 的持续时间为 6d，总时差和自由时差分别为 3d 和 1d；检查中发现该工作实际持续时间为 9d，则其对工程的影响是（　　）。

A. 既不影响总工期，也不影响其紧后工作的正常进行
B. 不影响总工期，但使其紧后工作的最早开始时间推迟 2d
C. 使其紧后工作的最迟开始时间推迟 3d，并使总工期延长 1d
D. 使其紧后工作的最早开始时间推迟 1d，并使总工期延长 3d

32. 某双代号网络计划如下图所示，其关键线路为（　　）。

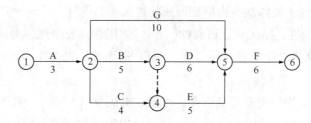

A. ①－②－⑤－⑥   B. ①－②－③－④－⑤
C. ①－②－④－⑤－⑥   D. ①－②－③－⑤－⑥

33. 某网络计划中，工作 A 有两项紧后工作 C 和 D，C、D 工作的持续时间分别为 12d、7d，C、D 工作的最迟完成时间分别为第 18d、第 10d，则工作 A 的最迟完成时间是第（　　）d。

A. 3 B. 5
C. 6 D. 8

34. 某网络计划中,工作 Q 有两项紧前工作 M、N,M、N 工作的持续时间分别为 4d、5d,M、N 工作的最早开始时间分别为第 9d、第 11d,则工作 Q 的最早开始时间是第（ ）d。
A. 9 B. 13
C. 15 D. 16

35. 某工程有 A、B、C、D、E 五项工作,其逻辑关系为 A、B、C 完成后 D 开始,C 完成后 E 才能开始。则据此绘制的双代号网络图是（ ）。

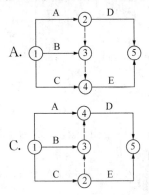
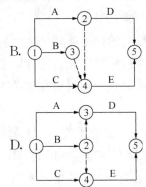

36. 下列施工方进度控制的措施中,属于组织措施的是（ ）。
A. 编制进度控制工作流程 B. 优选施工方案
C. 重视信息技术的应用 D. 应用工程网络技术编制进度计划

37. 施工质量特性主要体现在由施工形成的建筑产品的（ ）。
A. 适用性、安全性、耐久性、可靠性 B. 适用性、安全性、美观性、耐久性
C. 安全性、耐久性、美观性、可靠性 D. 适用性、先进性、耐久性、可靠性

38. 影响施工质量的五大要素是指人、材料、机械及（ ）。
A. 方法与设计方案 B. 投资额与合同工期
C. 投资额与环境 D. 方法与环境

39. 工程质量缺陷按修补方案处理后,仍无法保证达到规定的使用和安全要求,又无法返工处理的,其正确的处理方式是（ ）。
A. 不做处理 B. 报废处理
C. 限制使用 D. 加固处理

40. 第三方认证机构对施工企业质量管理体系实施的监督管理应每（   ）进行一次。
   A. 三个月   B. 半年
   C. 一年   D. 三年

41. 为保证工程质量，材料供应商必须提供《生产许可证》的材料是（   ）。
   A. 建筑用石   B. 预应力混凝土用钢材
   C. 建筑用砂   D. 防水涂料

42. 为保证工程质量，施工单位应对进场钢筋抽取试样进行（   ）的力学性能试验。
   A. 拉伸和抗剪   B. 冷弯和抗压
   C. 冷弯和抗剪   D. 拉伸和冷弯

43. 项目开工前的技术交底书应由施工项目技术人员编制，经（   ）批准实施。
   A. 项目经理   B. 项目技术负责人
   C. 总监理工程师   D. 专业监理工程师

44. 施工过程中，施工单位必须认真进行施工测量复核工作，并应将复核结果报送（   ）复验确认。
   A. 监理工程师   B. 项目经理
   C. 建设单位项目负责人   D. 项目技术负责人

45. 某工程混凝土浇筑过程中发生脚手架倒塌，造成 11 名施工人员当场死亡。此次工程质量事故等级应认定为（   ）。
   A. 特别重大事故   B. 重大事故
   C. 较大事故   D. 一般事故

46. 由于工程负责人不按规范指导施工、随意压缩工期造成的质量事故，按事故责任分类，属于（   ）。
   A. 指导责任事故   B. 操作责任事故
   C. 自然灾害事故   D. 技术责任事故

47. 政府质量监督机构在监督检查过程中发现门窗工程质量不合格，并查实是承包商原因造成，则应签发（   ）。
   A. 质量问题整改通知单   B. 全部暂停施工指令单

C. 临时收缴资质证书通知单　　　　D. 吊销资质证书通知单

48. 在施工过程中，除不定期的监督检查外，质量监督机构还应每月安排监督检查的是（　　）。
    A. 基础工程　　　　　　　　　　B. 屋面防水工程
    C. 外装修工程　　　　　　　　　D. 室内管网工程

49. 关于施工企业职业健康安全与环境管理要求的说法，正确的是（　　）。
    A. 取得安全生产许可证的施工企业，可以不设立安全生产管理机构
    B. 企业法定代表人是安全生产的第一负责人，项目经理是施工项目生产的主要负责人
    C. 建设工程实行总承包的，分包合同中明确各自安全生产方面的权利和义务，分包单位发生安全生产事故时，总承包单位不承担连带责任
    D. 建设工程项目中防治污染的设施，经监理单位验收合格后方可投入使用

50. 施工企业职业健康安全与环境管理体系的管理评审是（　　）。
    A. 管理体系接受政府监督的一种体制
    B. 企业最高管理者对管理体系的系统评价
    C. 管理体系自我保证和自我监督的一种机制
    D. 对企业执行相关法律情况的评价

51. 根据《建设工程安全生产管理条例》，施工单位应对达到一定规模的危险性较大的分部分项工程编制专项施工方案，经施工单位技术负责人和（　　）签字后实施。
    A. 项目经理　　　　　　　　　　B. 项目技术负责人
    C. 建设单位项目负责人　　　　　D. 总监理工程师

52. 某施工现场发生触电事故后，对现场人员进行了安全用电操作教育，并在现场设置了漏电开关，还对配电箱、电路进行了防护改造。这体现了施工安全隐患处理的（　　）原则。
    A. 冗余安全处理　　　　　　　　B. 预防与减灾并重处理
    C. 单项隐患综合处理　　　　　　D. 直接隐患与间接隐患并治

53. 某项目部针对现场脚手架拆除作业而制定的事故应急预案称为（　　）。
    A. 综合应急预案　　　　　　　　B. 专项应急预案
    C. 现场处置预案　　　　　　　　D. 现场应急预案

54. 下列生产安全事故应急预案中，应报同级人民政府和上一级安全生产监督管理部门备案的是（　）。

  A. 地方建设行政主管部门的应急预案

  B. 地方各级安全生产监督管理部门的应急预案

  C. 中央管理的企业集团的应急预案

  D. 特级施工总承包企业的应急预案

55. 根据文明工地标准，施工现场必须设置"五牌一图"，其中的"一图"是（　）。

  A. 施工进度网络图 　　　　　　　　B. 大型施工机械布置图

  C. 施工现场平面布置图　　　　　　D. 安全管理流程图

56. 关于施工现场文明施工和环境保护的说法，正确的是（　）。

  A. 施工现场要实行半封闭式管理

  B. 沿工地四周连续设置高度不低于 1.5m 的围挡

  C. 集体宿舍与作业区隔离，人均床铺面积不小于 $1.5m^2$

  D. 施工现场主要场地应硬化

57. 关于施工总承包管理合同价格的说法，正确的是（　）。

  A. 施工总承包管理合同价应该在建安工程总造价确定后按费率进行计取

  B. 施工总承包管理单位除收取总包管理费外，还需计取总包、分包单位的差价

  C. 总承包管理合同总价不是一次确定，可在某一部分施工图设计完成后，确定该部分工程的合同价

  D. 所有分包合同和分供货合同由总承包管理单位确定，不需进行投标报价

58. 关于招标信息发布与修正的说法，正确的是（　）。

  A. 招标人或其委托的招标代理机构只能在一家指定的媒介发布招标公告

  B. 自招标文件出售之日起至停止出售之日止，最短不得少于 3 日

  C. 招标人在发布招标公告或发出投标邀请书后，不得擅自终止招标

  D. 招标人对已发出的招标文件进行修改，应当在招标文件要求提交投标文件截止时间至少 5 日前发出。

59. 关于施工总承包模式特点的说法，正确的是（　）。

  A. 在开工前就有明确的合同价，有利于业主对总造价的早期控制

  B. 施工总承包单位负责项目总进度计划的编制、控制、协调

  C. 项目质量取决于业主的管理水平和施工总承包单位的技术水平

  D. 业主需负责施工总承包单位和分包单位的管理和组织协调

60. 下列暂停施工的情形中,不属于承包人应当承担责任的是( )。
A. 为保证钢结构构件进场,暂停进场线路上的结构施工
B. 未及时发放劳务工工资造成的工程施工暂停
C. 迎接地方安全检查造成的工程施工暂停
D. 业主方提供设计图纸延误造成的工程施工暂停

61. 关于缺陷责任和保修责任的说法,正确的是( )。
A. 在全部工程竣工验收前,已经发包人提前验收的单位工程,其缺陷责任期的起算日期按实际竣工验收日期起计算
B. 缺陷责任期内,承包人对已经接收使用的工程负责日常维护工作
C. 由于承包人原因造成某项工程设备无法按原定目标使用而需要再次修复的,发包人有权要求承包人相应延长缺陷责任期,最长不得超过 12 个月
D. 在缺陷责任期,包括根据合同规定延长的期限终止后 14 天内,由监理人向承包人出具经发包人签认的缺陷责任期终止证书,并退还剩余的质量保证金

62. 下列合同履约情形中,属于发包人违约的情形是( )。
A. 因地震造成工程停工的
B. 发包人支付合同进度款后,承包人未及时发放给民工的
C. 发包人提供的测量资料错误导致承包人工程返工的
D. 监理人无正当理由未在约定期限内发出复工指示,导致承包人无法复工的

63. 关于总价合同的说法,正确的是( )。
A. 总价合同适用于工期要求紧的项目,业主可在初步设计完成后进行招标,从而缩短招标准备时间
B. 固定总价合同中可以约定,在发生重大工程变更时可以对合同价格进行调整
C. 工程施工承包招标时,施工期限一年左右的项目一般采用变动总价合同
D. 变动总价合同中,通货膨胀等不可预见因素的风险由承包商承担

64. 关于成本加奖金合同的说法,正确的是( )。
A. 奖金是按照报价书的成本估算指标制定的,合同中对估算指标规定的底点为工程成本估算的 50%~95%
B. 奖金是按照报价书的成本估算指标制定的,合同中对估算指标规定的顶点为工程成本估算的 100%~155%
C. 承包商在估算成本底点以下完成工程时,也不能加大酬金值或酬金百分比
D. 承包商在估算成本顶点以上完成工程时,对承包商的最大罚款额度不超过原先商定的最高酬金值

65. 下列工程项目中，宜采用成本加酬金合同的是（   ）。
    A. 工程量暂不确定的工程项目
    B. 时间特别紧迫的抢险、救灾工程项目
    C. 工程设计详细，图纸完整、清楚，工程任务和范围明确的工程项目
    D. 工程结构和技术简单的工程项目

66. 下列合同实施偏差分析的内容中，不属于合同实施趋势分析的是（   ）。
    A. 总工期的延误   B. 总成本的超支
    C. 最终工程经济效益水平   D. 项目管理团队绩效奖惩

67. 根据《建设工程工程量清单计价规范》GB 50500—2013，关于因变更引起的价格调整的说法，正确的是（   ）。
    A. 已标价工程量清单中有适用于变更工作的子目的，承包人可根据当前市场价格进行重新报价
    B. 已标价工程量清单中没有适用于变更工作的子目或类似子目的，承包人可以按照成本加利润的原则进行重新报价
    C. 已标价工程量清单中没有适用于变更工作的子目的，但有类似子目的，由承包人参照类似子目确定变更工作单价
    D. 已标价工程量清单中没有适用于变更工作的子目的，但有类似子目的，由发包人参照类似子目确定变更工作单价

68. 关于施工合同索赔的说法，正确的是（   ）。
    A. 业主必须通过监理单位向承包人提出索赔要求
    B. 承包人可以直接向业主提出索赔要求
    C. 承包人接受竣工付款证书后，仍有权提出在证书颁发前发生的任何索赔
    D. 承包人提出索赔要求时，业主可以进行追加处罚

69. 关于对承包人索赔文件审核的说法，正确的是（   ）。
    A. 监理人收到承包人提交的索赔通知书后，应及时转交发包人，监理人无权要求承包人提交原始记录
    B. 监理人根据发包人的授权，在收到索赔通知书的60天内，将索赔处理结果答复承包人
    C. 承包人接受索赔处理结果的，发包人应在索赔处理结果答复后28天内完成赔付
    D. 承包人不接受索赔处理结果的，应直接向法院起诉索赔

70. 国际工程管理领域中，信息管理的核心指导文件是（   ）。
    A. 技术标准   B. 信息编码体系

C. 信息管理手册　　　　　　D. 工程档案管理制度

二、多项选择题（共25题，每题2分。每题的备选项中，有2个或2个以上符合题意，至少有1个错项。错选，本题不得分；少选，所选的每个选项得0.5分）

71. 承包商对工程的成本控制、进度控制、质量控制、合同管理和信息管理等管理工作进行编码的基础有（　　）。

   A. 管理职能分工表　　　　　B. 工作任务分工表
   C. 工作流程图　　　　　　　D. 项目结构的编码
   E. 项目结构图

72. 施工组织总设计、单位工程施工组织设计及分部（分项）工程施工组织设计都具备的内容有（　　）。

   A. 工程概况　　　　　　　　B. 施工进度计划
   C. 各项资源需求量计划　　　D. 施工部署
   E. 主要技术经济指标

73. 根据《建设工程项目管理规范》GB/T 50326—2006，项目经理的职责有（　　）。

   A. 建立项目管理体系　　　　B. 确保项目资金落实到位
   C. 主持工程竣工验收　　　　D. 主持编制项目管理实施规划
   E. 接受项目审计

74. 根据《建设工程施工合同（示范文本）》GF—2013—0201，关于施工项目经理的说法，正确的有（　　）。

   A. 承包人应向发包人提交与项目经理的劳动合同以及为其缴纳社会保险的有效证明
   B. 承包人应在通用合同条款中明确项目经理的姓名、职称、注册执业证书编号等事项
   C. 承包人未经发包人书面同意，不能擅自更换项目经理
   D. 承包人接到发包人更换项目经理的书面通知后，应在14天内向发包人提出书面改进报告
   E. 项目经理因特殊情况授权下属履行其职责时，必须提前48小时通知监理人及发包人

75. 根据《建设工程工程量清单计价规范》GB 50500—2013，工程量清单中的其他项目清单包含的内容有（　　）。

   A. 暂列金额　　　　　　　　B. 安全文明施工费
   C. 总承包服务费　　　　　　D. 暂估价

E. 计日工

76. 下列工作时间中，属于施工机械台班使用定额中必需消耗的时间有（　　）。

A. 正常负荷下机械的有效工作时间

B. 有根据地降低负荷下的有效工作时间

C. 机械操作工人加班工作的时间

D. 不可避免的无负荷工作时间

E. 工序安排不合理造成的机械停工时间

77. 下列施工成本管理措施中，属于经济措施的有（　　）。

A. 及时落实业主签证

B. 通过偏差分析找出成本超支潜在问题

C. 使用添加剂降低水泥消耗

D. 选用合适的合同结构

E. 采用新材料降低成本

78. 关于赢得值法及相关评价指标的说法，正确的有（　　）。

A. 进度偏差为负值时，表示实际进度快于计划进度

B. 赢得值法可定量判断进度、费用的执行效果

C. 费用（进度）偏差适于在同一项目和不同项目比较中采用

D. 理想状态是已完工作实际费用、计划工作预算费用和已完工作预算费用三条曲线靠得很近并平稳上升

E. 采用赢得值法可以克服进度、费用分开控制的缺点

79. 业主方编制的由不同深度的计划构成的进度计划系统包括（　　）。

A. 总进度计划　　　　　　　　B. 控制性进度计划

C. 年度进度计划　　　　　　　D. 单项工程进度计划

E. 项目子系统进度计划

80. 关于实施性施工进度计划及其作用的说法，正确的有（　　）。

A. 可以论证项目进度目标　　　　B. 可以确定里程碑事件的进度目标

C. 可以确定项目的年度资金需求　D. 可以确定施工作业的具体安排

E. 以控制性施工进度计划为依据编制

81. 某单代号网络计划如下图，其关键线路有（　　）。

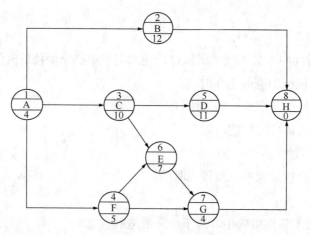

A. ①—②—⑧
B. ①—③—⑤—⑧
C. ①—③—⑥—⑦—⑧
D. ①—④—⑦—⑧
E. ①—④—⑥—⑦—⑧

82. 施工进度计划检查的内容包括（　　）。

A. 工程量的完成情况
B. 工作时间的执行情况
C. 实际进度与计划进度的偏差
D. 前一次检查提出问题的整改情况
E. 资源使用及进度保证的情况

83. 施工质量控制的特点有（　　）。

A. 需要控制的因素多
B. 控制的难度大
C. 过程控制要求高
D. 终检局限性大
E. 结果控制要求高

84. 施工质量保证体系中，属于工作保证体系内容的有（　　）。

A. 明确工作任务
B. 编制质量计划
C. 成立质量管理小组
D. 分解质量目标
E. 建立工作制度

85. 下列引发工程质量事故的原因中，属于管理原因的有（　　）。

A. 施工方法选用不当
B. 质量控制不严格
C. 检验制度不严密
D. 盲目追求利润而不顾质量
E. 特大暴雨导致质量不合格

86. 政府质量监督管理的内容有（　　）。

A. 抽查主要建筑材料的质量
B. 监督工程竣工验收

C. 依法处罚违法违规行为 D. 定期统计分析本地区工程质量情况
E. 抽查施工进度计划的执行情况

87. 职业健康安全与环境管理体系的作业文件一般包括（   ）。
A. 作业指导书 B. 管理规定
C. 绩效报告 D. 监测活动准则
E. 程序文件引用的表格

88. 根据《建设工程安全生产管理条例》，施工单位应当组织专家对专项施工方案进行论证、审查的分部分项工程有（   ）。
A. 起重吊装工程 B. 深基坑工程
C. 拆除工程 D. 高大模板工程
E. 地下暗挖工程

89. 关于施工生产安全事故报告的说法，正确的有（   ）。
A. 施工单位负责人在接到事故报告后，2小时内向上级报告事故情况
B. 特别重大事故应逐级上报至国务院安全生产监督管理部门和负有安全生产监督管理职责的有关部门
C. 重大事故应逐级上报至省、自治区、直辖市人民政府安全生产监督管理部门和负有安全生产监督管理职责的有关部门
D. 一般事故应上报至设区的市级人民政府安全生产监督管理部门和负有安全生产监督管理职责的有关部门
E. 对于需逐级上报的事故，每级安全生产监督管理部门上报的时间不得超过2小时

90. 根据现行规定，应该招标的建设工程经批准可以采用邀请招标方式确定承包人的项目有（   ）。
A. 有特殊要求，只有少量几家潜在投标人可供选择的
B. 受自然地域环境限制的
C. 涉及抢险救灾的
D. 公开招标费用过低的
E. 涉及国家秘密的

91. 根据《标准施工招标文件》通用合同条款，关于工程进度款支付的说法，正确的有（   ）。
A. 承包人应在每个付款周期末，向监理人提交进度付款申请单及相应的支持性证明文件
B. 监理人应在收到进度付款申请单和证明文件的7天内完成核查，并经发包人同意

后，出具经发包人签认的进度付款证书

C. 监理人无权扣发承包人未按合同要求履行的工作的相应金额，应提交发包人进行裁决

D. 发包人应在签发进度付款证书后的 28 天内，将进度应付款支付给承包人

E. 监理人出具进度付款证书，不应视为监理人已同意、接受承包人完成的该部分工作

92. 某单价合同的投标报价单中，钢筋混凝土工程量为 1000m^3，投标单价为 300 元/m^3，合价为 30000 元；投标报价单的总报价为 8100000 元。关于此投标报价单的说法，正确的有（　　）。

A. 钢筋混凝土的合价应该是 300000 元，投标人报价存在明显计算错误，业主可以先作修改再进行评标

B. 评标时应根据单价优先原则对总报价进行修正，正确报价应该为 8400000 元

C. 实际施工中工程量是 2000m^3，则钢筋混凝土工程的价款金额应该是 600000 元

D. 该单价合同若采用固定单价合同，无论发生影响价格的任何因素，都不对该投标单价进行调整

E. 该单价合同若采用变动单价合同，双方可以约定在实际工程量变化较大时对该投标单价进行调整

93. 根据《标准施工招标文件》，合同履行中可以进行工程变更的情形有（　　）。

A. 改变合同工程的标高

B. 改变合同中某项工作的施工时间

C. 取消合同中某项工作，转由发包人实施

D. 改变合同中某项工作的质量标准

E. 为完成工程追加的额外工作

94. 可以作为施工合同索赔证据的工程资料有（　　）。

A. 施工标准和技术规范　　　　B. 工程会议纪要

C. 业主的口头指示　　　　　　D. 施工技术交底书

E. 官方发布的物价指数

95. 关于施工文件归档的说法，正确的有（　　）。

A. 归档可以分阶段分期进行

B. 工程档案一般不少于两套

C. 工程档案原件由建设单位保管

D. 施工单位应在工程竣工验收后将工程档案向监理单位归档

E. 监理单位应对施工单位收齐的工程立卷文件进行审查

2016 年度参考答案及解析

一、单项选择题

1. C

【考点】 建设工程项目管理的类型。

【解析】 业主方是建设工程项目生产过程的总集成者，业主方也是建设工程项目生产过程的总组织者。

建设项目总承包有多种形式，如设计和施工任务综合的承包，设计、采购和施工任务综合的承包（简称 EPC 承包）等，它们的项目管理都属于建设项目总承包方的项目管理。

供货方作为项目建设的一个参与方，其项目管理主要服务于项目的整体利益和供货方本身的利益。其项目管理的目标包括供货方的成本目标、供货的进度目标和供货的质量目标。

建设项目工程总承包方作为项目建设的一个参与方，其项目管理主要服务于项目的利益和建设项目总承包方本身的利益。其项目管理的目标包括项目的总投资目标和总承包方的成本目标、项目的进度目标和项目的质量目标。

因此，正确选项是 C。

2. D

【考点】 建设工程项目管理的类型。

【解析】

					时间
决策阶段	设计准备阶段	设计阶段	施工阶段	动用前准备阶段	保修阶段
编制项目建议书 / 编制可行性研究报告	编制设计任务书	初步设计 / 技术设计 / 施工图设计	施工	竣工验收 / 动用开始	保修期结束
项目决策阶段	项目实施阶段				

因此，正确选项是 D。

3. D

【考点】 施工管理的组织结构。

【解析】 题中的图是以纵向工作部门指令为主的矩阵组织结构。

在矩阵组织结构中，每一项纵向和横向交汇的工作指令来自于纵向和横向两个工作部门，因此其指令源为两个。当纵向和横向工作部门的指令发生矛盾时，以纵向工作部门指令为主。

因此，正确选项是 D。

4. C

【考点】 施工管理的管理职能分工。

【解析】 如果使用管理职能分工表还不足以明确每个工作部门的管理职能，则可辅以使用管理职能分工描述书。

因此，正确选项是 C。

5. D

【考点】 施工组织设计的内容。

【解析】 单位工程施工组织设计是以单位工程（如一栋楼房、一个烟囱、一段道路、一座桥等）为对象编制的，在施工组织总设计的指导下，由直接组织施工的单位根据施工图设计进行编制，用以直接指导单位工程的施工活动，是施工单位编制分部（分项）工程施工组织设计和季、月、旬施工计划的依据。

因此，正确选项是 D。

6. D

【考点】 动态控制方法在施工管理中的应用。

【解析】 施工成本目标的分解指的是通过编制施工成本规划，分析和论证施工成本目标实现的可能性，并对施工成本目标进行分解。

因此，正确选项是 D。

7. B

【考点】 动态控制方法在施工管理中的应用。

【解析】 质量目标不仅是各分部分项工程的施工质量，它还包括材料、半成品、成品和有关设备等的质量。

因此，正确选项是 B。

8. C

【考点】 施工方项目经理的任务和责任。

【解析】 建筑施工企业项目经理，是指受企业法定代表人委托对工程项目施工过程全面负责的项目管理者，是建筑施工企业法定代表人在工程项目上的代表人。建造师是一种专业人士的名称，而项目经理是一个工作岗位的名称。

因此，正确选项是 C。

9. B

【考点】 施工方项目经理的责任。

【解析】 项目经理应具有下列权限：

（1）参与项目招标、投标和合同签订；

（2）参与组建项目经理部；

（3）主持项目经理部工作；

（4）决定授权范围内的项目资金的投入和使用；

（5）制定内部计酬办法；

（6）参与选择并使用具有相应资质的分包人；

（7）参与选择物资供应单位；

（8）在授权范围内协调与项目有关的内、外部关系；

（9）法定代表人授予的其他权力。

因此，正确选项是B。

10. C

【考点】 风险和风险量。

【解析】 在《建设工程项目管理规范》GB/T 50326—2006 的条文说明中所列风险等级评估如下表所示。

风险等级评估表

可能性＼后果＼风险等级	轻度损失	中度损失	重大损失
很大	3	4	5
中等	2	3	4
极小	1	2	3

因此，正确选项是C。

11. C

【考点】 工程监理的工作方法。

【解析】 工程监理人员发现工程设计不符合建筑工程质量标准或者合同约定的质量要求的，应当报告建设单位要求设计单位改正。

因此，正确选项是C。

12. C

【考点】 工程监理的工作方法。

【解析】 对中型及中型以上或专业性较强的工程项目，项目监理机构应编制工程建设监理实施细则。

因此，正确选项是C。

13. B

【考点】 按费用构成要素划分的建筑安装工程费用项目组成。

【解析】 特殊情况下支付的工资是指根据国家法律、法规和政策规定，因病、工伤、产假、计划生育假、婚丧假、事假、探亲假、定期休假、停工学习、执行国家或社会义务等原因按计时工资标准或计时工资标准的一定比例支付的工资。

因此，正确选项是 B。

14. C

【考点】 工程量清单计价。

【解析】 措施项目清单中的安全文明施工费应按照国家或省级、行业建设主管部门的规定计价，不得作为竞争性费用。

因此，正确选项是 C。

15. B

【考点】 人工定额。

【解析】 对于同类型产品规格多，工序重复、工作量小的施工过程，常用比较类推法。采用此法制定定额是以同类型工序和同类型产品的实耗工时为标准，类推出相似项目定额水平的方法。此法必须掌握类似的程度和各种影响因素的异同程度。

因此，正确选项是 B。

16. A

【考点】 材料消耗定额。

【解析】 定额中周转材料消耗量指标的表示，应当用一次使用量和摊销量两个指标表示。一次使用量是指周转材料在不重复使用时的一次使用量，供施工企业组织施工用；摊销量是指周转材料退出使用，应分摊到每一计量单位的结构构件的周转材料消耗量，供施工企业成本核算或投标报价使用。

因此，正确选项是 A。

17. B

【考点】 施工机械台班使用定额。

【解析】 由于机械必须由工人小组配合，所以完成单位合格产品的时间定额，同时列出人工时间定额。即：

单位产品人工时间定额（工日）＝小组成员总人数÷台班产量

挖 $100m^3$ 的人工时间定额为 $2÷4.56＝0.44$ 工日。

因此，正确选项是 B。

18. A

【考点】 合同价款调整。

【解析】 对于任一招标工程量清单项目，如果因本条规定的工程量偏差和工程变更等原因导致工程量偏差超过 15%，调整的原则为：当工程量增加 15% 以上时，其增加部分的工程量的综合单价应予以调低；当工程量减少 15% 以上时，减少后剩余部分的工程量的综合单价应予调高。

因此，正确选项是 A。

19. A

【考点】 合同价款调整。

【解析】 因发包人原因导致工期延误的，则计划进度日期后续工程的价格，采用计划进度日期与实际进度日期两者的较高者。

因此，正确选项是 A。

20. A

【考点】 索赔与现场签证。

【解析】 索赔费用的主要组成部分，同工程款的计价内容相似，包括人工费、材料费、施工机械使用费、分包费用、现场管理费、利息、总部（企业）管理费、利润。

因此，正确选项是 A。

21. C

【考点】 合同价款期中支付。

【解析】 工程预付款起扣点可按下式计算：

$$T = P - M/N$$

式中 T——起扣点，即工程预付款开始扣回的累计完成工程金额；

P——承包工程合同总额；

M——工程预付款数额；

N——主要材料，构件所占比重。

题中，$T = 4000 - 4000 \times 20\% \div 50\% = 2400$ 元

因此，正确选项是 C。

22. C

【考点】 施工成本管理的任务与措施。

【解析】 施工成本考核是衡量成本降低的实际成果，也是对成本指标完成情况的总结和评价。成本考核制度包括考核的目的、时间、范围、对象、方式、依据、指标、组织领导、评价与奖惩原则等内容。以施工成本降低额和施工成本降低率作为成本考核的主要指标。

因此，正确选项是 C。

23. A

【考点】 施工成本计划的类型。

【解析】 施工预算和施工图预算虽仅一字之差，但区别较大。

(1) 编制的依据不同：施工预算的编制以施工定额为主要依据，施工图预算的编制以预算定额为主要依据，而施工定额比预算定额划分得更详细、更具体，并对其中所包括的内容，如质量要求、施工方法以及所需劳动工日、材料品种、规格型号等均有较详细的规定或要求。

(2) 适用的范围不同：施工预算是施工企业内部管理用的一种文件，与建设单位无直接关系；而施工图预算既适用于建设单位，又适用于施工单位。

(3) 发挥的作用不同：施工预算是施工企业组织生产、编制施工计划、准备现场材料、签发任务书、考核功效、进行经济核算的依据，它也是施工企业改善经营管理、降低生产成本和推行内部经营承包责任制的重要手段；而施工图预算则是投标报价的主要

依据。

因此，正确选项是 A。

24. D

【考点】 施工成本计划的编制方法。

【解析】 6月末计划成本累计值＝100＋200＋400＋600＋800＋900＝3000 万元；

6月末实际成本累计值＝100＋200＋400＋600＋800＋1000＝3100 万元；

8月末计划成本累计值＝100＋200＋400＋600＋800＋900＋800＋600＝4400 万元；

8月末实际成本累计值＝100＋200＋400＋600＋800＋1000＋800＋700＝4600 万元。

因此，正确选项是 D。

25. D

【考点】 施工成本控制的步骤。

【解析】 在确定了施工成本计划之后，必须定期地进行施工成本计划值与实际值的比较，当实际值偏离计划值时，分析产生偏差的原因，采取适当的纠偏措施，以确保施工成本控制目标的实现。其步骤如下：

（1）比较：按照某种确定的方式将施工成本计划值与实际值逐项进行比较，以发现施工成本是否已超支。

（2）分析：在比较的基础上，对比较的结果进行分析，以确定偏差的严重性及偏差产生的原因。

（3）预测：按照完成情况估计完成项目所需的总费用。

（4）纠偏：当工程项目的实际施工成本出现了偏差，应当根据工程的具体情况、偏差分析和预测的结果，采取适当的措施，以期达到使施工成本偏差尽可能小的目的。

（5）检查：它是指对工程的进展进行跟踪和检查，及时了解工程进展状况以及纠偏措施的执行情况和效果，为今后的工作积累经验。

因此，正确选项是 D。

26. D

【考点】 施工成本控制的方法。

【解析】 在保证符合设计要求和质量标准的前提下，合理使用材料，通过定额管理、计量管理等手段有效控制材料物资的消耗。在材料使用过程中，对部分小型及零星材料（如钢钉、钢丝等）根据工程量计算出所需材料量，将其折算成费用，由作业者包干控制。

因此，正确选项是 D。

27. B

【考点】 施工成本控制的方法。

【解析】 赢得值法中进度偏差的计算：

进度偏差(SV)＝已完工作预算费用($BCWP$)－计划工作预算费用($BCWS$)

题中，$SV=38000\times90-40000\times90=-18$ 万元。

因此，正确选项是 B。

28. C

【考点】 总进度目标。

【解析】 建设工程项目总进度目标论证的工作步骤如下：

(1) 调查研究和收集资料；

(2) 进行项目结构分析；

(3) 进行进度计划系统的结构分析；

(4) 确定项目的工作编码；

(5) 编制各层（各级）进度计划；

(6) 协调各层进度计划的关系和编制总进度计划；

(7) 若所编制的总进度计划不符合项目的进度目标，则设法调整；

(8) 若经过多次调整，进度目标无法实现，则报告项目决策者。

因此，正确选项是 C。

29. D

【考点】 控制性施工进度计划的作用。

【解析】 控制性施工进度计划是整个项目施工进度控制的纲领性文件，是组织和指挥施工的依据。

因此，正确选项是 D。

30. A

【考点】 横道图进度计划的编制方法。

【解析】 横道图用于小型项目或大型项目子项目上，或用于计算资源需要量、概要预示进度，也可用于其他计划技术的表示结果。

因此，正确选项是 A。

31. B

【考点】 工程网络计划的类型和应用。

【解析】 总时差（TF_{i-j}），是指在不影响总工期的前提下，工作 $i-j$ 可以利用的机动时间。自由时差（FF_{i-j}），是指在不影响其紧后工作最早开始的前提下，工作 $i-j$ 可以利用的机动时间。已知工作 M 在实际工作中延迟了 3 天，因为它的总时差为 3 天，所以不会影响总工期。但它的自由时差为 1 天，所以会使其紧后工作最早开始时间推迟了 2 天。

因此，正确选项是 B。

32. D

【考点】 关键工作、关键路线和时差。

【解析】 自始至终全部由关键工作组成的线路为关键线路，或线路上总的工作持续时间最长的线路为关键线路。题中的线路及总工期为：

①→②→⑤→⑥，总工期 19d。

①→②→③→④→⑤→⑥，总工期 19d。

①→②→④→⑤→⑥，总工期 18d。

①→②→③→⑤→⑥，总工期20d。

比较以上线路可知最长线路为①→②→③→⑤→⑥，即为关键线路。

因此，正确选项是D。

33. A

【考点】 工程网络计划的类型和应用。

【解析】 最迟完成时间（LF_{i-j}），是指在不影响整个任务按期完成的前提下，工作$i-j$必须完成的最迟时刻。C、D工作的最迟开始时间分别为第6d和第3d，所以工作A的最迟完成时间是第3d。

因此，正确选项是A。

34. D

【考点】 工程网络计划的类型和应用。

【解析】 最早开始时间（ES_{i-j}），是指在各紧前工作全部完成后，工作$i-j$有可能开始的最早时刻。M、N工作的持续时间分别为4天、5天，M、N工作的最早开始时间分别为第9天、第11天，那么M、N工作的最早完成时间分别为第13天、第16天，所以工作Q的最早开始时间是第16天。

因此，正确选项是D。

35. C

【考点】 工程网络计划的类型和应用。

【解析】 A、B、C都是D的紧前工作，C是E的紧前工作，D、E之间没有逻辑搭接关系。

因此，正确选项是C。

36. A

【考点】 施工进度控制的措施。

【解析】 施工方进度控制的组织措施如下：

(1) 组织是目标能否实现的决定性因素，因此，为实现项目的进度目标，应充分重视健全项目管理的组织体系。

(2) 在项目组织结构中应有专门的工作部门和符合进度控制岗位资格的专人负责进度控制工作。

(3) 进度控制的主要工作环节包括进度目标的分析和论证、编制进度计划、定期跟踪进度计划的执行情况、采取纠偏措施以及调整进度计划。这些工作任务和相应的管理职能应在项目管理组织设计的任务分工表和管理职能分工表中标示并落实。

(4) 应编制施工进度控制的工作流程。

因此，正确选项是A。

37. A

【考点】 施工质量的基本要求。

【解析】 施工质量特性主要体现在由施工形成的建筑工程的适用性、安全性、耐久性、可靠性、经济性及与环境的协调性六个方面。

因此，正确选项是 A。

38. D

【考点】 影响施工质量的主要因素。

【解析】 施工质量的影响因素主要有"人（Man）、材料（Material）、机械（Machine）、方法（Method）及环境（Environment）"五大方面，即 4M1E。

因此，正确选项是 D。

39. C

【考点】 施工质量事故的处理方法。

【解析】 当工程质量缺陷按修补方法处理后无法保证达到规定的使用要求和安全要求，而又无法返工处理的情况下，不得已时可做出诸如结构卸荷或减荷以及限制使用的决定。

因此，正确选项是 C。

40. C

【考点】 施工企业质量管理体系的建立和认证。

【解析】 企业获准认证后，应经常性的进行内部审核，保持质量管理体系的有效性，并每年一次接受认证机构对企业质量管理体系实施的监督管理。

因此，正确选项是 C。

41. B

【考点】 施工准备的质量控制。

【解析】 材料供货商对下列材料必须提供《生产许可证》：钢筋混凝土用热轧带肋钢筋、冷轧带肋钢筋、预应力混凝土用钢材（钢丝、钢棒和钢绞线）、建筑防水卷材、水泥、建筑外窗、建筑幕墙、建筑钢管脚手架扣件、人造板、铜及铜合金管材、混凝土输水管、电力电缆等材料产品。

因此，正确选项是 B。

42. D

【考点】 施工准备的质量控制。

【解析】 同一牌号、同一炉罐号、同一规格、同一等级、同一交货状态的钢筋，每批不大于 60t。从每批钢筋中抽取 5% 进行外观检查。力学性能试验从每批钢筋中任选两根钢筋，每根取两个试样分别进行拉伸试验（包括屈服点、抗拉强度和伸长率）和冷弯试验。

因此，正确选项是 D。

43. B

【考点】 施工过程的质量控制。

【解析】 做好技术交底是保证施工质量的重要措施之一。项目开工前应由项目技术负责人向承担施工的负责人或分包人进行书面技术交底，技术交底资料应办理签字手续并归档保存。每一分部工程开工前均应进行作业技术交底。技术交底书应由施工项目技术人员编制，并经项目技术负责人批准实施。

因此，正确选项是 B。

44. A

【考点】 施工过程的质量控制。

【解析】 项目开工前应编制测量控制方案，经项目技术负责人批准后实施。对相关部门提供的测量控制点应做好复核工作，经审批后进行施工测量放线，并保存测量记录。在施工过程中应对设置的测量控制点线妥善保护，不准擅自移动。同时在施工过程中必须认真进行施工测量复核工作，这是施工单位应履行的技术工作职责，其复核结果应报送监理工程师复验确认后，方能进行后续相关工序的施工。

因此，正确选项是 A。

45. B

【考点】 工程质量事故分类。

【解析】 根据工程质量事故造成的人员伤亡或者直接经济损失，工程质量事故分为4个等级：

（1）特别重大事故，是指造成30人以上死亡，或者100人以上重伤，或者1亿元以上直接经济损失的事故；

（2）重大事故，是指造成10人以上30人以下死亡，或者50人以上100人以下重伤，或者5000万元以上1亿元以下直接经济损失的事故；

（3）较大事故，是指造成3人以上10人以下死亡，或者10人以上50人以下重伤，或者1000万元以上5000万元以下直接经济损失的事故；

（4）一般事故，是指造成3人以下死亡，或者10人以下重伤，或者100万元以上1000万元以下直接经济损失的事故。

因此，正确选项是 B。

46. A

【考点】 工程质量事故分类。

【解析】 按事故责任分类：

（1）指导责任事故指由于工程实施指导或领导失误而造成的质量事故。例如，由于工程负责人片面追求施工进度，放松或不按质量标准进行控制和检验，降低施工质量标准等。

（2）操作责任事故指在施工过程中，由于实施操作者不按规程和标准实施操作，而造成的质量事故。例如，浇筑混凝土时随意加水，或振捣疏漏造成混凝土质量事故等。

（3）自然灾害事故指由于突发的严重自然灾害等不可抗力造成的质量事故。例如地震、台风、暴雨、雷电及洪水等造成工程破坏甚至倒塌。这类事故虽然不是人为责任直接造成，但事故造成的损害程度也往往与事前是否采取了预防措施有关，有关责任人也可能负有一定的责任。

因此，正确选项是 A。

47. A

【考点】 政府对施工质量监督的实施。

【解析】 对在施工过程中发生的质量问题、质量事故进行查处。根据质量监督检查的状况，对查实的问题可签发"质量问题整改通知单"或"局部暂停施工指令单"，对问题严重的单位也可根据问题的性质签发"临时收缴资质证书通知书"等处理意见。

因此，正确选项是 A。

48. A

【考点】 政府对施工质量监督的实施。

【解析】 监督机构按照监督方案对工程项目全过程施工的情况进行不定期的检查。检查的内容主要是：参与工程建设各方的质量行为及质量责任制的履行情况，工程实体质量和质量控制资料的完成情况，其中对基础和主体结构阶段的施工应每月安排监督检查。

因此，正确选项是 A。

49. B

【考点】 职业健康安全与环境管理的特点和要求。

【解析】 施工企业在其经营生产的活动中必须对本企业的安全生产负面责任。企业的法定代表人是安全生产的第一负责人，项目经理是施工项目生产的主要负责人。施工企业应当具备安全生产的资质条件，取得安全生产许可证的施工企业应该设立安全生产管理机构，配备合格的专职安全生产管理人员，并提供必要的资源；施工企业要建立健全职业健康安全体系以及有关的安全生产管理人员，并提供必要的资源；施工企业要建立健全职业健康安全体系以及有关的安全生产责任制和各项安全生产规章制度。施工企业对项目要编制切合实际的安全生产计划，制定职业健康安全保障措施；实施安全教育培训制度，不断提高员工的安全意识和安全生产素质；项目负责人和专职安全生产管理人员应持证上岗。

建设工程实行总承包的，由总承包单位对施工现场的安全生产负总责并自行完成工程主体结构的施工。分包单位应当接受总承包单位的安全生产管理，分包合同中应当明确各自的安全生产方面的权利、义务。分包单位不服从管理导致生产安全事故的，由分包单位承担主要责任，总承包和分包单位对分包工程的安全生产承担连带责任。

因此，正确选项是 B。

50. B

【考点】 职业健康安全管理体系与环境管理体系的建立与运行。

【解析】 管理评审是由施工企业的最高管理者对管理体系的系统评价，判断企业的管理体系面对内部情况的变化和外部环境是否充分适应有效，由此决定是否对管理体系做出调整，包括方针、目标、机构和程序等。

因此，正确选项是 B。

51. D

【考点】 安全生产管理制度体系。

【解析】 依据《建设工程安全生产管理条例》第二十六条的规定：单位应当在施工组织设计中编制安全技术措施和施工现场临时用电方案，对下列达到一定规模的危险性较大的分部分项工程编制专项施工方案，并附具安全验算结果，经施工单位技术负责人、总监理工程师签字后实施，由专职安全生产管理人员进行现场监督，包括基坑支护与降水工程；土方开挖工程；模板工程；起重吊装工程；脚手架工程；拆除、爆破工程；国务院建设行政主管部门或者其他有关部门规定的其他危险性较大的工程。

因此，正确选项是 D。

52. C

【考点】 安全隐患的处理。

【解析】 施工安全隐患处理原则：

(1) 冗余安全度处理原则：为确保安全，在处理安全隐患时，应考虑设置多道防线，即使有一两道防线无效，还应有冗余的防线可以控制事故隐患。例如：道路上有一个坑，既要设防护栏及警示牌，又要设照明及夜间警示红灯。

(2) 单项隐患综合处理原则：人、机、料、法、环境五者任一环境产生安全隐患，都要从五者安全匹配的角度考虑，调整匹配的方法，提高匹配的可靠性。一件单项隐患问题的整改需综合处理。人的隐患，既要治人也要治机具及生产环境等各环节。例如某工地发生触电事故，一方面要进行人的安全用电操作教育，同时现场也要设置漏电开关，对配电箱、用电电路进行防护改造，也要严禁非专业电工乱接乱拉电线。

(3) 直接隐患与间接隐患并治原则：对人机环境系统进行安全治理，同时还需治理安全管理措施。

(4) 预防与减灾并重处理原则：治理安全事故隐患时，需尽可能减少肇发事故的可能性，如果不能控制事故的发生，也要设法将事故等级减低。但是不论预防措施如何完善，都不能保证事故绝对不会发生，还必须对事故减灾做充分准备，研究应急技术操作规范。

(5) 重点处理原则：按对隐患的分析评价结果实行危险点分级治理，也可以用安全检查表打分对隐患危险程度分级。

(6) 动态处理原则：动态治理就是对生产过程进行动态随机安全化治理，生产过程中发现问题及时处理，既可以及时消除隐患，又可以避免小的隐患发展成大的隐患。

因此，正确选项是 C。

53. B

【考点】 生产安全事故应急预案的内容。

【解析】 综合应急预案是从总体上阐述事故的应急方针、政策，应急组织结构及相关应急职责，应急行动、措施和保障等基本要求和程序，是应对各类事故的综合性文件。专项应急预案是针对具体的事故类别（如基坑开挖、脚手架拆除等事故）、危险源和应急保障而制订的计划或方案，是综合应急预案的组成部分，应按照综合应急预案的程序和要求组织制定，并作为综合应急预案的附件。现场处置方案是针对具体的装置、场所或设施、岗位所制定的应急处置措施。

因此，正确选项是 B。

54. B

【考点】 生产安全事故应急预案的管理。

【解析】 地方各级安全生产监督管理部门的应急预案，应当报同级人民政府和上一级安全生产监督管理部门备案。其他负有安全生产监督管理职责的部门的应急预案，应当抄送同级安全生产监督管理部门。

因此，正确选项是 B。

55. C

【考点】 施工现场文明施工的要求。

【解析】 按照文明工地标准，严格按照相关文件规定的尺寸和规格制作各类工程标志牌。"五牌一图"，即工程概况牌、管理人员名单及监督电话牌、消防保卫牌、安全生产牌、文明施工牌和施工现场平面图。

因此，正确选项是 C。

56. D

【考点】 施工现场环境保护的要求。

【解析】 围挡封闭是创建文明工地的重要组成部分，选项 A 错误；失去主要路段和其他设计市容景观路段的工地设置围挡的高度不低于 2.5m，其他工地的围挡高度不低于 1.8m，选项 B 错误；集体宿舍与作业区隔离，人均床铺面积不小于 $2m^2$，选项 C 错误；现场场内道路要平整、坚实、畅通。主要场地应硬化，并设置相应的安全防护设施和安全标志，选项 D 正确。

因此，正确选项是 D。

57. C

【考点】 施工发承包的主要类型。

【解析】 施工总承包管理合同中一般只确定总承包管理费（通常是按工程建安造价的一定百分比计取，也可以确定一个总价），而不需要事先确定建安工程总造价，这也是施工总承包管理模式的招标可以不依赖于设计图纸出齐的原因之一。分包合同价，由于是在该部分施工图出齐后再进行分包的招标，因此应该采用实价（即单价或总价合同）。由此可以看出，施工总承包管理模式与施工总承包模式相比具有以下优点：

(1) 合同总价不是一次确定，某一部分施工图设计完成以后，再进行该部分工程的施工招标，确定该部分工程的合同价，因此整个项目的合同总额的确定较有依据；

(2) 所有分包合同和分供货合同的发包，都通过招标获得有竞争力的投标报价，对业主方节约投资有利；

(3) 施工总承包管理单位只收取总包管理费，不赚总包与分包之间的差价；

(4) 每完成一部分施工图设计，就可以进行该部分工程的施工招标，可以边设计边施工，可以提前开工，缩短建设周期，有利于进度控制。

因此，正确选项是C。

58. C

【考点】 施工招标与投标。

【解析】 招标人或其委托的招标代理机构应至少有一家指定的媒介发布招标公告，故A不选；自招标文件或者资格预审文件出售之日起至停止出售之日止，最短不得少于5日，故B不选；招标人在发布招标公告、发出投标邀请书后或者售出招标文件或者资格预审文件后不得擅自终止招标，选项C正确；招标人对已发出的招标文件进行修改，应当在招标文件要求提交投标文件截止时间至少15日前发出，故D不选。

因此，正确选项是C。

59. A

【考点】 施工发承包的主要类型。

【解析】 施工总承包的特点有：

(1) 在开工前就有明确的合同价，有利于业主对总造价的早期控制。

(2) 施工进度计划的编制、控制和协调由施工总承包单位负责，而项目进度计划的编制、控制和协调，以及设计、施工、供货之间的进度计划协调由业主负责。

(3) 项目质量的好坏很大程度上取决于施工总承包单位的选择，取决于施工总承包单位的管理水平和技术水平。业主对施工总承包单位的依赖较大。

(4) 业主只负责对施工总承包单位的管理和组织协调，工作量大大减小，对业主比较有利。

因此，正确选项是A。

60. D

【考点】 施工承包合同的主要内容。

【解析】 业主方提供设计图纸延误造成的工程施工暂停属于发包人暂停施工的责任。

因此，正确选项是D。

61. D

【考点】 施工承包合同的主要内容。

【解析】 在全部工程竣工验收前，已经发包人提前验收的单位工程，其缺陷责任期的起算日期相应提前，故A不选；缺陷责任期内，发包人对已经接收使用的工程负责日常维护工作，故B不选；由于承包人原因造成某项工程设备无法按原定目标使用而需要再次修复的，发包人有权要求承包人相应延长缺陷责任期，最长不得超过2年，故C不选；在缺陷责任期，包括根据合同规定延长的期限终止后14天内，由监理人向承包人出具经发包人签认的缺陷责任期终止证书，并退还剩余的质量保证金。

因此，正确选项是D。

62. D

【考点】 施工承包合同的主要内容。

【解析】 在履行合同过程中发生下列情形，属发包人违约：

（1）发包人未能按合同约定支付预付款或合同价款，或拖延、拒绝批准付款申请和支付凭证，导致付款延误的；

（2）发包人原因造成停工的；

（3）监理人无正当理由未在约定期限发出复工指示，导致承包人无法复工的；

（4）发包人无法继续履行或明确表示不履行或实质上已停止履行合同的；

（5）发包人不履行合同约定其他义务的。

因此，正确选项是 D。

63．B

【考点】 总价合同。

【解析】 采用总价合同时，对发包工程的内容及其各种条件都应基本清楚、明确，否则，承发包双方都有蒙受损失的风险。因此，一般是在施工图设计完成，施工任务和范围比较明确，业主的目标、要求和条件都清楚的情况下才采用总价合同，故 A 不选；在固定总价合同中还可以约定，在发生重大工程变更、累计工程变更超过一定幅度或者其他特殊条件下可以对合同价格进行调整，故 B 正确；工程施工承包招标时，施工期限一年左右的项目一般采用固定总价合同，故 C 不选；变动总价合同是一种相对固定的价格，在合同执行过程中，由于通货膨胀等原因而使所使用的工、料成本增加时，可以按照合同约定对合同总价进行相应的调整。当然，一般由于设计变更、工程量变化或其他工程条件变化所引起的费用变化也可以进行调整。因此，通货膨胀等不可预见因素的风险由业主承担，对承包商而言，其风险相对较小，故 D 不选。

因此，正确选项是 B。

64．D

【考点】 成本加酬金合同。

【解析】 奖金是根据报价书中的成本估算指标制定的，在合同中对这个估算指标规定一个底点和顶点，分别为工程成本估算的 60%～75% 和 110%～135%，承包商在估算指标的顶点以下完成工程则可得到奖金，超过顶点则要对超出部分支付罚款。如果成本在底点之下，则可加大酬金值或酬金百分比。采用这种方式通常规定，当实际成本超过顶点对承包商罚款时，最大罚款限额不超过原先商定的最高酬金值。故 A、B、C 不选。

因此，正确选项是 D。

65．B

【考点】 成本加酬金合同。

【解析】 成本加酬金合同通常用于如下情况：

（1）工程特别复杂，工程技术、结构方案不能预先确定，或者尽管可以确定工程技术和结构方案，但是不可能进行竞争性的招标活动并以总价合同或单价合同的形式确定承包商，如研究开发性质的工程项目；

（2）时间特别紧迫，如抢险、救灾工程，来不及进行详细的计划和商谈。

因此，正确选项是B。

66. D

【考点】 施工合同跟踪与控制。

【解析】 针对合同实施偏差情况，可以采取不同的措施，应分析在不同措施下合同执行的结果与趋势，包括：

（1）最终的工程状况，包括总工期的延误、总成本的超支、质量标准、所能达到的生产能力（或功能要求）等；

（2）承包商将承担什么样的后果，如被罚款、被清算，甚至被起诉，对承包商资信、企业形象、经营战略的影响等；

（3）最终工程经济效益（利润）水平。

因此，正确选项是D。

67. B

【考点】 施工合同变更管理。

【解析】 除专用合同条款另有约定外，因变更引起的价格调整按照本款约定处理：

（1）已标价工程量清单中有适用于变更工作的子目的，采用该子目的单价。

（2）已标价工程量清单中无适用于变更工作的子目，但有类似子目的，可在合理范围内参照类似子目的单价，由监理人按规定商定或确定变更工作的单价。

（3）已标价工程量清单中无适用或类似子目的单价，可按照成本加利润的原则，由监理人按规定商定或确定变更工作的单价。

因此，正确选项是B。

68. B

【考点】 施工合同的索赔。

【解析】 建设工程索赔通常是指在工程合同履行过程中，合同当事人一方因对方不履行或未能正确履行合同或者由于其他非自身因素而受到经济损失或权利损害，通过合同规定的程序向对方提出经济或时间补偿要求的行为。索赔是一种正当的权利要求，它是合同当事人之间一项正常的而且普遍存在的合同管理业务，是一种以法律和合同为依据的合情合理的行为。

在建设工程施工承包合同执行过程中，业主可以向承包商提出索赔要求，承包商也可以向业主提出索赔要求，即合同的双方都可以向对方提出索赔要求。当另一方提出索赔要求，被索赔方应采取适当的反驳、应对和防范措施，这称为反索赔。承包人接受竣工付款证书后，无权提出在证书颁发前发生的任何索赔。

因此，正确选项是B。

69. C

【考点】 施工合同索赔的程序。

【解析】 根据九部委《标准施工招标文件》中的通用合同条款，对承包人提出索赔的处理程序如下：

(1) 监理人收到承包人提交的索赔通知书后，应及时审查索赔通知书的内容、查验承包人的记录和证明材料，必要时监理人可要求承包人提交全部原始记录副本。

(2) 监理人应按第3.5款商定或确定追加的付款和（或）延长的工期，并在收到上述索赔通知书或有关索赔的进一步证明材料后的42天内，将索赔处理结果答复承包人。

(3) 承包人接受索赔处理结果的，发包人应在作出索赔处理结果答复后28天内完成赔付。承包人不接受索赔处理结果的，按合同约定的争议解决办法办理。

因此，正确选项是C。

70. C

【考点】 施工信息管理的任务。

【解析】 在当今的信息时代，在国际上，工程管理领域产生了信息管理手册，它是信息管理的核心指导文件。

因此，正确选项是C。

二、多项选择题

71. D、E

【考点】 项目结构分析。

【解析】 项目结构图和项目结构的编码是编制上述其他编码的基础。

因此，正确选项是D、E。

72. A、B、C

【考点】 施工组织设计的内容。

【解析】 施工组织总设计的主要内容如下：(1) 建设项目的工程概况；(2) 施工部署及其核心工程的施工方案；(3) 全场性施工准备工作计划；(4) 施工总进度计划；(5) 各项资源需求量计划；(6) 全场性施工总平面图设计；(7) 主要技术经济指标（项目施工工期、劳动生产率、项目施工质量、项目施工成本、项目施工安全、机械化程度、预制化程度、暂设工程等）。

单位工程施工组织设计的主要内容如下：(1) 工程概况及施工特点分析；(2) 施工方案的选择；(3) 单位工程施工准备工作计划；(4) 单位工程施工进度计划；(5) 各项资源需求量计划；(6) 单位工程施工总平面图设计；(7) 技术组织措施、质量保证措施和安全施工措施；(8) 主要技术经济指标（工期、资源消耗的均衡性、机械设备的利用程度等）。

分部（分项）工程施工组织设计的主要内容如下：(1) 工程概况及施工特点分析；(2) 施工方法和施工机械的选择；(3) 分部（分项）工程的施工准备工作计划；(4) 分部（分项）工程的施工进度计划；(5) 各项资源需求量计划；(6) 技术组织措施、质量保证措施和安全施工措施；(7) 作业区施工平面布置图设计。

因此，正确选项是A、B、C。

73. A、D、E

【考点】 施工项目经理的责任。

【解析】 项目经理应履行下列职责：

（1）项目管理目标责任书规定的职责；

（2）主持编制项目管理实施规划，并对项目目标进行系统管理；

（3）对资源进行动态管理；

（4）建立各种专业管理体系，并组织实施；

（5）进行授权范围内的利益分配；

（6）收集工程资料，准备结算资料，参与工程竣工验收；

（7）接受审计，处理项目经理部解体的善后工作；

（8）协助组织进行项目的检查、鉴定和评奖申报工作。

因此，正确选项是A、D、E。

74. A、C、D

【考点】 施工项目经理的任务和责任。

【解析】 根据《建设工程施工合同（示范文本）》GF—2013—0201：

3.2.1 项目经理应为合同当事人所确认的人选，并在专用合同条款中明确项目经理的姓名、职称、注册执业证书编号、联系方式及授权范围等事项，项目经理经承包人授权后代表承包人负责履行合同。项目经理应是承包人正式聘用的员工，承包人应向发包人提交项目经理与承包人之间的劳动合同，以及承包人为项目经理缴纳社会保险的有效证明。承包人不提交上述文件的，项目经理无权履行职责，发包人有权要求更换项目经理，由此增加的费用和（或）延误的工期由承包人承担。

项目经理应常驻施工现场，且每月在施工现场时间不得少于专用合同条款约定的天数。项目经理不得同时担任其他项目的项目经理。项目经理确需离开施工现场时，应事先通知监理人，并取得发包人的书面同意。项目经理的通知中应当载明临时代行其职责的人员的注册执业资格、管理经验等资料，该人员应具备履行相应职责的能力。

承包人违反上述约定的，应按照专用合同条款的约定，承担违约责任。

3.2.2 项目经理按合同约定组织工程实施。在紧急情况下为确保施工安全和人员安全，在无法与发包人代表和总监理工程师及时取得联系时，项目经理有权采取必要的措施保证与工程有关的人身、财产和工程的安全，但应在48小时内向发包人代表和总监理工程师提交书面报告。

3.2.3 承包人需要更换项目经理的，应提前14天书面通知发包人和监理人，并征得发包人书面同意。通知中应当载明继任项目经理的注册执业资格、管理经验等资料，继任项目经理继续履行第3.2.1项约定的职责。未经发包人书面同意，承包人不得擅自更换项目经理。承包人擅自更换项目经理的，应按照专用合同条款的约定承担违约责任。

因此，正确选项是A、C、D。

75. A、C、D、E

【考点】 工程量清单计价。

【解析】（1）暂列金额应按照其他项目清单中列出的金额填写，不得变动。

(2) 暂估价不得变动和更改。暂估价中的材料暂估价必须按照招标人提供的暂估单价计入分部分项工程费用中的综合单价；专业工程暂估价必须按照招标人提供的其他项目清单中列出的金额填写。

(3) 计日工应按照其他项目清单列出的项目和估算的数量，自主确定各项综合单价并计算费用。

(4) 总承包服务费应根据招标人在招标文件中列出的分包专业工程内容、供应材料和设备情况，由投标人按照招标人提出的协调、配合与服务要求以及施工现场管理需要自主确定。

因此，正确选项是 A、C、D、E。

76. A、B、D

【考点】 人工定额。

【解析】 工人在工作班内消耗的工作时间，按其消耗的性质，基本可以分为两大类：必需消耗的时间和损失时间。必需消耗的时间是工人在正常施工条件下，为完成一定产品（工作任务）所消耗的时间。损失时间，是与产品生产无关，而与施工组织和技术上的缺陷有关，与工人在施工过程中的个人过失或某些偶然因素有关的时间消耗。此题中，C、E 项属于后者。

因此，正确选项是 A、B、D。

77. A、B

【考点】 施工成本管理的任务与措施。

【解析】 为了取得施工成本管理的理想效果，应当从多方面采取措施实施管理，通常可以将这些措施归纳为组织措施、技术措施、经济措施、合同措施。

经济措施是最易为人们所接受和采用的措施。管理人员应编制资金使用计划，确定、分解施工成本管理目标。对施工成本管理目标进行风险分析，并制定防范性对策。对各种支出，应认真做好资金的使用计划，并在施工中严格控制各项开支。及时准确地记录、收集、整理、核算实际发生的成本。对各种变更，及时做好增减账，及时落实业主签证，及时结算工程款。通过偏差分析和未完工工程预测，可发现一些潜在的问题将引起未完工程施工成本增加，对这些问题应以主动控制为出发点，及时采取预防措施。由此可见，经济措施的运用绝不仅仅是财务人员的事情。

因此，正确选项是 A、B。

78. B、D、E

【考点】 施工成本控制的方法。

【解析】 赢得值法中，当进度偏差（SV）为负值时，表示进度延误，即实际进度落后于计划进度；费用（进度）绩效指数反映的是相对偏差，它不受项目层次的限制，也不受项目实施时间的限制，因而在同一项目和不同项目比较中均可采用；在项目的费用、进度综合控制中引入赢得值法，可以克服过去进度、费用分开控制的缺点，即当我们发现费用超支时，很难立即知道是由于费用超出预算，还是由于进度提前。相反，当我们发现费用消耗低于预算时,也很难立即知道是由于费用节省,还是由于进度拖延;而引入赢得值法即可定量地判断进度、费用的执行效果。

在实际执行过程中,最理想的状态是已完工作实际费用($ACWP$)、计划工作预算费用($BCWS$)、已完工作预算费用($BCWP$)三条曲线靠得很近、平稳上升,表示项目按预定计划目标进行。如果三条曲线离散度不断增加,则预示可能发生关系到项目成败的重大问题。

因此,正确选项是 B、D、E。

79. A、D、E

【考点】 总进度目标。

【解析】 由不同深度的计划构成的进度计划系统包括:

(1) 总进度规划(计划);

(2) 项目子系统进度规划(计划);

(3) 项目子系统中的单项工程进度计划等。

因此,正确选项是 A、D、E。

80. D、E

【考点】 实施性施工进度计划的作用。

【解析】 实施性施工进度计划的主要作用如下:

(1) 确定施工作业的具体安排;

(2) 确定(或据此可计算)一个月度或旬的人工需求(工种和相应的数量);

(3) 确定(或据此可计算)一个月度或旬的施工机械的需求(机械名称和数量);

(4) 确定(或据此可计算)一个月度或旬的建筑材料(包括成品、半成品和辅助材料等)的需求(建筑材料的名称和数量);

(5) 确定(或据此可计算)一个月度或旬的资金的需求等。

因此,正确选项是 D、E。

81. B、C

【考点】 工程网络计划的类型和应用。

【解析】 自始至终全部由关键工作组成的线路为关键线路,或线路上总的工作持续时间最长的线路为关键线路。题中网络计划的线路和总工期如下:

①→②→⑧,总工期 16d。

①→③→⑤→⑧,总工期 25d。

①→③→⑥→⑦→⑧,总工期 25d。

①→④→⑦→⑧,总工期 13d。

①→④→⑥→⑦→⑧,总工期 20d。

因此,正确选项是 B、C。

82. A、B、D、E

【考点】 施工进度控制的任务。

【解析】 施工进度计划的检查应按统计周期的规定定期进行,并应根据需要进行不定

期的检查。施工进度计划检查的内容包括:

(1) 检查工程量的完成情况;

(2) 检查工作时间的执行情况;

(3) 检查资源使用及与进度保证的情况;

(4) 前一次进度计划检查提出问题的整改情况。

因此,正确选项是 A、B、D、E。

83. A、B、C、D

【考点】 施工质量管理和施工质量控制的内涵和特点。

【解析】 建设项目的工程特点和施工生产的特点:(1) 施工的一次性;(2) 工程的固定性;(3) 产品的单间性;(4) 工程体型庞大。

施工质量控制的特点:(1) 需要控制的因素多;(2) 控制的难度大;(3) 过程控制要求高;(4) 终检局限大。

因此,正确选项是 A、B、C、D。

84. A、E

【考点】 工程项目施工质量保证体系的建立和运行。

【解析】 工作保证体系主要是明确工作任务和建立工作制度,要落实在以下三个阶段:

(1) 施工准备阶段的质量控制:施工准备是为整个工程施工创造条件,准备工作的好坏,不仅直接关系到工程建设能否高速、优质地完成,而且也决定了能否对工程质量事故起到一定的预防、预控作用。因此,做好施工准备的质量控制是确保施工质量的首要工作。

(2) 施工阶段的质量控制:施工过程是建筑产品形成的过程,这个阶段的质量控制是确保施工质量的关键。必须加强工序管理,建立质量检查制度,严格实行自检、互检和专检,开展群众性的 QC 活动,强化过程控制,以确保施工阶段的工作质量。

(3) 竣工验收阶段的质量控制:工程竣工验收,是指单位工程或单项工程竣工,经检查验收,移交给下道工序或移交给建设单位。这一阶段主要应做好成品保护,严格按规范标准进行检查验收和必要的处置,不让不合格工程进入下一道工序或进入市场,并做好相关资料的收集整理和移交,建立回访制度等。

因此,正确选项是 A、E。

85. B、C

【考点】 工程质量事故分类。

【解析】 管理原因引发的质量事故指管理上的不完善或失误引发的质量事故。例如,施工单位或监理单位的质量体系不完善,检验制度不严密,质量控制不严格,质量管理措施落实不力,检测仪器设备管理不善而失准,材料检验不严等原因引起的质量事故。

因此,正确选项是 B、C。

86. A、B、C、D

【考点】 政府对施工质量的监督职能。

【解析】 政府对建设工程质量监督的职能主要包括以下几个方面：

(1) 监督检查施工现场工程建设参与方主体的质量行为。检查施工现场参与工程建设各方主体及有关人员的资质或资格；检查勘察、设计、施工、监理单位的质量管理体系和质量责任落实情况；检测出有关质量文件、技术资料是否齐全并符合规定。

(2) 监督检查工程实体的施工质量，特别是基础、主体结构、主要设备安装等涉及结构安全和使用功能的施工质量。

(3) 监督工程质量验收。监督建设单位组织的工程竣工验收的组织形式、验收程序以及在验收过程中提供的有关资料和形成的质量评定文件是否符合有关规定，实体质量是否存在严重缺陷，工程质量验收是否符合国家标准。

(4) 依法处罚违反违规行为。

因此，正确选项是 A、B、C、D。

87. A、B、D、E

【考点】 职业健康安全管理体系与环境管理体系的建立与运行。

【解析】 作业文件是指管理手册、程序文件之外的文件，一般包括作业指导书（操作规程）、管理规定、监测活动准则及程序文件引用的表格。其编写的内容和格式与程序文件的要求基本相同。在编写之前应对原有的作业文件进行清理，摘其有用，删除文件。

因此，正确选项是 A、B、D、E。

88. B、D、E

【考点】 安全生产管理制度体系。

【解析】 专项施工方案专家论证制度：

依据《建设工程安全生产管理条例》第二十六条的规定：单位应当在施工组织设计中编制安全技术措施和施工现场临时用电方案，对下列达到一定规模的危险性较大的分部分项工程编制专项施工方案，并附具安全验算结果，经施工单位技术负责人、总监理工程师签字后实施，由专职安全生产管理人员进行现场监督，包括基坑支护与降水工程；土方开挖工程；模板工程；起重吊装工程；脚手架工程；拆除、爆破工程；国务院建设行政主管部门或者其他有关部门规定的其他危险性较大的工程。

对前款所列工程中设计深基坑、地下暗挖工程、高达模板工程的专项施工方案，施工单位还应当组织专家进行论证、审查。

因此，正确选项是 B、D、E。

89. B、D、E

【考点】 职业健康安全事故的分类和处理。

【解析】 根据《生产安全施工报告和调查处理条例》等相关规定的要求，事故报告应当及时、准确、完整，任何单位和个人对事故不得迟报、漏报、谎报或者瞒报。

(1) 施工单位事故报告要求

生产安全事故发生后，受伤者或最先发现事故的人员应立即用最快的传递受端，将发生事故的时间、地点、伤亡人数、事故原因等情况，向施工单位负责人报告了施工单位负责人接到报告后，应当在1个小时内向事故发生地县级以上人民政府建设主管部门和有关部门报告。实行施工总承包的建设工程，由总成承包单位负责上报事故。

紧急情况时，事故现场有关人员可以直接向事故发生地县级以上人民政府建设主管部门和有关部门报告。

（2）建设主管部门事故报告要求

建设主管部门接到事故报告后，应当依照下列规定上报事故情况，并通知安全生产监督管理部门、公安机关、劳动保障行政主管部门、工会和人民检察院。

① 较大事故、重大事故及特别重大事故逐级上报至国务院建设主管部门；

② 一般事故逐级上报至省、自治区、直辖市任命政府建设主管部门；

③ 建设主管部门按照规定上报事故情况时，应当同时报告本级人民政府。国务院建设主管部门接到重大事故和特别重大事故的报告后，应当立即报告国务院；

④ 必要时，建设主管部门可以越级上报事故情况。

建设主管部门按照上述规定逐级上报事故情况时，每级上报的时间不得超过2小时。

因此，正确选项是B、D、E。

90. B、D、E

【考点】 施工安全技术措施和安全技术交底。

【解析】 根据我国的有关规定，有下列情形之一的，经批准可以进行邀请招标：

（1）项目技术复杂或有特殊要求，只有少量几家潜在投标人可供选择的；

（2）受自然地域环境限制的；

（3）涉及国家安全、国家秘密或者抢险救灾，适宜招标但不宜公开招标的；

（4）拟公开招标的费用与项目的价值相比，不值得的；

（5）法律、法规规定不宜公开招标的。

因此，正确选项是B、D、E。

91. A、E

【考点】 施工承包合同的主要内容。

【解析】 承包人应在每个付款周期末，按监理人批准的格式和专用合同条款约定的份数，向监理人提交进度付款申请单，并附相应的支持性证明文件；进度付款证书和支付时间具体要求如下：

（1）监理人在收到承包人进度付款申请单以及相应的支持性证明文件后的14天内完成核查，提出发包人到期应支付给承包人的金额以及相应的支持性材料，经发包人审查同意后，由监理人向承包人出具经发包人签认的进度付款证书。监理人有权扣发承包人未能按照合同要求履行任何工作或义务的相应金额。

（2）发包人应在监理人收到进度付款申请单后的28天内，将进度应付款支付给承包人。发包人不按期支付的，按专用合同条款的约定支付逾期付款违约金。

（3）监理人出具进度付款证书，不应视为监理人已同意、批准或接受了承包人完成的该部分工作。

(4) 进度付款涉及政府投资资金的，按照国库集中支付等国家相关规定和专用合同条款的约定办理。

因此，正确选项是 A、E。

92. A、C、D、E

【考点】 单价合同。

【解析】 单价合同的特点是单价优先，例如 FIDIC 土木工程施工合同中，业主给出的工程量清单表中的数字是参考数字，而实际工程款则按实际完成的工程量和承包商投标时所报的单价计算。虽然在投标报价、评标以及签订合同中，人们常常注重总价格，但在工程款结算中单价优先，对于投标书中明显的数字计算错误，业主有权力先作修改再评标，当总价和单价的计算结果不一致时，以单价为准调整总价；

根据投标人的投标单价，钢筋混凝土的合价应该是 300000 元，而实际只写了 30000 元，在评标时应根据单价优先原则对总报价进行修正，所以正确的报价应该是 8100000＋（300000－30000）＝8370000 元。

实际施工中工程量是 2000m³，则钢筋混凝土工程的价款金额应该是 600000 元。

固定单价合同条件下，无论发生哪些影响价格的因素都不对单价进行调整，因而对承包商而言就存在一定的风险。当采用变动单价合同时，合同双方可以约定一个估计的工程量，当实际工程量发生较大变化时可以对单价进行调整，同时还应该约定如何对单价进行调整；当然也可以约定，当通货膨胀达到一定水平或者国家政策发生变化时，可以对哪些工程内容的单价进行调整以及如何调整等。

因此，正确选项是 A、C、D、E。

93. A、B、D、E

【考点】 施工合同变更管理。

【解析】 根据国家发展和改革委员会等九部委联合编制的《标准施工招标文件》中的通用合同条款的规定，除专用合同条款另有约定外，在履行合同中发生以下情形之一，应按照本条规定进行变更：

(1) 取消合同中任何一项工作，但被取消的工作不能转由发包人或其他人实施；

(2) 改变合同中任何一项工作的质量或其他特性；

(3) 改变合同工程的基线、标高、位置或尺寸；

(4) 改变合同中任何一项工作的施工时间或改变已批准的施工工艺或顺序；

(5) 为完成工程需要追加的额外工作；

在履行合同过程中，承包人可以对发包人提供的图纸、技术要求以及其他方面提出合理化建议。

因此，正确选项是 A、B、D、E。

94. A、B、E

【考点】 施工合同索赔的依据和证据。

【解析】 常见的索赔证据主要有：

（1）各种合同文件，包括施工合同协议书及其附件、中标通知书、投标书、标准和技术规范、图纸、工程量清单、工程报价单或者预算书、有关技术资料和要求、施工过程中的补充协议等。

（2）经过发包人或者工程师批准的承包人的施工进度计划、施工方案、施工组织设计和现场实施情况记录。

（3）施工日记和现场记录，包括有关设计交底、设计变更、施工变更指令，工程材料和机械设备的采购、验收与使用等方面的凭证及材料供应清单、合格证书，工程现场水、电、道路等开通、封闭的记录，停水、停电等各种干扰事件的时间和影响记录等。

（4）工程有关照片和录像等。

（5）备忘录，对工程师或业主的口头指示和电话应随时用书面记录，并请给予书面确认。

（6）发包人或者工程师签认的签证。

（7）工程各种往来函件、通知、答复等。

（8）工程各项会议纪要。

（9）发包人或者工程师发布的各种书面指令和确认书，以及承包人的要求、请求、通知书等。

（10）气象报告和资料，如有关温度、风力、雨雪的资料。

（11）投标前发包人提供的参考资料和现场资料。

（12）各种验收报告和技术鉴定等。

（13）工程核算资料、财务报告、财务凭证等。

（14）其他，如官方发布的物价指数、汇率、规定等。

因此，正确选项是A、B、E。

95. A、B、E

【考点】施工文件的归档。

【解析】施工文件归档的时间和相关要求如下：

（1）根据建设程序和工程特点，归档可以分阶段分期进行，也可以在单位或分部工程通过竣工验收后进行。

（2）施工单位应当在工程竣工验收前，将形成的有关工程档案向建设单位归档。

（3）施工单位在收齐工程文件整理立卷后，建设单位、监理单位应根据城建档案管理机构的要求对档案文件完整、准确、系统情况和案卷质量进行审查。审查合格后向建设单位移交。

（4）工程档案一般不少于两套，一套由建设单位保管，一套（原件）移交当地城建档案馆（室）。

（5）施工单位向建设单位移交档案时，应编制移交清单，双方签字、盖章后方可交接。

因此，正确选项是A、B、E。

2015 年度二级建造师执业资格考试试卷

一、单项选择题（共 70 题，每题 1 分。每题的备选项中，只有 1 个最符合题意）

1. 建设工程项目供货方的项目管理主要在（   ）阶段进行。
   A. 施工   B. 设计
   C. 决策   D. 保修

2. 建设项目总承包的核心意义在于（   ）。
   A. 合同总价包干降低成本   B. 总承包方负责"交钥匙"
   C. 设计与施工的责任明确   D. 为项目建设增值

3. 编制项目合同编码的基础是（   ）。
   A. 项目合同文本和项目结构图   B. 项目结构图和项目结构编码
   C. 项目结构编码和项目组织结构图 D. 项目合同文本和项目组织结构图

4. 项目管理任务分工表是（   ）的一部分。
   A. 项目组织设计文件   B. 项目结构分解
   C. 项目工作流程图   D. 项目管理职能分工

5. 编制施工组织总设计涉及下列工作：①施工总平面图设计；②拟定施工方案；③编制施工总进度计划；④编制资源需求计划；⑤计算主要工种的工程量。正确的编制程序是（   ）。
   A. ⑤—①—②—③—④   B. ①—⑤—②—③—④
   C. ①—②—③—④—⑤   D. ⑤—②—③—④—①

6. 在项目目标动态控制的纠偏措施中，调整管理职能分工属于（   ）。
   A. 组织措施   B. 管理措施
   C. 经济措施   D. 技术措施

7. 项目进度跟踪和控制报告是基于进度的（   ）的定量化数据比较的成果。
   A. 预测值与计划值   B. 计划值与实际值
   C. 实际值与预测值   D. 计划值与定额标准值

8. 根据《建设工程施工合同（示范文本）》GF—2013—0201，项目经理确需离开施工现场时，应取得（　　）书面同意。
   A. 承包人　　　　　　　　　　　　B. 监理人
   C. 建设主管部门　　　　　　　　　D. 发包人

9. 根据《建设工程施工合同（示范文本）》GF—2013—0201，项目经理因特殊情况授权其下属人员履行某项工作职责时，应至少提前（　　）天书面通知监理人。
   A. 5　　　　　　　　　　　　　　 B. 7
   C. 14　　　　　　　　　　　　　　D. 28

10. 根据《建设工程项目管理规范》GB/T 50326—2006 的条文说明中所列风险等级，某工程的风险评估值为5，则表明该工程（　　）。
    A. 发生风险可能性很大、风险后果为轻度损失
    B. 发生风险可能性中等、风险后果为中度损失
    C. 发生风险可能性很大、风险后果为重大损失
    D. 发生风险可能性中等、风险后果为重大损失

11. 根据现行《建设工程安全生产管理条例》，工程监理单位应当审查施工组织设计中的安全技术措施是否符合（　　）。
    A. 建设工程承包合同　　　　　　　B. 工程建设强制性标准
    C. 工程监理大纲　　　　　　　　　D. 设计文件

12. 根据现行《建设工程安全生产管理条例》，工程监理单位发现存在安全事故隐患情况严重的，应当要求施工单位暂时停止施工，并及时报告（　　）。
    A. 工程总承包单位　　　　　　　　B. 建设单位
    C. 建设主管部门　　　　　　　　　D. 质量监督站

13. 某施工企业采购一批材料，出厂价3000元/t，运杂费是材料采购价的5%，运输中材料的损耗率为1%，保管费率为2%，则该批材料的单价应为（　　）元/t。
    A. 3150.00　　　　　　　　　　　B. 3240.00
    C. 3244.50　　　　　　　　　　　D. 3245.13

14. 根据《建设工程工程量清单计价规范》GB 50500—2013，关于投标人采用定额组价方法编制综合单价的说法，正确的是（　　）。
    A. 一个清单项目可能对应多个定额子目
    B. 清单工程量可以直接用于计价，因为与定额子目的工程量肯定相等

C. 人、料、机的消耗量根据政府颁发的消耗量定额确定，一般不能调整
D. 人、料、机的单价按照市场价格确定，一般不能调整

15. 施工定额的研究对象是同一性质的施工过程，这里的施工过程是指（　　）。
   A. 工序　　　　　　　　　　　　B. 分部工程
   C. 分项工程　　　　　　　　　　D. 整个建筑物

16. 编制某施工机械台班使用定额，测定该机械纯工作1小时的生产率为6m³，机械利用系数平均为80%，工作班延续时间为8小时，则该机械的台班产量定额为（　　）m³。
   A. 38.4　　　　　　　　　　　　B. 48
   C. 60　　　　　　　　　　　　　D. 64

17. 根据《建设工程工程量清单计价规范》GB 50500—2013，关于工程项目合同类型选择的说法，正确的是（　　）。
   A. 对使用工程量清单计价的工程，宜采用单价合同，但并不排斥总价合同
   B. 对使用工程量清单计价的工程，必须采用单价合同，不适用于总价合同
   C. 采用单价合同时，工程量清单可以不作为合同的组成部分
   D. 采用总价合同时，工程量清单中的工程量不具备合同约束力

18. 某工程采用单价合同，施工过程中承包人向发包人提交了已完工程量报告，发包人决定进行工程计量，下列计量结果有效的是（　　）。
   A. 发包人在计量前24小时通知承包人，但计量时承包人没有在场
   B. 发包人在没有通知承包人的情况下到现场计量
   C. 发包人没有在预定的时间去现场计量，而是在方便的时候进行计量
   D. 发包人单独对承包人返工重做的分项工程计量

19. 根据《建设工程工程量清单计价规范》GB 50500—2013，某工程签订了单价合同，在执行过程中，某分项工程原清单工程量为1000m³，综合单价为25元/m³，后因业主方原因实际工程量变更为1500m³，合同中约定：若实际工程量超过计划工程量15%以上，超过部分综合单价调整为原来的0.9。不考虑其他因素，则该分项工程的结算款应为（　　）元。
   A. 32875　　　　　　　　　　　　B. 33750
   C. 35000　　　　　　　　　　　　D. 36625

20. 根据《建设工程工程量清单计价规范》GB 50500—2013，发包人进行安全文明

施工费预付的时间和金额分别为（　　）。

  A. 预付时间为工程开工后 28 天内，金额不低于当年施工进度计划的安全文明施工费总额的 60％

  B. 预付时间为工程开工后 42 天内，金额不低于当年施工进度计划的安全文明施工费总额的 60％

  C. 预付时间为工程开工后 42 天内，金额不低于当年施工进度计划的安全文明施工费总额的 50％

  D. 预付时间为工程开工后 14 天内，金额不低于当年施工进度计划的安全文明施工费总额的 80％

21. 发包人对工程质量有异议，拒绝办理竣工决算，但该工程已实际投入使用。其质量争议的解决方法是（　　）。

  A. 按工程保修合同执行

  B. 就争议部分根据有资质的鉴定机构的检测结果确定解决方案

  C. 按工程质量监督机构的处理决定执行后办理竣工结算

  D. 采取诉讼的方式解决

22. 关于施工形象进度、产值统计、实际成本三者关系的说法，正确的是（　　）。

  A. 施工形象进度、产值统计、实际成本所依据的工程量应是相同的数值

  B. 施工形象进度与产值统计所依据的工程量是相同的，但与实际成本计算依据的工程量不同

  C. 施工形象进度、产值统计、实际成本所依据的工程量都是互不相同的

  D. 产值统计与实际成本所依据的工程量是相同的，但不同于形象进度计算所依据的工程量

23. 关于利用时间－成本累积曲线编制施工成本计划的说法，正确的是（　　）。

  A. 所有工作都按最迟开始时间，对节约资金不利

  B. 所有工作都按最迟开始时间，降低了项目按期竣工的保证率

  C. 所有工作都按最早开始时间，对节约资金有利

  D. 项目经理通过调整关键工作的最早开始时间，将成本控制在计划范围之内

24. 对施工成本偏差进行分析的目的是为了有针对性的采取纠偏措施，而纠偏首先要做的工作是（　　）。

  A. 确定纠偏的主要对象　　　　　　B. 分析偏差产生的原因

  C. 采取适当的技术措施　　　　　　D. 采取有针对性的经济措施

25. 施工成本的过程控制中，对于人工费和材料费都可以采用的控制方法是（　　）。
   A. 量价分离　　　　　　　　　　B. 包干控制
   C. 预算控制　　　　　　　　　　D. 跟踪检查

26. 施工项目成本分析的基础是（　　）成本分析。
   A. 工序　　　　　　　　　　　　B. 单项工程
   C. 单位工程　　　　　　　　　　D. 分部分项

27. 设计进度计划主要是确定各设计阶段的（　　）。
   A. 专业协调计划　　　　　　　　B. 出图计划
   C. 设计工作量计划　　　　　　　D. 设计人员配置计划

28. 建设工程项目的实施性施工进度计划是指（　　）。
   A. 季度施工计划和月度施工计划
   B. 月度施工计划和旬施工作业计划
   C. 单位工程施工计划和月度施工计划
   D. 季度施工计划和单位工程施工计划

29. 工程项目的施工总进度计划属于（　　）。
   A. 项目的控制性施工进度计划　　B. 项目的施工总进度方案
   C. 项目的指导性施工进度计划　　D. 项目施工的年度施工计划

30. 根据双代号网络图绘图规则，下列网络图中的绘图错误有（　　）处。

   A. 2　　　　　　　　　　　　　　B. 3
   C. 4　　　　　　　　　　　　　　D. 5

31. 某单代号网络计划如下图所示（时间单位：天），其计算工期是（　　）天。
   A. 10　　　　　　　　　　　　　B. 11
   C. 12　　　　　　　　　　　　　D. 15

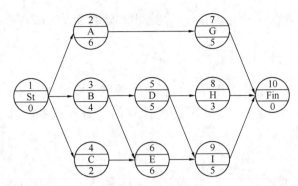

32. 某单代号网络计划如下图所示（时间单位：天），工作 5 的最迟完成时间是（　　）。

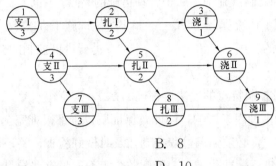

A. 7
B. 8
C. 9
D. 10

33. 某双代号网络计划如下图所示（时间单位：天），其关键线路有（　　）条。

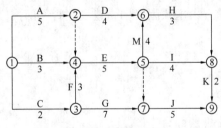

A. 1
B. 2
C. 3
D. 4

34. 某工程双代号时标网络计划如下图所示，则工作 B 的自由时差和总时差（　　）。

A. 均为 2 周 B. 分别为 2 周和 4 周
C. 均为 4 周 D. 分别为 3 周和 4 周

35. 施工进度控制的主要工作环节包括：①编制资源需求计划；②编制施工进度计划；③组织进度计划的实施；④施工进度计划的检查与调整。其正确的工作程序是（   ）。

A. ①—②—③—④ B. ②—①—④—③
C. ②—①—③—④ D. ①—③—②—④

36. 下列施工进度控制措施中，属于管理措施的是（   ）。

A. 编制进度控制工作流程 B. 优选施工方案
C. 重视信息技术的应用 D. 进行进度控制的会议组织设计

37. 关于施工质量控制特点的说法，正确的是（   ）。

A. 施工质量受到多种因素影响，因此要保证质量合格很难完全做到
B. 施工质量控制中，必须强调过程控制，及时做好检查、签证记录
C. 施工生产不能进行标准化施工，因此各个工程质量有差异是难免的
D. 施工质量主要依靠对工程实体的终检来判断是否合格

38. 在影响施工质量的五大主要因素中，建设主管部门推广的高性能混凝土技术，属于（   ）的因素。

A. 环境 B. 材料
C. 机械 D. 方法

39. 关于项目施工质量目标的说法，正确的是（   ）。

A. 项目施工质量总目标应符合行业质量最高目标要求
B. 项目施工质量总目标要以相关标准规范为基本依据
C. 项目施工质量总目标应逐级分解以形成在合同环境下的各级质量目标
D. 项目施工质量总目标的分解仅需从空间角度立体展开

40. 下列与项目质量管理有关的费用中，属于外部质量保证成本的是（   ）。

A. 一般材料进场抽检
B. 拆模前对混凝土试块进行强度检测
C. 拆除不合格砖墙重新砌筑
D. 聘请第三方检测机构对玻璃幕墙进行强度检测

41. 下列施工质量保证体系的内容中，属于工作保证体系的是（   ）。
   A. 明确施工质量目标   B. 树立"质量第一"的观点
   C. 建立质量管理组织   D. 建立质量检查制度

42. 下列施工质量控制的工作中，属于事前质量控制的是（   ）。
   A. 隐蔽工程的检查
   B. 工程质量事故的处理
   C. 进场材料抽样检验或试验
   D. 分析可能导致质量问题的因素并制定预防措施

43. 下列现场质量检查的方法中，属于目测法的是（   ）。
   A. 利用小锤检查面砖铺贴质量   B. 利用全站仪复查轴线偏差
   C. 利用酚酞液观察混凝土表面碳化 D. 利用磁场磁粉探查焊缝缺陷

44. 下列质量控制点的重点控制对象中，属于施工技术参数类的是（   ）。
   A. 水泥的安定性   B. 预应力钢筋的张拉
   C. 砌体砂浆的饱满度   D. 混凝土浇筑后的拆模时间

45. 某工程项目施工工期紧迫，楼面混凝土刚浇筑完毕即上人作业，造成混凝土表面不平并出现楼板裂缝，按事故责任分此质量事故属于（   ）事故。
   A. 指导责任   B. 操作责任
   C. 社会责任   D. 自然灾害

46. 根据质量事故处理的一般程序，经事故调查及原因分析，则下一步应进行的工作是（   ）。
   A. 制定事故处理方案   B. 事故的责任处罚
   C. 事故处理的鉴定验收   D. 提交处理报告

47. 下列政府质量监督职能中，属于对建设参与各方主体质量行为监督的是（   ）。
   A. 检查工程实体检测报告是否齐全
   B. 监督检查主体结构的施工质量
   C. 监督工程竣工验收的组织形式
   D. 监督验收过程中形成的质量验收文件是否符合有关规定

48. 根据《建设工程质量管理条例》，工程项目主要分部工程在政府监督机构监督验收合格后，建设单位应将质量验收证明文件报送工程质量监督机构备案的时限是

（　　）天。
   A. 3   B. 5
   C. 7   D. 14

49. 施工企业职业健康安全管理体系的运行及维持活动中，应由（　　）对管理体系进行系统评价。
   A. 施工企业技术负责人   B. 施工企业的最高管理者
   C. 施工企业安全部门负责人   D. 项目经理

50. 施工企业职业健康安全管理体系的纲领性文件是（　　）。
   A. 作业文件   B. 程序文件
   C. 监测活动准则   D. 管理手册

51. 根据《建筑法》，建筑施工企业可以自主决定是否投保的险种是（　　）。
   A. 基本医疗保险   B. 工伤保险
   C. 失业保险   D. 意外伤害保险

52. 下列风险控制方法中，适用于第一类风险源控制的是（　　）。
   A. 提高各类设施的可靠性   B. 设置安全监控系统
   C. 隔离危险物质   D. 加强员工的安全意识教育

53. 根据《生产安全事故报告和调查处理条例》，符合施工生产安全事故报告要求的做法是（　　）。
   A. 任何情况下，事故现场有关人员必须逐级上报事故情况
   B. 一般事故最高上报至省辖市人民政府建设主管部门
   C. 实行施工总承包的建设工程，由监理单位负责上报事故
   D. 重大事故和特别重大事故，需逐级上报至国务院建设主管部门

54. 根据《生产安全事故报告和调查处理条例》，生产安全事故报告和调查处理过程中，由监察机关对有关责任人员依法给予处分的违法行为是（　　）。
   A. 迟报或漏报事故   B. 销毁有关证据
   C. 指使他人作伪证   D. 拒绝落实对事故责任人的处理意见

55. 下列施工现场文明施工措施中，正确的是（　　）。
   A. 市区主要路段设置围挡的高度不低于2m
   B. 项目经理任命专人为现场文明施工第一责任人

C. 现场施工人员均佩戴胸卡，按工种统一编号管理

D. 建筑垃圾和生活垃圾集中一起堆放，并及时清运

56. 下列施工现场环境污染的处理措施中，正确的是（   ）。

A. 固体废弃物必须单独储存

B. 电气焊必须在工作面设置光屏障

C. 存放油料库的地面和高 250mm 墙面必须进行防渗处理

D. 在人口密集区进行较强噪声施工时，一般避开晚 12：00 至次日早 6：00 时段

57. 根据《建设工程施工现场管理规定》，施工单位采取的防止环境污染的措施，正确的是（   ）。

A. 将有害废弃物用作土方回填

B. 现场产生的废水经沉淀后直接排入城市排水设施

C. 在现场露天焚烧油毡

D. 使用密封式圈桶处理高空废弃物

58. 关于施工平行发承包模式下进度控制的说法，正确的是（   ）。

A. 需全部施工图完成后才能进行招标，对进度控制不利

B. 业主用于平行发包的招标次数少，有利于进度控制

C. 业主直接协调不同单位承包的工程进度，因此业主的进度控制风险小

D. 部分施工图完成后即可进行该部分的招标，有利于缩短建设周期

59. 施工总承包管理模式下，如施工总承包管理单位想承接该工程部分工程的施工任务，则其取得施工任务的合理途径应为（   ）。

A. 监理单位委托　　　　　　　　B. 施工总承包人委托

C. 投标竞争　　　　　　　　　　D. 自行分配

60. 某工程因施工需要，需取得出入施工场地的临时道路的通行权，根据《标准施工招标文件》，该通行权应当由（   ）。

A. 承包人负责办理，并承担有关费用

B. 承包人负责办理，发包人承担有关费用

C. 发包人负责办理，并承担有关费用

D. 发包人负责办理，承包人承担有关费用

61. 某工程施工过程中，承包人未通知监理人检查，私自对某隐蔽部位进行了覆盖，监理人指示承包人揭开检查，经检查该隐蔽部位质量符合合同要求。根据《标准施工招标

文件》，由此增加的费用和（或）工期延误应由（　　）承担。

A. 发包人 B. 监理人
C. 承包人 D. 分包人

62. 根据《建设工程施工劳务分包合同（示范文本）》GF—2003—0214，某工程承包人租赁一台起重机提供给劳务分包人使用，则该起重机的保险应由（　　）。

A. 工程承包人办理并支付保险费用
B. 劳务分包人办理并支付保险费用
C. 工程承包人办理，但由劳务分包人支付保险费用
D. 劳务分包人办理，但由承包人支付保险费用

63. 某施工承包合同采用单价合同，在签约时双方根据估算的工程量约定了一个合同总价。在实际结算时，合同总价与合同各项单价乘以实际完成工程量之和不一致，则价款结算应以（　　）为准。

A. 签订的合同总价
B. 双方重新协商确定的单价和工程量
C. 实际完成的工程量乘以重新协商的各项单价之和
D. 合同中的各项单价乘以实际完成的工程量之和

64. 下列施工承包合同计价方式中，在不发生重大工程变更的情况下，由承包商承担全部工程量和价格风险的合同计价方式是（　　）。

A. 单价合同 B. 固定总价合同
C. 变动总价合同 D. 成本加酬金合同

65. 某工程由于图纸、规范等准备不充分，招标方仅能制订一个估算指标，则在招标时宜采用成本加酬金合同形式中的（　　）。

A. 成本加奖金合同 B. 成本加固定费用合同
C. 成本加固定比例费用合同 D. 最大成本加费用合同

66. 某工程施工过程中，为了纠正出现的进度偏差，承包人采取了夜间加班和增加劳动力投入措施。该措施属于纠偏措施中的（　　）。

A. 组织措施 B. 技术措施
C. 经济措施 D. 合同措施

67. 根据《标准施工招标文件》，施工合同履行过程中发生工程变更时，由（　　）向承包人发出变更指令。

A. 业主 B. 设计人
C. 监理人 D. 变更提出方

68. 工程施工过程中索赔事件发生以后，承包人首先要做的工作是（　　）。
A. 向监理工程师提交索赔证据 B. 向监理工程师提出索赔意向通知
C. 向监理工程师提交索赔报告 D. 与业主就索赔事项进行谈判

69. 根据《标准施工招标文件》，对于承包人向发包人的索赔请求，其索赔意向通知书应交由（　　）审核。
A. 业主 B. 监理人
C. 设计人 D. 项目经理

70. 根据施工项目相关的信息管理工作要求，项目施工进度计划表属于（　　）。
A. 公共信息 B. 工程总体信息
C. 施工信息 D. 项目管理信息

二、多项选择题（共25题，每题2分。每题的备选项中，有2个或2个以上符合题意，至少有1个错项。错选，本题不得分；少选，所选的每个选项得0.5分）

71. 某施工单位采用下图所示的组织结构模式，则关于该组织结构的说法，正确的有（　　）。

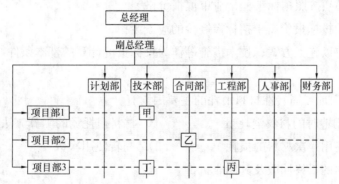

A. 甲工作涉及的指令源有2个，即项目部1和技术部
B. 该组织结构属于矩阵式
C. 当乙工作来自项目部2和合同部的指令矛盾时，必须以合同部指令为主
D. 技术部可以对甲、乙、丙、丁直接下达指令
E. 工程部不可以对甲、乙、丙、丁直接下达指令

72. 施工组织设计的编制原则包括（　　）。
A. 采用国内外最先进的施工技术 B. 重视工程施工的目标控制

C. 合理部署施工现场 D. 提高施工的工业化程度

E. 提高施工的连续性和均衡性

73. 根据《建设工程施工合同（示范文本）》GF—2013—0201，施工合同签订后，承包人应向发包人提交的关于项目经理的有效证明文件包括（　　）。

　　A. 身份证 B. 职称证书

　　C. 注册执业证书 D. 劳动合同

　　E. 缴纳社保证明

74. 根据《建设工程项目管理规范》GB/T 50326—2006，关于项目经理权限的说法，正确的有（　　）。

　　A. 参与项目招标、投标和合同签订 B. 参与组建项目经理部

　　C. 参与制订内部计酬办法 D. 参与选择工程分包人

　　E. 参与选择物资供应单位

75. 根据《建设工程工程量清单计价规范》GB 50500—2013，关于企业投标报价编制原则的说法，正确的有（　　）。

　　A. 投标报价由投标人自主确定

　　B. 为了鼓励竞争，投标报价可以略低于成本

　　C. 投标人必须按照招标工程量清单填报价格

　　D. 投标人的投标报价高于招标控制价的应予废标

　　E. 投标人应以施工方案、技术措施等作为投标报价计算的基本条件

76. 影响施工现场周转性材料消耗的主要因素有（　　）。

　　A. 第一次制造时的材料消耗量 B. 材料损耗量的测算方法

　　C. 每周转使用一次材料的损耗 D. 周转使用次数

　　E. 周转材料的最终回收及其回收折价

77. 某工程按月编制的成本计划如下图所示，若6月、7月实际完成的成本为700万元和1000万元，其余月份的实际成本与计划相同，则关于成本偏差的说法，正确的有（　　）。

　　A. 第6个月末的实际成本累计值为2550万元

　　B. 第6个月末的计划成本累计值为2650万元

　　C. 第7个月末的实际成本累计值为3550万元

　　D. 第7个月末的计划成本累计值为3500万元

　　E. 若绘制S形曲线，全部工作必须按照最早开工时间计算

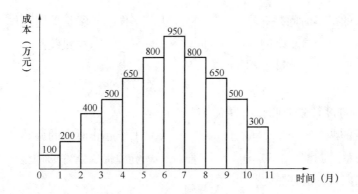

78. 关于赢得值及其曲线的说法，正确的有（   ）。

A. 最理想状态是已完工作实际费用、计划工作预算费用和已完工作预算费用三条曲线靠得很近并平稳上升

B. 如果已完工作实际费用、计划工作预算费用和已完工作预算费用三条曲线离散度不断增加，则预示着可能发生关系到项目成败的重大问题

C. 在费用、进度控制中引入赢得值可以克服将费用、进度分开控制的缺点

D. 同一项目采用费用偏差和费用绩效指数进行分析，结论是一致的

E. 进度偏差是相对值指标，相对值越大的项目，表明偏离程度越严重

79. 在项目实施阶段，项目总进度计划包括（   ）。

A. 招标工作进度
B. 设计工作进度
C. 工程施工进度
D. 保修工作进度
E. 物资采购工作进度

80. 建设工程项目实施性施工计划的主要作用有（   ）。

A. 确定施工作业的具体安排
B. 确定计划期内的人、机、料需求
C. 确定计划期内的资金需求
D. 确定控制性进度计划的关键指标
E. 确定里程碑计划节点

81. 某钢筋混凝土基础工程，包括支模板、绑扎钢筋、浇筑混凝土三道工序，每道工序安排一个专业施工队进行，分三段施工，各工序在一个施工段上的作业时间分别3天、2天、1天，关于其施工网络计划的说法，正确的有（   ）。

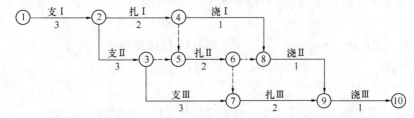

A. 节点⑤的最早时间是 5　　　　　　B. 工作①－②是关键工作
C. 虚工作③－⑤是多余的　　　　　　D. 只有 1 条关键线路
E. 工作⑤－⑥是非关键工作

82. 施工方进度计划的调整内容有（　　）。
A. 工程量的调整　　　　　　　　　　B. 工作起止时间的调整
C. 工作关系的调整　　　　　　　　　D. 资源提供条件的调整
E. 合同工期目标的调整

83. 建筑工程施工质量控制难度大的原因有（　　）。
A. 建筑产品的单件性　　　　　　　　B. 规范化的生产工艺
C. 施工生产的流动性　　　　　　　　D. 成套的生产设备
E. 复杂的工序关系

84. 下列施工质量保证体系的内容中，属于施工阶段工作保证体系的有（　　）。
A. 建立施工现场管理制度　　　　　　B. 建立质量检验制度
C. 开展群众性的 QC 活动　　　　　　D. 做好成品保护
E. 建立质量信息系统

85. 下列导致施工质量事故发生的原因中，属于施工失误的有（　　）。
A. 边勘察、边设计、边施工　　　　　B. 使用不合格的工程材料
C. 施工人员不具备上岗的技术资质　　D. 勘察报告不准、不细
E. 施工管理混乱

86. 下列工程建设的参建主体中，应在建设单位报送工程质量监督机构的主体结构分部工程质量验收证明上签字的单位有（　　）。
A. 勘察单位　　　　　　　　　　　　B. 设计单位
C. 施工单位　　　　　　　　　　　　D. 监理单位
E. 检测单位

87. 施工企业环境管理体系文件中，属于作业文件的有（　　）。
A. 管理手册　　　　　　　　　　　　B. 程序文件
C. 监测活动规则　　　　　　　　　　D. 操作规程
E. 管理规定

88. 项目经理部建立施工安全生产管理制度体系时，应遵循的原则有（　　）。

A. 贯彻"安全第一，预防为主"的方针

B. 建立健全安全生产责任制度和群防群治制度

C. 必须符合有关法律、法规及规程的要求

D. 遵循安全生产投入最小

E. 必须适用于工程施工全过程的安全管理和控制

89. 生产安全事故报告和调查处理过程中，对事故发生单位处100万元以上500万元以下罚款的情形有（　　）。

A. 不立即组织事故抢救　　　　B. 迟报或漏报事故

C. 销毁有关证据　　　　　　　D. 指使他人作伪证

E. 故意破坏事故现场

90. 与施工总承包模式相比，施工总承包管理模式的主要优点有（　　）。

A. 合同总价不是一次确定，整个项目的合同总额确定较有依据

B. 业主只需进行一次招标，招标及合同管理工作量大大减少

C. 分包合同都通过招标获得有竞争力的投标报价，对业主方节约投资有利

D. 多数情况下，由业主方直接与分包人签约，减少了业主方的风险

E. 施工总承包管理单位只收取总包管理费，不赚取总包与分包之间的差价

91. 根据《建设工程施工专业分包合同（示范文本）》GF—2003—0213，专业工程分包人应承担违约责任的情形有（　　）。

A. 未能及时办理与分包工程相关的各种证件、批件

B. 未履行总包合同中与分包工程有关的承包人的义务与责任

C. 经承包人允许，分包人直接致函发包人或工程师

D. 已竣工工程未交付承包人之前，发生损坏

E. 为施工方便，分包人直接接受发包人或工程师的指令

92. 在最大成本加费用合同中，投标人所报的固定酬金中应包括的费用有（　　）。

A. 管理费　　　　　　　　　　B. 临时设施费

C. 利润　　　　　　　　　　　D. 风险费

E. 暂定金额

93. 根据九部委《标准施工招标文件》中"通用合同条款"，变更指示应说明变更的（　　）。

A. 目的　　　　　　　　　　　B. 范围

C. 变更程序　　　　　　　　　D. 变更内容

E. 变更的工程量及其进度和技术要求

94. 承包商可以提出索赔的事件有（　　）。
A. 发包人违反合同给承包人造成时间、费用的损失
B. 因工程变更造成的时间、费用损失
C. 发包人提出提前竣工而造成承包人的费用增加
D. 发包人延误支付期限造成承包人的损失
E. 贷款利率上调造成贷款利息增加

95. 下列建设工程施工资料中，属于工程质量控制资料的有（　　）。
A. 施工组织设计　　　　　　B. 施工测量放线报验表
C. 见证检测报告　　　　　　D. 交接检查记录
E. 检验批质量验收记录

2015 年度参考答案及解析

一、单项选择题

1. A

【考点】 建设工程项目管理的类型。

【解析】 供货方的项目管理工作主要在施工阶段进行,但它也涉及设计准备阶段、设计阶段、动用前准备阶段和保修期。

因此,正确选项是 A。

2. D

【考点】 施工方项目管理的目标和任务。

【解析】 建设项目工程总承包的主要意义并不在于总价包干,也不是"交钥匙",其核心是通过设计与施工过程的组织集成,促进设计与施工的紧密结合,以达到为项目建设增值的目的。即使采用总价包干的方式,稍大一些的项目也难以用固定总价包干,而多数采用变动总价合同。

因此,正确选项是 D。

3. B

【考点】 项目结构分析。

【解析】 一个建设工程项目有不同类型和不同用途的信息,为了有组织地存储信息、方便信息的检索和信息的加工整理,必须对项目的信息进行编码,如:

(1) 项目的结构编码;

(2) 项目管理组织结构编码;

(3) 项目的政府主管部门和各参与单位编码(组织编码);

(4) 项目实施的工作项编码(项目实施的工作过程的编码);

(5) 项目的投资项编码(业主方)/成本项编码(施工方);

(6) 项目的进度项(进度计划的工作项)编码;

(7) 项目进展报告和各类报表编码;

(8) 合同编码;

(9) 函件编码;

(10) 工程档案编码等。

项目结构图和项目结构的编码是编制上述其他编码的基础。

因此,正确选项是 B。

4. A

【考点】 施工管理的工作任务分工。

【解析】 每一个建设项目都应编制项目管理任务分工表,这是一个项目的组织设计文件的一部分。

因此,正确选项是 A。

5. D

【考点】 施工组织设计的编制方法。

【解析】 施工组织总设计的编制通常采用如下程序:

(1) 收集和熟悉编制施工组织总设计所需的有关资料和图纸,进行项目特点和施工条件的调查研究;

(2) 计算主要工种工程的工程量;

(3) 确定施工的总体部署;

(4) 拟订施工方案;

(5) 编制施工总进度计划;

(6) 编制资源需求量计划;

(7) 编制施工准备工作计划;

(8) 施工总平面图设计;

(9) 计算主要技术经济指标。

应该指出,以上顺序中有些顺序必须这样,不可逆转。但是在以上顺序中也有些顺序应该根据具体项目而定,如确定施工的总体部署和拟订施工方案,两者有紧密的联系,往往可以交叉进行。

因此,正确选项是 D。

6. A

【考点】 动态控制方法。

【解析】 组织措施,分析由于组织的原因而影响项目目标实现的问题,并采取相应的措施,如调整项目组织结构、任务分工、管理职能分工、工作流程组织和项目管理班子人员等。

因此,正确选项是 A。

7. B

【考点】 动态控制方法在施工管理中的应用。

【解析】 进度的计划值和实际值的比较应是定量的数据比较,比较的成果是进度跟踪和控制报告,如编制进度控制的旬、月、季、半年和年度报告等。

因此,正确选项是 B。

8. D

【考点】 施工方项目经理的任务和责任。

【解析】 项目经理确需离开施工现场时,应事先通知监理人,并取得发包人的书面同意。

因此,正确选项是 D。

9. B

【考点】 施工方项目经理的任务和责任。

【解析】 项目经理因特殊情况授权其下属人员履行其某项工作职责的,该下属人员应具备履行相应职能的能力,并应提前7天将上述人员的姓名和授权范围书面通知监理人,并征得发包人同意。

因此,正确选项是B。

10. C

【考点】 风险和风险量。

【解析】 在《建设工程项目管理规范》GB/T 50326—2006 的条文说明中所列风险等级评估如下表。

风险等级评估

风险等级 可能性	后果	轻度损失	中度损失	重大损失
很大		3	4	5
中等		2	3	4
极小		1	2	3

因此,正确选项是C。

11. B

【考点】 工程监理的工作任务。

【解析】 工程监理单位应当审查施工组织设计中的安全技术措施或者专项施工方案是否符合工程建设强制性标准。

因此,正确选项是B。

12. B

【考点】 工程监理的工作任务。

【解析】 工程监理单位在实施监理过程中,发现存在安全事故隐患的,应当要求施工单位整改;情况严重的,应当要求施工单位暂时停止施工,并及时报告建设单位。

因此,正确选项是B。

13. D

【考点】 建筑安装工程费用计算方法。

【解析】 材料单价=[(供应价格+运杂费)×(1+运输损耗率)]×(1+采购保管费率)。本题中材料单价=[3000×(1+5%)×(1+1%)]×(1+2%)=3245.13 元/t

因此,正确选项是D。

14. A

【考点】 工程量清单计价。

【解析】 综合单价编制:

(1)清单项目一般以一个"综合实体"考虑,包括了较多的工程内容,计价时,可能出现一个清单项目对应多个定额子目的情况。

（2）由于一个清单项目可能对应几个定额子目，而清单工程量计算的是主项工程量，与各定额子目的工程量可能并不一致；即便一个清单项目对应一个定额子目，也可能由于清单工程量计算规则与所采用的定额工程量计算规则之间的差异，而导致两者的计价单位和计算出来的工程量不一致。因此，清单工程量不能直接用于计价，在计价时必须考虑施工方案等各种影响因素，根据所采用的计价定额及相应的工程量计算规则重新计算各定额子目的施工工程量。

（3）人、料、机的消耗量一般参照定额进行确定。在编制招标控制价时一般参照政府颁发的消耗量定额；编制投标报价时一般采用反映企业水平的企业定额，投标企业没有企业定额时可参照消耗量定额进行调整。

（4）人工单价、材料价格和施工机械台班单价，应根据工程项目的具体情况及市场资源的供求状况进行确定，采用市场价格作为参考，并考虑一定的调价系数。

因此，正确选项是 A。

15. A

【考点】 建设工程定额的分类。

【解析】 施工定额是以同一性质的施工过程——工序，作为研究对象，表示生产产品数量与时间消耗综合关系编制的定额。

因此，正确选项是 A。

16. A

【考点】 施工机械台班使用定额。

【解析】 计算机械台班定额。施工机械台班产量定额的计算如下。

施工机械台班产量定额＝机械净工作生产率×工作班延续时间×机械利用系数

台班产量定额＝$6×8×80\% = 38.4 m^3$

因此，正确选项是 A。

17. A

【考点】 合同价款约定。

【解析】 《计价规范》中规定，对使用工程量清单计价的工程，宜采用单价合同，但并不排斥总价合同。采用单价合同时，工程量清单是合同文件必不可少的组成内容。

因此，正确选项是 A。

18. A

【考点】 工程计量。

【解析】 发包人认为需要进行现场计量核实时，应在计量前 24 小时通知承包人，承包人应为计量提供便利条件并派人参加。双方均派人同意核实结果时，则双方应在上述记录上签字确认。承包人收到通知后不派人参加计量，视为认可发包人的计量核实结果。发包人不照约定时间通知承包人，致使承包人未能派人参加计量的，计量核实结果无效。

因此，正确选项是 A。

19. D

【考点】 工程变更。

【解析】 合同约定范围内（15%以内）的工程款为：
$$1000×（1+15\%）×25=1150×25=28750 元$$
超过15%之后工程量的合同价款为：
$$（1500-1150）×25×0.9=7875 元$$
则工程价款合计 28750+7875=36625 元。

因此，正确选项是 D。

20. A

【考点】 合同价款期中支付。

【解析】 发包人应在工程开工后的 28 天内预付不低于当年施工进度计划的安全文明施工费总额的 60%，其余部分按照提前安排的原则进行分解，与进度款同期支付。

因此，正确选项是 A。

21. A

【考点】 竣工结算与支付。

【解析】 发包人对工程质量有异议，拒绝办理工程竣工决算的，已竣工验收或已竣工未验收但实际投入使用的工程，其质量争议按该工程保修合同执行，竣工结算按合同约定办理。

因此，正确选项是 A。

22. A

【考点】 施工成本管理的任务与措施。

【解析】 形象进度、产值统计、实际成本归集三同步，即三者的取值范围应是一致的。形象进度表达的工程量、统计施工产值的工程量和实际成本归集所依据的工程量均应是相同的数值。

因此，正确选项是 A。

23. B

【考点】 施工成本计划的编制方法。

【解析】 项目经理可根据编制的成本支出计划来合理安排资金，同时项目经理也可以根据筹措的资金来调整S形曲线，即通过调整非关键路线上的工序项目的最早或最迟开工时间，力争将实际的成本支出控制在计划的范围内。

一般而言，所有工作都按最迟开始时间开始，对节约资金贷款利息是有利的，但同时，也降低了项目按期竣工的保证率，因此项目经理必须合理地确定成本支出计划，达到既节约成本支出，又能控制项目工期的目的。

因此，正确选项是 B。

24. A

【考点】 施工成本控制的步骤。

【解析】 对偏差原因进行分析的目的是为了有针对性地采取纠偏措施，从而实现成本的动态控制和主动控制。纠偏首先要确定纠偏的主要对象。

因此，正确选项是 A。

25．A

【考点】 施工成本控制的方法。

【解析】 成本控制方法：

（1）人工费的控制

人工费的控制实行"量价分离"的方法，将作业用工及零星用工按定额工日的一定比例综合确定用工数量与单价，通过劳务合同进行控制。

（2）材料费的控制

材料费控制同样按照"量价分离"原则，控制材料用量和材料价格。

因此，正确选项是 A。

26．D

【考点】 施工成本分析的方法。

【解析】 分部分项工程成本分析是施工项目成本分析的基础。分部分项工程成本分析的对象为已完成分部分项工程。

因此，正确选项是 D。

27．B

【考点】 进度控制的任务。

【解析】 在国际上，设计进度计划主要是确定各设计阶段的设计图纸（包括有关的说明）的出图计划，在出图计划中标明每张图纸的出图日期。

因此，正确选项是 B。

28．B

【考点】 实施性施工进度控制的作用。

【解析】 项目施工的月度施工计划和旬施工作业计划是用于直接组织施工作业的计划，它是实施性施工进度计划。

因此，正确选项是 B。

29．A

【考点】 控制性施工进度计划的作用。

【解析】 许多进度计划的名称，在理论上和工程实践中并没有非常明确的界定，何为控制性进度计划。一般而言，一个工程项目的施工总进度规划或施工总进度计划是工程项目的控制性施工进度计划。

因此，正确选项是 A。

30．C

【考点】 工程网络计划的类型和应用。

【解析】 本题的绘图错误共有 4 处，分别是：双代号网络图中应只有一个起点节点和一个终点节点（多目标网络计划除外），而本题中有两个起点①和③；双代号网络图中，在节点之间严禁出现带双向箭头的连线，本题中有⑨、⑩之间是双向箭头的连线；双代号网络图中，在节点之间严禁出现带无箭头的连线，本题中⑩、⑪之间出现带无箭头的连线；绘制网络图时，箭线不宜交叉，本题中⑦、⑧与⑥、⑩之间出现交叉。

因此，正确选项是C。

31．D

【考点】 工程网络计划的类型和应用。

【解析】 网络计划的线路有5条，分别是：St→A→G→Fin，St→B→D→H→Fin，St→C→E→I→Fin，St→B→E→I→Fin，St→B→D→H→Fin，各线路的长度分别是11、12、13、15、14。即计算工期是15天。

因此，正确选项是D。

32．C

【考点】 工程网络计划的类型和应用。

【解析】 单代号网络计划时间参数的计算应在确定各项工作的持续时间之后进行。时间参数的计算顺序和计算方法基本上与双代号网络计划时间参数的计算相同。单代号网络计划时间参数的标注形式如下图。

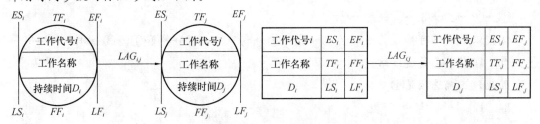

单代号网络几乎时间参数的标注形式

本解析只计算最早开始时间、最早完成时间、最早开始时间和最迟完成时间，剩余时间参数的计算留给读者进行，计算结果如下：

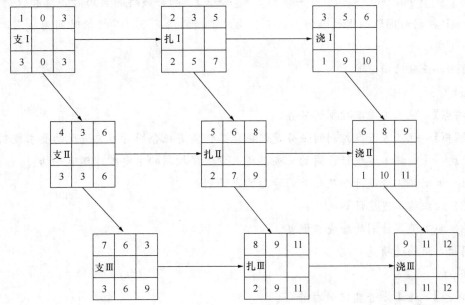

工作5的最迟时间是9。

因此，正确选项是C。

33．B

【考点】 工程网络计划的类型和应用。

【解析】 线路上总的工作持续时间最长的线路为关键线路。由图结构特点可列举如下：

①→②→⑥→⑧→⑨

①→②→④→⑤→⑧→⑨

①→④→⑤→⑥→⑧→⑨

①→④→⑤→⑧→⑨

①→③→④→⑤→⑧→⑨

①→③→⑦→⑨

①→④→⑤→⑦→⑨

①→③→④→⑤→⑦→⑨

①→③→④→⑤→⑥→⑧→⑨

①→③→④→⑤→⑥→⑧→⑨

比较以上线路可知最长线路为①→②→④→⑤→⑥→⑧→⑨和①→③→④→⑤→⑥→⑧→⑨，即有2条关键线路。

因此，正确选项是B。

34．B

【考点】 工程网络计划的类型和应用。

【解析】 时标网络计划能在图上直接显示出各项工作的开始与完成时间，工作的自由时差及关键线路。可直接看出工作B的自由时差为2周。由图可知，工作B处于两条线路上（①→④→⑤→⑥→⑧，①→④→⑤→⑦→⑧），两条线路的自由时差总和分别为4、5，工作B机动时间取两者最小值。在不影响总工期的情况下，其机动时间为4周，即总时差为4周。

因此，正确选项是B。

35．C

【考点】 施工方进度控制的任务。

【解析】 施工方进度控制的任务是依据施工任务委托合同对施工进度的要求控制施工工作进度，这是施工方履行合同的义务。施工方进度控制的主要工作环节包括：

（1）编制施工进度计划及相关的资源需求计划；

（2）组织施工进度计划的实施；

（3）施工进度计划的检查与调整。

因此，正确选项是C。

36．C

【考点】 施工方进度控制的措施。

【解析】 施工方进度控制的管理措施如下：

(1) 施工进度控制的管理措施涉及管理的思想、管理的方法、管理的手段、承发包模式、合同管理和风险管理等。在理顺组织的前提下，科学和严谨的管理十分重要。

(2) 用工程网络计划的方法编制进度计划必须很严谨地分析和考虑工作之间的逻辑关系，通过工程网络的计算可发现关键工作和关键路线，也可知道非关键工作可使用的时差，工程网络计划的方法有利于实现进度控制的科学化。

(3) 承发包模式的选择直接关系到工程实施的组织和协调。为了实现进度目标，应选择合理的合同结构，以避免过多的合同交界面而影响工程的进展。工程物资的采购模式对进度也有直接的影响，对此应作比较分析。

(4) 为实现进度目标，不但应进行进度控制，还应注意分析影响工程进度的风险，并在分析的基础上采取风险管理措施，以减少进度失控的风险量。

(5) 应重视信息技术（包括相应的软件、局域网、互联网以及数据处理设备等）在进度控制中的应用。虽然信息技术对进度控制而言只是一种管理手段，但它的应用有利于提高进度信息处理的效率、有利于提高进度信息的透明度、有利于促进进度信息的交流和项目各参与方的协同工作。

因此，正确选项是 C。

37. B

【考点】 施工质量管理和施工质量控制的内涵和特点。

【解析】 施工质量控制的特点：

(1) 需要控制的因素多；

(2) 控制的难度大；

(3) 过程控制要求高；

(4) 终检局限大。

因此，正确选项是 B。

38. D

【考点】 影响施工质量的主要因素。

【解析】 施工方法包括施工技术方案、施工工艺、工法和施工技术措施等。从某种程度上说，技术工艺水平的高低，决定了施工质量的优劣。采用先进合理的工艺、技术，依据规范的工法和作业指导书进行施工，必将对组成质量因素的产品精度、平整度、清洁度、密封性等物理、化学特性等方面起到良性的推进作用。比如近年来，住房和城乡建设部在全国建筑业中推广应用的 10 项新的应用技术，包括地基基础和地下空间工程技术、高性能混凝土技术、高效钢筋和预应力技术、新型模板及脚手架应用技术、钢结构技术、建筑防水技术等，对确保建设工程质量和消除质量通病起到了积极作用，收到了明显的效果。

因此，正确选项是 D。

39. C

【考点】 工程项目施工质量保证体系的建立和运行。

【解析】 项目施工质量保证体系，必须有明确的质量目标，并符合项目质量总目标的要求；要以工程承包合同为基本依据，逐级分解目标以形成在合同环境下的项目施工质量保证体系的各级质量目标。项目施工质量目标的分解主要从两个角度展开，即：从时间角度展开，实施全过程的控制；从空间角度展开，实现全方位和全员的质量目标管理。

因此，正确选项是C。

40．D

【考点】 施工质量管理和施工质量控制的内涵和特点。

【解析】 A、B、C都属于内部质量保证成本，而第三方检测机构的检测花费属于外部成本。

因此，正确选项是D。

41．D

【考点】 工程项目施工质量保证体系的建立和运行。

【解析】 工作保证体系，主要是明确工作任务和建立工作制度，要落实在以下三个阶段：

（1）施工准备阶段的质量控制 施工准备是为整个工程施工创造条件，准备工作的好坏，不仅直接关系到工程建设能否高速、优质地完成，而且也决定了能否对工程质量事故起到一定的预防、预控作用。因此，做好施工准备的质量控制是确保施工质量的首要工作。

（2）施工阶段的质量控制 施工过程是建筑产品形成的过程，这个阶段的质量控制是确保施工质量的关键。必须加强工序管理，建立质量检查制度，严格实行自检、互检和专检，开展群众性的QC活动，强化过程控制，以确保施工阶段的工作质量。

（3）竣工验收阶段的质量控制 工程竣工验收，是指单位工程或单项工程竣工，经检查验收，移交给下道工序或移交给建设单位。这一阶段主要应做好成品保护，严格按规范标准进行检查验收和必要的处置，不让不合格工程进入下一道工序或进入市场，并做好相关资料的收集整理和移交，建立回访制度等。

因此，正确选项是D。

42．D

【考点】 施工质量控制的基本环节和一般方法。

【解析】 事前质量控制，即在正式施工前进行的事前主动质量控制，通过编制施工质量计划，明确质量目标，制定施工方案，设置质量管理点，落实质量责任，分析可能导致质量目标偏离的各种影响因素，针对这些影响因素制定有效的预防措施，防患于未然。

因此，正确选项是D。

43．A

【考点】 施工质量控制的基本环节和一般方法。

【解析】 现场质量检查的方法主要有目测法、实测法和试验法等。目测法即凭借感官进行检查，也称观感质量检验，其手段可概括为"看、摸、敲、照"四个字；实测法就是通过实测数据与施工规范、质量标准的要求及允许偏差值进行对照，以此判断质量是否符合要求。其手段可概括为"靠、量、吊、套"四个字；试验法是指通过必要的试验手段对质量进行判断的检查方法，主要包括：理化试验和无损检测。其中B为实测法，C、D为实验法。

因此，正确选项是A。

44. C

【考点】 施工过程的质量控制。

【解析】 质量控制点中重点控制的对象主要包括以下几个方面：人的行为、材料的质量与性能、施工方法与关键操作、施工技术参数、技术间歇、施工顺序、易发生或常见的质量通病、新技术、新材料及新工艺的应用、产品质量不稳定和不合格率较高的工序、特殊地基或特种结构。其中A属于材料的质量与性能，B属于施工方法与关键操作，D属于技术间歇。

因此。正确选项是C。

45. A

【考点】 工程质量事故的概念。

【解析】 指导责任事故指由于工程实施指导或领导失误而造成的质量事故；操作责任事故指在施工过程中，由于实施操作者不按规程和标准实施操作，而造成的质量事故；社会、经济原因引发的质量事故是指由经济因素及社会上存在的弊端和不正之风引起建设中的错误行为，而导致出现质量事故；自然灾害事故：指由于突发的严重自然灾害等不可抗力造成的质量事故。

因此，正确选项是A。

46. A

【考点】 施工质量事故的处理方法。

【解析】 施工质量事故处理的一般程序如下图。

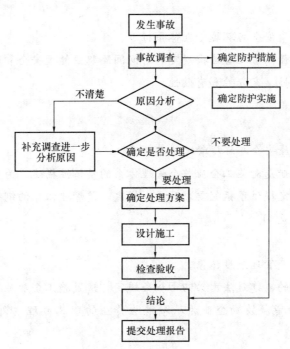

施工质量事故处理的一般程序

因此，正确选项是 A。

47. A

【考点】 政府对施工质量的监督职能。

【解析】 政府对建设工程质量监督的职能主要包括以下几个方面：

(1) 监督检查施工现场工程建设参与各方主体的质量行为。检查施工现场参与工程建设各方主体及有关人员的资质或资格；检查勘察、设计、施工、监理单位的质量管理体系和质量责任落实情况；检查有关质量文件、技术资料是否齐全并符合规定。

(2) 监督检查工程实体的施工质量，特别是基础、主体结构、主要设备安装等涉及结构安全和使用功能的施工质量。

(3) 监督工程质量验收。监督建设单位组织的工程竣工验收的组织形式、验收程序以及在验收过程中提供的有关资料和形成的质量评定文件是否符合有关规定，实体质量是否存在严重缺陷，工程质量验收是否符合国家标准。

因此，正确选项是 A。

48. A

【考点】 政府对施工质量监督的实施。

【解析】 对工程项目建设中的结构主要部位（如桩基、基础、主体结构等）除进行常规检查外，监督机构还应在分部工程验收时进行监督，监督检查验收合格后，方可进行后续工程的施工。建设单位应将施工、设计、监理和建设单位各方分别签字的质量验收证明在验收后三天内报送工程质量监督机构备案。

因此，正确选项是 A。

49. B

【考点】 职业健康安全与环境管理体系标准。

【解析】 组织的最高管理者应按规定的时间间隔职业健康安全管理体系进行评审，以确保体系的持续适宜性、充分性和有效性。

因此，正确选项是 B。

50. D

【考点】 职业健康安全与环境管理体系标准。

【解析】 管理手册是对施工企业整个管理体系的整体性描述，为体系的进一步展开以及后续程序文件的制定提供了框架要求和原则规定，是管理体系的纲领性文件。

因此，正确选项是 D。

51. D

【考点】 安全生产管理制度体系。

【解析】 新修订的《建筑法》第四十八条规定"建筑施工企业应当依法为职工参加工伤保险缴纳工伤保险费。鼓励企业为从事危险作业的职工办理意外伤害保险，支付保险费。"

因此，正确选项是 D。

52. C

【考点】 危险源的识别和风险控制。

【解析】 能量和危险位置的存在是危害产生的根本原因,通常把可能发生意外释放的能量(能源或能量载体)或危险物质称作第一类危险源。造成约束、限制能量和危险物质措施失控的各种不安全因素称作第二类危险源。

因此,正确选项是C。

53. D

【考点】 职业健康安全事故的分类和处理。

【解析】 生产安全事故发生后,受伤者或最先发现事故的人员应立即用最快的传递手段,将发生事故的时间、地点、伤亡人数、事故原因等情况,向施工单位负责人报告;施工单位负责人接到报告后,应当在1小时内向事故发生地县级以上人民政府建设主管部门和有关部门报告。情况紧急时,事故现场有关人员可以直接向事故发生地县级以上人民政府建设主管部门和有关部门报告。实行施工总承包的建设工程,由总承包单位负责上报事故。一般事故逐级上报至省、自治区、直辖市人民政府建设主管部门;较大事故、重大事故及特别重大事故逐级上报至国务院建设主管部门。

因此,正确选项是D。

54. D

【考点】 职业健康安全事故的分类和处理。

【解析】 有关地方人民政府或者有关部门故意拖延或者拒绝落实经批复的对事故责任人的处理意见的,由监察机关对有关责任人员依法给予处分。

因此,正确选项是D。

55. C

【考点】 施工现场文明施工的要求。

【解析】 围挡的高度:市区主要路段不宜低于2.5m,一般路段不低于1.8m;项目经理部是施工现场第一线管理机构,应根据工程特点和规模,设置以项目经理为第一责任人的安全管理领导小组,其成员由项目经理、技术负责人、专职安全员、工长及各工种班组长组成;施工现场应设置密闭式垃圾站,施工垃圾、生活垃圾应分类存放。施工垃圾必须采用相应容器或管道运输。

因此,正确选项是C。

56. C

【考点】 施工现场环境保护的要求。

【解析】 施工现场设立专门的固体废弃物临时储存场所,废弃物应分类存放,对有可能造成二次污染的废弃物必须单独储存、设置安全防范措施且有醒目标识;电气焊应尽量远离居民区或在工作面设蔽光屏障;现场存放油料、化学溶剂等设有专门的库房,必须对库房地面和高250mm墙面进行防渗处理;凡在居民密集区进行强噪声施工作业时,要严格控制施工作业时间,晚间作业不超过22时,早晨作业不早于6时。

因此，正确选项是C。

57. D

【考点】 施工现场环境保护的要求。

【解析】 根据《建设工程施工现场管理规定》第三十二条规定，施工单位应当采取下列防止环境污染的技术措施：

(1) 禁止将有毒有害废弃物用作土方回填；

(2) 妥善处理泥浆水，未经处理不得直接排入城市排水设施和河流；

(3) 除设有符合规定的装置外，不得在施工现场熔融沥青或者焚烧油毡、油漆以及其他会产生有毒有害烟尘和恶臭气体的物质；

(4) 使用密封式的圈筒或者采取其他措施处理高空废弃物。

因此，正确选项是D。

58. D

【考点】 施工发承包的主要类型。

【解析】 施工平行承发包中进度控制的特点：

(1) 某一部分施工图完成后，即可开始这部分工程的招标，开工日期提前，可以边设计边施工，缩短建设周期；

(2) 由于要进行多次招标，业主用于招标的时间较多；

(3) 施工总进度计划和控制由业主负责；由不同单位承包的各部分工程之间的进度计划及其实施的协调由业主负责（业主直接抓各个施工单位似乎控制力度大，但矛盾集中，业主的管理风险大）。

因此，正确选项是D。

59. C

【考点】 施工发承包的主要类型。

【解析】 施工总承包管理模式

一般情况下，施工总承包管理单位不参与具体工程的施工，而具体工程的施工需要在进行分包单位的招标与发包，把具体工程的施工任务分包给分包商来完成。但有时也存在另一种情况，即施工总承包单位也想承担部分具体工程的施工，这时它也可以参加这一部分工程施工的投标，通过竞争取得任务。

因此，正确选项是C。

60. C

【考点】 施工承包合同的主要内容。

【解析】 发包人的责任

除专用合同条款另有约定外，发包人应根据合同工程的施工需要，负责办理取得出入施工现场的专用和临时道路的通行权，以及取得为工程建设所需修建场外设施的权利，并承担有关费用。

因此，正确选项是C。

61. C

【考点】 施工合同索赔的依据和证据。

【解析】 索赔成立的前提条件

索赔的成立,应该同时具备以下三个前提条件:

(1) 与合同对照,事件已造成了承包人工程项目成本的额外支出或直接工期损失;

(2) 造成费用增加或工期损失的原因,按合同约定不属于承包人的行为责任或风险责任;

(3) 承包人按合同规定的程序和时间提交索赔意向通知和索赔报告。

以上三个条件必须同时具备,缺一不可。

因此,正确选项是C。

62. A

【考点】 施工专业分包合同的内容。

【解析】 承包人的工作

(1) 向分包人提供与分包工程相关的各种证件、批件和各种相关资料,向分包人提供具备施工条件的施工场地;

(2) 组织分包人参加发包组织的图纸会审,向分包人进行设计图纸交底;

(3) 提供本合同专用条款中约定的设备和设施,并承担因此发生的费用;

(4) 随时为分包人提供确保分包工程的施工所要求的施工场地和通道等,满足施工运输的需要,保证施工期间的畅通;

(5) 负责整个施工场地的管理工作,协调分包人与同一施工场地的其他分包人之间的交叉配合,确保分包人按照经批准的施工组织设计进行施工。

因此,正确选项是A。

63. D

【考点】 单价合同。

【解析】 单价合同的特点是单价优先,例如FIDIC土木工程施工合同中,业主给出的工程量清单表中的数字是参考数字,而实际工程款则按实际完成的土木量和承包商投标时所报的单价计算。虽然在投标报价、评标以及签订合同中,人们常常注重总价格,但在工程款结算中单价优先,对于投标书中明显的数字计算错误,业主有权力先作修改再评标,当总价和单价的计算结果不一致时,以单价为准调整总价。

因此,正确选项是D。

64. B

【考点】 总价合同。

【解析】 固定总价合同的价格计算是以图纸及规定、规范为基础,工程任务和内容明确,业主的要求和条件清楚,合同总价一次包死,固定不变,即不再因为环境的变化和工程量的增减而变化。在这类合同中承包商承担了全部的工作量和价格的风险,因此,承包商在报价时对一切费用的价格变动因素以及不可预见因素都做了充分估计,并将其包含在合同价格之中。

因此，正确选项是 B。

65. A

【考点】 成本加酬金合同。

【解析】 奖金是根据报价书中的成本估算指标制定的，在合同中对这个估算指标规定一个底点和顶点，分别为工程成本估算的 60%～75% 和 110%～135%。承包商在估算指标的顶点以下完成工程则可得到奖金，超过顶点则要对超出部分支付罚款。如果成本在底点之下，则可加大酬金值或酬金百分比。采用这种方式同城规定，当实际成本超过顶点对承包商罚款时，最大罚款限额不超过原先商定的最高酬金值。

在招标时，当图纸、规范等准备不充分，不能据以确定合同价格，而仅能制定一个估算指标时可采用这种形式。

因此，正确选项是 A。

66. A

【考点】 施工进度控制的措施。

【解析】 施工方进度控制的措施主要包括组织措施、管理措施、经济措施和技术措施。组织措施：

(1) 组织是目标能否实现的决定性因素，因此，为实现项目的进度目标，应充分重视健全项目管理的组织体系，如下图。

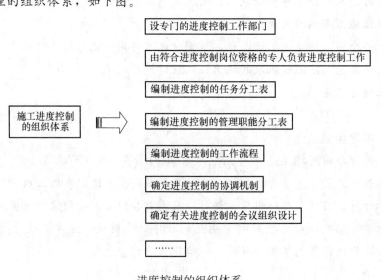

进度控制的组织体系

(2) 在项目组织结构中应有专门的工作部门和符合进度控制岗位资格的专人负责进度控制工作。

(3) 进度控制的主要工作环节包括进度目标的分析和论证、编制进度计划、定期跟踪进度计划的执行情况、采取纠偏措施以及调整进度计划。这些跟踪任务和相应的管理职能应在项目管理组织设计的任务分工表和管理职能分工表中标示并落实。

(4) 应编制施工进度控制的工作流程，如：

① 定义施工进度计划系统的组成；
② 各类进度计划的编制程序、审批程序和计划调整程序等。

(5) 进度控制工作包含了大量的组织和协调工作，而会议是组织和协调的重要手段，应进行有关进度控制会议的组织设计，以明确：
① 会议的类型；
② 各类会议的组织设计；
③ 各类会议的召开时间；
④ 各类会议文件的整理、分发和确认等。

因此，正确选项是 A。

67．C

【考点】 施工合同变更管理。

【解析】 根据九部委《标准施工招标文件》中通用合同条款的规定，在履行合同过程中，经发包人同意，监理人可按合同约定的变更程序向承包人作出变更指示，承包人应遵照执行。没有监理人的变更指示，承包人不得擅自变更。

因此，正确选项是 C。

68．B

【考点】 施工合同索赔的程序。

【解析】 在工程施工过程中发生索赔事件以后，或者承包人发现索赔机会，首先要提出索赔意向，即在合同规定时间内将索赔意向用书面形式及时通知发包人或者工程师（监理人），向对方表明索赔愿望、要求或者声明保留权利，这是索赔工作程序的第一步。

因此，正确选项是 B。

69．B

【考点】 施工合同索赔的程序。

【解析】 FIDIC 合同条件和我国《建设工程施工合同（示范文本）》GF—2013—0201 都规定，承包人必须在发出索赔意向通知后的 28 天内或经过工程师（监理人）同意的其他合理时间内向工程师（监理人）提交一份详细的索赔文件和有关资料。如果干扰事件对工程的影响持续时间长，承包人则应按工程师（监理人）要求的合理间隔（一般为 28 天），提交中间索赔报告，并在干扰事件影响结束后的 28 天提交一份最终索赔报告。否则将失去该事件请求补偿的索赔权利。

因此，正确选项是 B。

70．D

【考点】 施工信息管理的任务。

【解析】 项目管理信息包括：项目管理规划（大纲）信息，项目管理实施规划信息，项目进度控制信息，项目质量控制信息，项目安全控制信息，项目成本控制信息，项目现场管理信息，项目合同管理信息，项目材料管理信息，构配件管理信息，工、器具管理信息，项目人力资源管理信息，项目机械设备管理信息，项目资金管理信息，项目技术管理信息，项目组织协调信息，项目竣工验收信息，项目考核评价信息等。其中项目进度控制信息包括：施工进度计划表、资源计划表、资源表、完成工作分析表等。

因此，正确选项是 D。

二、多项选择题

71. A、B、C

【考点】 施工管理的组织结构。

【解析】 矩阵组织结构的特点及其应用

（1）在矩阵组织结构最高指挥者（部门）下设纵向和横向两种不同类型的工作部门；

（2）在矩阵组织结构中，每一项纵向和横向交汇的工作，指令来自于纵向和横向两个工作部门，因此其指令源为两个；

（3）在矩阵组织结构中为避免纵向和横向工作部门指令矛盾对工作的影响，可以采用以纵向工作部门指令为主或以横向工作部门指令为主的矩阵组织结构模式，这样也可减轻该组织系统的最高指挥者（部门）的协调工作量。

因此，正确选项是 A、B、C。

72. B、C、D、E

【考点】 施工组织设计的编制方法。

【解析】 在编制施工组织设计时，宜考虑以下原则：

（1）重视工程的组织对施工的作用；

（2）提高施工的工业化程度；

（3）重视管理创新和技术创新；

（4）重视工程施工的目标控制；

（5）积极采用国内外先进的施工技术；

（6）充分利用时间和空间，合理安排施工顺序，提高施工的连续性和均衡性；

（7）合理部署施工现场，实现文明施工。

因此，正确选项是 B、C、D、E。

73. D、E

【考点】 施工方项目经理的任务和责任。

【解析】 项目经理应是承包人正式聘用的员工，承包人应向发包人提交项目经理与承包人之间的劳动合同，以及承包人为项目经理缴纳社会保险的有效证明。

因此，正确选项是 D、E。

74. A、B、D、E

【考点】 施工方项目经理的责任。

【解析】 项目经理应具有下列权限：

（1）参与项目招标、投标和合同签订；

（2）参与组建项目经理部；

(3) 主持项目经理部工作；

(4) 决定授权范围内的项目资金的投入和使用；

(5) 制定内部计酬办法；

(6) 参与选择并使用具有相应资质的分包人；

(7) 参与选择物资供应单位；

(8) 在授权范围内协调与项目有关的内、外部关系；

(9) 法定代表人授予的其他权力。

因此，正确选项是 A、B、D、E。

75. A、C、D、E

【考点】 工程量清单计价。

【解析】 报价是投标的关键性工作，报价是否合理直接关系到投标工作的成败。工程量清单计价下编制投标报价的原则如下：

(1) 投标报价由投标人自主确定，但必须执行《建设工程工程量清单计价规范》的强制性规定。投标价应由投标人或受其委托具有相应资质的工程造价咨询人编制；

(2) 投标人的投标报价不得低于成本；

(3) 按招标人提供的工程量清单填报价格；

(4) 投标报价要以招标文件中设定的承发包双方责任划分，作为设定投标报价费用项目和费用计算的基础；

(5) 应该以施工方案、技术措施等作为投标报价计算的基本条件；

(6) 报价计算方法要科学严谨，简明适用。

因此，正确选项是 A、C、D、E。

76. A、C、D、E

【考点】 材料消耗定额。

【解析】 周转性材料消耗一般与下列四个因素有关：

(1) 第一次制造时的材料消耗（一次使用量）；

(2) 每周转使用一次材料的损耗（第二次使用时需要补充）；

(3) 周转使用次数；

(4) 周转材料的最终回收及其回收折价。

因此，正确选项是 A、C、D、E。

77. A、B、C

【考点】 施工成本管理的任务与措施。

【解析】 第 6 个月末的实际成本累计值为

$$100+200+400+500+650+700=2550 \text{ 元}$$

第 6 个月末的计划成本累计值为

$$100+200+400+500+650+800=2650 \text{ 元}$$

第 7 个月末的计划成本累计值为

$$100+200+400+500+650+700+1000=3550 \text{ 元}$$

第 7 个月末的计划成本累计值为

$$100+200+400+500+650+800+950=3600 \text{ 元}$$

一般而言，所有工作都按最迟开始时间开始，对节约资金贷款利息是有利的，但同时，也降低了项目按期竣工的保证率。该工程现在施工实际成本较于计划成本是节约的，因此不必按照最早开工时间绘制 S 形曲线。

因此，正确选项是 A、B、C。

78. A、B、C、D

【考点】 施工成本控制的方法。

【解析】 偏差原因分析：在实际执行过程中，最理想的状态是已完工作实际费用（ACWP）、计划工作预算费用（BCWS）、已完工作预算费用（BCWP）三条曲线靠得很近、平稳上升，表示项目按预定计划目标进行。如果三条曲线离散度不断增加，则预示可能发生关系到项目成败的重大问题。

费用（进度）偏差仅适合于对同一项目作偏差分析。费用（进度）绩效指数反映的是相对偏差，它不受项目层次的限制，也不受项目实施时间的限制，因而在同一项目和不同项目比较中均可采用。在同一项目中两种指数都可运用，且得出的结论一致。

在项目的费用、进度综合控制中引入赢得值法，可以克服过去进度、费用分开控制的缺点，即当我们发现费用超支时，很难立即知道是由于费用超出预算，还是由于进度提前。

进度偏差是绝对值指标。

因此，正确选项是 A、B、C、D。

79. A、B、C、E

【考点】 总进度目标。

【解析】 在项目的实施阶段，项目总进度不仅只是施工进度，它包括：

(1) 设计前准备阶段的工作进度；

(2) 设计工作进度；

(3) 招标工作进度；

(4) 施工前准备工作进度；

(5) 工程施工和设备安装工作进度；

(6) 工程物资采购工作进度；

(7) 项目动用前的准备工作进度等。

因此，正确选项是 A、B、C、E。

80. A、B、C

【考点】 实施性施工进度计划的作用。

【解析】 实施性施工进度计划的主要作用如下：

(1) 确定施工作业的具体安排；

(2) 确定（或据此可计算）一个月度或旬的人工需求（工种和相应的数量）；

(3) 确定（或据此可计算）一个月度或旬的施工机械的需求（机械名称和数量）；

(4) 确定（或据此可计算）一个月度或旬的建筑材料（包括成品、半成品和辅助材料等）的需求（建筑材料的名称和数量）；

(5) 确定（或据此可计算）一个月度或旬的资金的需求等。

因此，正确选项是 A、B、C。

81. B、D、E

【考点】 工程网络计划的类型和应用。

【解析】 节点⑤的最早时间是6，A不选；虚工作③—⑤不多余，其作用是清楚地表达支2与扎2、支3之间的逻辑关系，C不选；关键线路为支1→支2→支3→扎3→浇3，可知B、D、E为正确选项。

因此，正确选项是 B、D、E。

82. A、B、C、D

【考点】 施工方进度控制的任务和措施。

【解析】 施工进度计划的调整应包括下列内容：

(1) 工程量的调整；

(2) 工作（工序）起止时间的调整；

(3) 工作关系的调整；

(4) 资源提供条件的调整；

(5) 必要目标的调整。

因此，正确选项是 A、B、C、D。

83. A、C、E

【考点】 施工质量管理和施工质量控制的内涵和特点。

【解析】 建设项目的工程特点和施工生产的特点：

(1) 施工的一次性；

(2) 工程的固定性；

(3) 产品的单件性；

(4) 工程体型庞大。

施工质量控制的特点：

(1) 需要控制的因素多；

(2) 控制的难度大；

(3) 过程控制要求高；

(4) 终检局限大。

因此，正确选项是 A、C、E。

84. B、C

【考点】 工程项目施工质量保证体系的建立和运行。

【解析】 工作保证体系主要是明确工作任务和建立工作制度,要落实在以下三个阶段:

(1) 施工准备阶段的质量控制:施工准备是为整个工程施工创造条件,准备工作的好坏,不仅直接关系到工程建设能否高速、优质地完成,而且也决定了能否对工程质量事故起到一定的预防、预控作用。因此,做好施工准备的质量控制是确保施工质量的首要工作。

(2) 施工阶段的质量控制:施工过程是建筑产品形成的过程,这个阶段的质量控制是确保施工质量的关键。必须加强工序管理,建立质量检查制度,严格实行自检、互检和专检,开展群众性的QC活动,强化过程控制,以确保施工阶段的工作质量。

(3) 竣工验收阶段的质量控制:工程竣工验收,是指单位工程或单项工程竣工,经检查验收,移交给下道工序或移交给建设单位。这一阶段主要应做好成品保护,严格按规范标准进行检查验收和必要的处置,不让不合格工程进入下一道工序或进入市场,并做好相关资料的收集整理和移交,建立回访制度等。

因此,正确选项是B、C。

85. B、C、E

【考点】 施工质量事故的预防。

【解析】 施工的失误包括:

施工管理人员及实际操作人员的思想、技术素质差,是造成施工质量事故的普遍原因。缺乏基本业务知识,不具备上岗的技术资质,不懂装懂瞎指挥,胡乱施工盲目干;施工管理混乱,施工组织、施工工艺技术措施不当;不按图施工,不遵守相关规范,违章作业;使用不合格的工程材料、半成品、构配件;忽视安全施工,发生安全事故等,所有这一切都有可能引发施工质量事故。

因此,正确选项是B、C、E。

86. B、C、D

【考点】 政府对施工质量监督的实施。

【解析】 对工程项目建设中的结构主要部位(如桩基、基础、主体结构等)除进行常规检查外,监督机构还应在分部工程验收时进行监督,监督检查验收合格后,方可进行后续工程的施工。建设单位应将施工、设计、监理和建设单位各方分别签字的质量验收证明在验收后3天内报送工程质量监督机构备案。

因此,正确选项是B、C、D。

87. C、D、E

【考点】 职业健康安全管理体系与环境管理体系的建立与运行。

【解析】 作业文件是指管理手册、程序文件之外的文件,一般包括作业指导书(操作规程)、管理规定、监测活动准则及程序文件引用的表格。其编写的内容和格式与程序文件的要求基本相同。

因此,正确选项是C、D、E。

88. A、B、C、E

【考点】 安全生产管理制度体系。

【解析】 建立施工安全管理体系的原则

（1）贯彻"安全第一，预防为主"的方针，企业必须建立健全安全生产责任制和群防群治制度，确保工程施工劳动者的人身和财产安全；

（2）施工安全管理体系的建立，必须适用于工程施工全过程的安全管理和控制；

（3）施工安全管理体系文件的编制，必须符合《中华人民共和国建筑法》、《中华人民共和国安全生产法》、《建设工程安全生产管理条例》、《职业安全卫生管理体系标准》和国际劳工组织（ILO）167号公约等法律、行政法规及规程的要求；

（4）项目经理部应根据本企业的安全管理体系标准，结合各项目的实际加以充实，确保工程项目的施工安全；

（5）企业应加强对施工项目的安全管理，指导、帮助项目经理部建立和实施安全管理体系。

因此，正确选项是A、B、C、E。

89、C、D、E

【考点】 职业健康安全事故的分类和处理。

【解析】 事故报告和调查处理中的违法行为，包括事故发生单位及其有关人员的违法行为，还包括政府、有关部门及其有关人员的违法行为，其种类主要有以下几种：

（1）不立即组织事故抢救；

（2）在事故调查处理期间擅离职守；

（3）迟报或者漏报事故；

（4）谎报或者瞒报事故；

（5）伪造或者故意破坏事故现场；

（6）转移、隐匿资金、财产，或者销毁有关证据、资料；

（7）拒绝接受调查或者拒绝提供有关情况和资料；

（8）在事故调查中作伪证或者指使他人作伪证；

（9）事故发生后逃匿；

（10）阻碍、干涉事故调查工作；

（11）对事故调查工作不负责任，致使事故调查工作有重大疏漏；

（12）包庇、袒护负有事故责任的人员或者借机打击报复；

（13）故意拖延或者拒绝落实经批复的对事故责任人的处理意见。

事故发生单位及其有关人员有上述（4）～（9）条违法行为之一的，对事故发生单位处100万元以上500万元以下的罚款；对主要负责人、直接负责的主管人员和其他直接责任人员处上一年年收入60%～100%的罚款；属于国家工作人员的，并依法给予处分；构成违反治安管理行为的，由公安机关依法给予治安管理处罚；构成犯罪的，依法追究刑事责任。

因此，正确选项是C、D、E。

90. A、C、E

【考点】 施工安全技术措施和安全技术交底。

【解析】 施工总承包管理模式的特点：

(1) 某一部分工程的施工图完成后，由业主单独或与施工总承包管理单位共同进行该部分工程的施工招标，分包合同的投标报价较有依据；

(2) 每一部分工程的施工，发包人都可以通过招标选择最好的施工单位承包，获得最低的报价，对降低工程造价有利；

(3) 在进行施工总承包管理单位的招标时，只确定总承包管理费，没有合同总造价，是业主承担的风险之一；

(4) 多数情况下，由业主方与分包人直接签约，加大了业主方的风险。

因此，正确选项是A、C、E。

91. B、D、E

【考点】 施工专业分包合同的内容。

【解析】 分包人与发包人的关系：

分包人须服从承包人转发的发包人或工程师与分包工程有关的指令。未经承包人允许，分包人不得以任何理由与发包人或工程师发生直接工作联系，分包人不得直接致函发包人或工程师，也不得直接接受发包人或工程师的指令。如分包人与发包人或工程师发生直接工作联系，将被视为违约，并承担违约责任。

因此，正确选项是B、D、E。

92. A、C、D

【考点】 成本加酬金合同。

【解析】 最大成本加费用合同：

在工程成本总价基础上加固定酬金费用的方式，即当设计深度达到可以报总价的深度，投标人报一个工程成本总价和一个固定的酬金（包括各项管理费、风险费和利润）。如果实际成本超过合同中规定的工程成本总价，由承包商承担所有的额外费用，若实施过程中节约了成本，节约的部分归业主，或者由业主与承包商分享，在合同中要确定节约分成比例。

因此，正确选项是A、C、D。

93. A、B、D、E

【考点】 施工合同变更管理。

【解析】 根据九部委《标准施工招标文件》中通用合同条款的规定，变更指示只能由监理人发出。变更指示应说明变更的目的、范围、变更内容以及变更的工程量及进度和技术要求，并附有关图纸文件。承包人收到变更指示后，应按变更指示进行变更工作。

因此，正确选项是A、B、D、E。

94. A、B、C、D

【考点】 施工合同索赔的依据和证据。

【解析】 造成施工项目索赔条件的事件

索赔事件，又称为干扰事件，是指那些使实际情况与合同规定不符合，最终引起工期和费用变化的各类事件。在工程实施过程中，要不断地跟踪、监督索赔事件，就可以不断地发现索赔机会。通常，承包商可以提起索赔的事件有：

（1）发包人违反合同给承包人造成时间、费用的损失；

（2）因工程变更造成的事件、费用的损失；

（3）由于监理工程师对合同文件的歧义解释、技术资料不确切，或由于不可抗力导致施工条件的改变，造成时间、费用的增加；

（4）发包人提出提前完成项目或缩短工期而造成承包人费用增加；发包人延误支付期限造成承包人的损失；

（5）合同规定以外的项目进行检验，且检验合格，或非承包人的原因导致项目缺陷修复所发生的损失或费用；

（6）非承包人的原因导致工程暂时停工；

（7）物价上涨，法规变化及其他。

因此，正确选项是 A、B、C、D。

95. C、D

【考点】 施工文件归档管理的主要内容。

【解析】 工程质量控制资料是建设工程施工全过程全面反映工程质量控制和保证的依据性证明资料。应包括原材料、构配件、器具及设备等的质量证明、合格证明、进场材料试验报告，施工试验记录，隐藏工程检查记录等。

（1）工程项目原材料、构配件、成品、半成品和设备的出厂合格证及进场检验报告；

（2）施工试验记录和见证检测报告；

（3）隐蔽工程验收记录文件；

（4）交接检查记录。

因此，正确选项是 C、D。

2014 年度二级建造师执业资格考试试卷

一、单项选择题（共 70 题，每题 1 分。每题的备选项中，只有 1 个最符合题意）

1. 关于施工总承包方项目管理任务的说法，正确的是（   ）。
   A. 施工总承包方一般不承担施工任务，只承担施工的总体管理和协调工作
   B. 施工总承包方只负责所施工部分的施工安全，对业主指定分包商的施工安全不承担责任
   C. 施工总承包方不与分包商直接签订施工合同，均由业主方签订
   D. 施工总承包方应负责施工资源的供应组织

2. 关于项目管理工作任务分工表特点的说法，正确的是（   ）。
   A. 每一个任务只能有一个主办部门
   B. 每一个任务只能有一个协办部门和一个配合部门
   C. 项目运营部应在项目竣工后介入工作
   D. 项目管理工作任务分工表应作为组织设计文件的一部分

3. 关于线性组织结构的说法，错误的是（   ）。
   A. 每个工作部门的指令源是唯一的
   B. 高组织层次部门可以向任何低组织层次下达指令
   C. 在特大组织系统中，指令路径会很长
   D. 可以避免相互矛盾的指令影响系统运行

4. 下列施工组织设计的基本内容中，可以反映现场文明施工组织的是（   ）。
   A. 工程概况   B. 施工部署
   C. 施工平面图   D. 技术经济指标

5. 下列工作中，不属于施工项目目标动态控制程序中的工作是（   ）。
   A. 目标分解   B. 目标计划值搜集
   C. 目标计划值与实际值比较 D. 采取措施纠偏

6. 项目经理在承担工程项目施工的管理过程中，其管理权力不包括（   ）。
   A. 组织项目管理班子   B. 指挥项目建设的生产经营活动

C. 签署项目参与人员聘用合同　　　　D. 选择施工作业队伍

7. 对建设工程项目施工负有全面管理责任的是（　　）。
   A. 企业法定代表人　　　　　　　　B. 项目经理
   C. 项目总工程师　　　　　　　　　D. 总监理工程师

8. 建设工程施工风险管理的工作程序中，风险响应的下一步工作是（　　）。
   A. 风险控制　　　　　　　　　　　B. 风险评估
   C. 风险识别　　　　　　　　　　　D. 风险预测

9. 根据现行《建设工程监理规范》要求，监理工程师对建设工程实施监理的形式包括（　　）。
   A. 旁站、巡视和班组自检　　　　　B. 巡视、平行检验和班组自检
   C. 旁站、巡视和平行检验　　　　　D. 平行检验、班组互检和旁站

10. 我国推行建设工程监理制度的目的，不包括（　　）。
    A. 确保工程建设质量　　　　　　　B. 加快工程建设速度
    C. 提高工程建设水平　　　　　　　D. 充分发挥投资效益

11. 根据《建筑安装工程费用项目组成》（建标［2013］44号），下列费用中，应计入措施项目费的是（　　）。
    A. 工程定位复测费　　　　　　　　B. 检验试验费
    C. 总承包服务费　　　　　　　　　D. 施工机具使用费

12. 根据《建筑安装工程费用项目组成》（建标［2013］44号），下列税金组合中，应计入建筑安装企业管理费的是（　　）。
    A. 房产税、车船使用税、土地使用税、印花税
    B. 营业税、房产税、车船使用税、土地使用税
    C. 城市维护建设税、教育费附加、地方教育附加
    D. 房产税、土地使用税、营业税

13. 根据《建设工程工程量清单计价规范》GB 50500—2013，关于投标价编制原则的说法，正确的是（　　）。
    A. 投标报价只能由投标人自行编制
    B. 投标报价不得低于工程成本
    C. 投标报价可以另行设定情况优惠总价

D. 投标报价高于招标控制价的必须下调后采用

14. 预算定额是编制概算定额的基础，是以（　　）为对象编制的定额。
　　A. 同一性质的施工过程　　　　　　B. 建筑物各个分部分项工程
　　C. 扩大的分部分项工程　　　　　　D. 整个建筑物和构筑物

15. 编制施工机械台班使用定额时，可计入定额时间的是（　　）。
　　A. 因技术人员过错造成机械降低负荷情况下的工作时间
　　B. 操作机械的工人违反劳动纪律所消耗的时间
　　C. 施工组织不当造成的机械停工时间
　　D. 机械使用中进行必要的保养所造成的中断时间

16. 根据《建设工程工程量清单计价规范》GB 50500—2013，单价合同和总价合同两种合同形式均可采用工程量清单计价，其主要区别在于（　　）。
　　A. 采用单价合同时，工程量清单中所填写的工程量不可调整
　　B. 采用总价合同时，工程量清单中所填写的工程量可调整
　　C. 采用固定单价合同时，工程量清单项目综合单价在约定条件内可调整
　　D. 采用固定单价合同时，工程量清单项目综合单价在约定条件内不可调整

17. 关于总价合同计量的说法，正确的是（　　）。
　　A. 采用工程量清单方式招标形成的总价合同，其工程量必须以承包人实际完成的工程量确定
　　B. 采用经审定批准的施工图纸及其预算方式发包形成的总价合同，其各项目的工程量是承包人用于结算的最终工程量
　　C. 承包人不需要在每个计量周期向发包人提交已完工程量报告
　　D. 发包人应在收到工程量计量报告后 14 天内进行复核

18. 根据《建设工程工程量清单计价规范》GB 50500—2013，关于暂列金额的说法，正确的是（　　）。
　　A. 已签约合同中的暂列金额应由发包人掌握使用
　　B. 已签约合同中的暂列金额应由承包人掌握使用
　　C. 发包人按照合同规定将暂列金额作出支付后，剩余金额归承包人所有
　　D. 发包人按照合同规定将暂列金额作出支付后，剩余金额由发包人和承包人共同所有

19. 根据《建设工程工程量清单计价规范》GB 50500—2013，如果因发包人原因删

减了合同中原定的某项工作,致使承包人发生的费用或(和)得到的收益不能被包括在其他已支付的项目中,也未被包含在任何可替代的工作中,则承包人(　　)。

A. 有权提出费用及利润补偿

B. 只能提出费用补偿,不能提出利润补偿

C. 只能提出利润补偿,不能提出费用补偿

D. 无权要求任何费用和利润补偿

20. 施工成本偏差的控制,其核心工作是(　　)。

A. 成本分析　　　　　　　　　B. 成本考核

C. 纠正偏差　　　　　　　　　D. 调整成本计划

21. 施工企业建立施工项目成本管理责任制、开展成本控制和核算的基础是(　　)。

A. 施工成本预测　　　　　　　B. 施工成本计划

C. 施工成本分析　　　　　　　D. 施工成本考核

22. 关于竞争性成本计划、指导性成本计划和实施性成本计划三者区别的说法,正确的是(　　)。

A. 竞争性成本计划是项目投标和签订合同阶段的估算成本计划,比较粗略

B. 指导性成本计划是项目施工准备阶段的施工预算成本计划,比较详细

C. 实施性成本计划是选派项目经理阶段的预算成本计划

D. 指导性成本计划是以项目实施方案为依据编制的

23. 关于分部分项工程成本分析的说法,正确的是(　　)。

A. 分部分项工程成本分析的对象是已完成分部分项工程

B. 施工项目成本分析是分部分项工程成本分析的基础

C. 分部分项工程成本分析的资料来源是施工预算

D. 分部分项工程成本分析的方法是进行预算成本与实际成本的"两算"对比

24. 下列施工成本控制的步骤,正确的是(　　)。

A. 预测—比较—检查—分析—纠偏　　B. 比较—分析—预测—纠偏—检查

C. 预测—检查—比较—分析—纠偏　　D. 比较—预测—分析—检查—纠偏

25. 某土方工程,月计划工程量 2800 m³,预算单价 25 元/m³;到月末时已完工程量 3000m³,实际单价 26 元/m³。对该项工作采用赢得值法进行偏差分析的说法,正确的是(　　)。

A. 已完成工作实际费用为 75000 元

B. 费用偏差为-3000元，表明项目运行超出预算费用

C. 费用绩效指标>1，表明项目运行超出预算费用

D. 进度绩效指标<1，表明实际进度比计划进度拖后

26. 关于建设工程项目管理进度计划系统的说法，正确的是（　　）。

A. 由多个相互独立的进度计划组成

B. 其建立是逐步完善的过程

C. 由项目各参与方共同参与编制

D. 一个特定项目的进度计划系统是唯一的

27. 在进行建设工程项目总进度目标控制前，首先应（　　）。

A. 进行项目结构分析　　　　　　B. 确定项目的工作编码

C. 编制各层进度计划　　　　　　D. 分析和论证目标实施的可能性

28. 双代号网络计划中的关键线路是指（　　）。

A. 总时差为零的线路　　　　　　B. 总的工作持续时间最短的线路

C. 一经确定、不会发生转移的线路　　D. 自始至终全部由关键工作组成的线路

29. 关于横道图进度计划表的说法，正确的是（　　）。

A. 计划调整比较方便

B. 可以直观地确定计划的关键线路

C. 工作逻辑关系易于表达清楚

D. 可以将工作简要说明直接放在横道图上

30. 双代号网络计划如下图所示（时间单位：天），其计算工期是（　　）天。

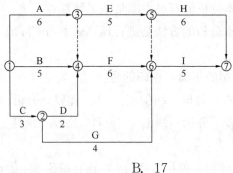

A. 16　　　　　　　　　　　　B. 17

C. 18　　　　　　　　　　　　D. 20

31. 双代号网络计划如下图所示（时间单位：天），其关键线路有（　　）条。

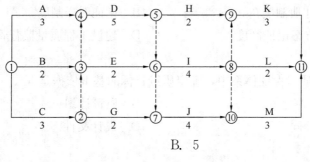

A. 4 B. 5
C. 6 D. 7

32. 单代号网络计划如下图所示（时间单位：天），工作 C 的最迟开始时间是（　　）。

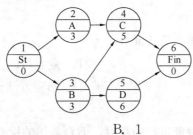

A. 0 B. 1
C. 3 D. 4

33. 关于双代号网络图绘图规则的说法，正确的是（　　）。
A. 箭线不能交叉　　　　　　　　B. 只有一个起点节点
C. 关键工作必须安排在图面中心　　D. 工作箭线只能用水平线

34. 施工进度计划调整的内容，不包括（　　）的调整。
A. 工作关系　　　　　　　　　　B. 工程量
C. 工程质量　　　　　　　　　　D. 资源提供条件

35. 下列施工方进度控制的措施中，属于技术措施的是（　　）。
A. 确定进度控制的工作流程　　　B. 优化施工方案
C. 选择合适的施工承发包方式　　D. 选择合理的合同结构

36. 根据施工质量控制的特点，施工质量控制应（　　）。
A. 解体检查内在质量　　　　　　B. 建立固定的生产流水线
C. 加强观感质量验收　　　　　　D. 加强对施工过程的质量检查

37. 在施工质量管理中，以控制人的因素为基本出发点而建立的管理制度是（　　）。

A. 执业资格注册制度 B. 见证取样制度
C. 专项施工方案论证制度 D. 建设工程质量监督管理制度

38. 项目施工质量保证体系中，确定质量目标的基本依据是（　　）。
   A. 质量方针 B. 质量计划
   C. 工程承包合同 D. 设计文件

39. 根据施工企业质量管理体系文件的构成，"质量评审、修改和控制管理办法"属于（　　）的内容。
   A. 质量手册 B. 程序文件
   C. 质量计划 D. 质量记录

40. 施工企业质量管理体系的认证方应为（　　）。
   A. 企业最高领导者 B. 企业行政主管部门
   C. 行业管理部门 D. 第三方认证机构

41. 施工现场对墙面平整度进行检查时，适合采用的检查手段是（　　）。
   A. 靠 B. 量
   C. 吊 D. 套

42. 施工单位对同一批水泥进行物理力学性能的抽样检验，取样的最少总重量应为（　　）kg。
   A. 9 B. 12
   C. 15 D. 25

43. 下列施工质量控制工作中，属于技术准备工作质量控制的是（　　）。
   A. 设置质量控制点 B. 建立施工测量控制网
   C. 制定施工场地质量管理制度 D. 实行工序交接检查制度

44. 对各种投入要素质量和环境条件质量的控制，属于施工过程质量控制中（　　）的工作。
   A. 技术交底 B. 测量控制
   C. 计量控制 D. 工序施工质量控制

45. 某房屋建筑工程施工中，现浇混凝土阳台根部突然断裂，导致2人死亡，1人重伤，直接经济损失300万元。根据《关于做好房屋建筑和市政基础设施工程质量事故报告和调查处理工作的通知》（建质［2010］111号），该事故等级为（   ）。

A. 一般事故
B. 较大事故
C. 重大事故
D. 特别重大事故

46. 根据质量事故产生的原因，属于管理原因引发的质量事故是（   ）。

A. 采用不适宜施工方法引发的质量事故
B. 材料检验不严引发的质量事故
C. 盲目追求利润引发的质量事故
D. 对地质情况估计错误引发的质量事故

47. 政府质量监督机构对建设工程进行第一次监督检查的重点是（   ）。

A. 各参与方主体的质量行为
B. 建设工程的招标结果
C. 工程建设的地址
D. 建设工程的实体质量

48. 分部工程验收时，各方分别签字的质量证明文件在验收后3天内，应由（   ）报送工程质量监督机构备案。

A. 建设单位
B. 监理单位
C. 施工单位
D. 设计单位

49. "及时购买补充适用的规范、规程等行业标准"的活动，属于职业健康安全管理体系运行中的（   ）活动。

A. 信息交流
B. 执行控制程序
C. 预防措施
D. 文件管理

50. 关于施工中一般特种作业人员应具备条件的说法，正确的是（   ）。

A. 年满16周岁，且不超过国家法定退休年龄
B. 具有初中及以上文化程度
C. 必须为男性
D. 连续从事本工种10年以上

51. 施工过程中发现问题及时处理，是施工安全隐患处理原则中（   ）原则的体现。

A. 重点处理
B. 动态处理
C. 预防与减灾并重
D. 冗余安全度处理

52. 对建设工程来说，新员工上岗前的三级安全教育具体应由（   ）负责实施。

A. 公司、项目、班组 B. 企业、工区、施工队
C. 企业、公司、工程处 D. 工区、施工队、班组

53. 施工企业安全检查制度中,安全检查的重点是检查"三违"和(　　)的落实。
A. 安全责任制 B. 施工起重机械的使用登记制度
C. 现场人员的安全教育制度 D. 专项施工方案专家论证制度

54. 建设主管部门按照现行法律法规的规定,对因降低安全生产条件导致事故发生的施工单位可以给予的处罚方式是(　　)。
A. 罚款 B. 停业整顿
C. 降低资质等级 D. 吊销安全生产许可证

55. 生产规模小、危险因素少的施工单位,其生产安全事故应急预案体系可以(　　)。
A. 只编写综合应急预案
B. 只编写现场处置方案
C. 将综合应急预案与专项应急预案合并编写
D. 将专项应急预案与现场处置方案合并编写

56. 下列施工现场文明施工的措施中,符合现场卫生管理要求的是(　　)。
A. 集体宿舍与作业区隔离
B. 工地四周设置连续、密闭的砖砌围墙
C. 食堂禁止使用食用塑料制品作熟食容器
D. 施工现场不允许有积水存在

57. 下列施工现场超噪声值的声源控制措施中,属于转移声源措施的是(　　)。
A. 用电动空压机代替柴油机
B. 在鼓风机进出风管处设置阻性消声器
C. 在工厂车间生产制作门窗
D. 装卸材料轻拿轻放

58. 由于受技术、经济条件限制,建设工程施工对环境的污染不能控制在规定范围内的,(　　)应当会同施工单位事先报请当地人民政府建设和环境保护行政主管部门批准。
A. 设计单位 B. 建设单位
C. 监理单位 D. 设备供应单位

59. 某工程施工合同结构图如下,则该工程施工发承包模式是(　　)。

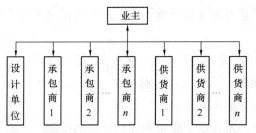

A. 施工平行发承包模式　　　　　　B. 施工总承包模式
C. 施工总承包管理模式　　　　　　D. 建设项目工程总承包模式

60. 关于施工总承包模式和施工总承包管理模式比较的说法，正确的是（　　）。
A. 施工总承包管理模式可以提前开工，缩短建设周期
B. 采用费率招标的施工总承包模式，对投资控制有利
C. 施工总承包管理模式下，发包方招标和合同管理的工作量较小
D. 施工总承包模式下发包方管理和组织协调的工作量增大

61. 根据《标准施工招标文件》，关于发包人责任和义务的说法，错误的是（　　）。
A. 按专用合同条款约定提供施工场地
B. 提供施工场地内地下管线和地下设施等资料，并保证资料的真实、准确、完整
C. 负责办理法律规定的有关施工证件和批件
D. 负责赔偿工程或工程的任何部分对土地的占用所造成的第三者财产损失

62. 根据《建设工程施工专业分包合同（示范文本）》GF—2003—0213，不属于承包人责任和义务的是（　　）。
A. 组织分包人参加发包人组织的图纸会审，向分包人进行设计图纸交底
B. 负责整个施工场地的管理工作，协调分包人与同一施工场地的其他分包人之间的交叉配合
C. 随时为分包人提供确保分包工程施工所要求的施工场地和通道，满足施工运输需要
D. 负责提供专业分包合同专用条款中约定的保修与试车，并承担由此发生的费用

63. 根据《标准施工招标文件》，关于暂停施工的说法，正确的是（　　）。
A. 由于发包人原因引起的暂停施工，承包人有权要求延长工期和（或）增加费用，但不得要求补偿利润
B. 发包人原因造成暂停施工，承包人可不负责暂停施工期间工程的保护
C. 因发包人原因发生暂停施工的紧急情况时，承包人可以先暂停施工，并及时向监理人提出暂停施工的书面请求

D. 施工中出现一些意外需要暂停施工的，所有责任由发包人承担

64. 在固定总价合同形式下，承包人一般应承担的风险是（ ）。
A. 全部工程量的风险，不包括通货膨胀的风险
B. 全部工程量和通货膨胀的风险
C. 工程变更的风险，不包括工程量和通货膨胀的风险
D. 通货膨胀的风险，不包括工程量的风险

65. 关于成本加酬金合同的说法，正确的是（ ）。
A. 采用该计价方式对业主的投资控制不利
B. 成本加酬金合同不适用于抢险、救灾工程
C. 成本加酬金合同不宜用于项目管理合同
D. 对承包商来说，成本加酬金合同比固定总价合同的风险高

66. 根据《标准施工招标文件》，下列不属于工程变更范围的是（ ）。
A. 取消合同中任何一项工作，被取消的工作转由其他人实施
B. 改变合同中任何一项工作的质量或其他特性
C. 改变合同工程的基线、标高、位置或尺寸
D. 为完成工程需要追加的额外工作

67. 施工合同实施偏差分析的内容包括：产生合同偏差的原因分析，合同实施偏差的责任分析以及（ ）。
A. 不同项目合同偏差的对比　　B. 合同实施趋势分析
C. 偏差的跟踪情况分析　　　　D. 业主对合同偏差的态度分析

68. 工程施工过程中发生索赔事件以后，承包人首先要做的工作是（ ）。
A. 提交索赔证据　　　　　　　B. 提出索赔意向通知
C. 暂停施工　　　　　　　　　D. 与业主就索赔事项进行谈判

69. 根据《标准施工招标文件》，关于施工合同索赔程序的规定，正确的是（ ）。
A. 设计变更发生后，承包人应在14天内向发包人提交索赔通知
B. 索赔事件持续进行，承包人应在事件终了后立即提交索赔报告
C. 索赔意向通知发出后42天内，承包人应向监理人提交索赔报告及有关资料
D. 承包人在发出索赔意向通知书后28天内，向监理人正式递交索赔通知书

70. 关于建设工程信息管理内涵的说法，正确的是（ ）。

A. 信息管理是指信息的收集和整理
B. 信息管理的目的是为了有效反映工程项目管理的实际情况
C. 建设工程项目的信息是指工程项目部在项目运行各阶段产生的信息
D. 建设工程项目信息交流的问题会不同程度地影响项目目标的实现

二、多项选择题（共25题，每题2分。每题的备选项中，有2个或2个以上符合题意，至少有1个错项。错选，本题不得分；少选，所选的每个选项得0.5分）

71. 下列分部分项工程中，必须编制专项施工方案并进行专家论证审查的有（   ）。
   A. 开挖深度超过5m的基坑支护工程　　B. 预应力结构张拉工程
   C. 高大模板工程　　　　　　　　　　D. 悬挑脚手架工程
   E. 大体积混凝土工程

72. 根据工作流程图的绘制要求，下列工作流程图中，表达错误的有（   ）。

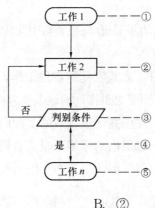

   A. ①　　　　　　　　　　　　　　　B. ②
   C. ③　　　　　　　　　　　　　　　D. ④
   E. ⑤

73. 关于施工项目经理任职条件的说法，正确的有（   ）。
   A. 通过建造师执业资格考试的人员只能担任项目经理
   B. 项目经理每月在施工现场的时间可自行决定
   C. 项目经理必须由承包人正式聘用的建造师担任
   D. 项目经理可以由取得项目管理师资格证书的人员担任
   E. 项目经理不得同时担任其他项目的项目经理

74. 根据《建设工程项目管理规范》GB/T 50326—2006，施工项目经理应履行的职责有（   ）。
   A. 主持编制项目目标责任书　　　　　B. 对资源进行动态管理

C. 建立各种专业管理体系　　　　D. 参与工程竣工验收
E. 进行授权范围内的利益分配

75. 根据《建筑安装工程费用项目组成》（建标［2013］44号），按造价形成划分，属于措施项目费的有（　　）。

A. 特殊地区施工增加费　　　　B. 工程定位复测费
C. 安全文明施工费　　　　　　D. 脚手架工程费
E. 仪器仪表使用费

76. 编制人工定额时，应计入工人有效工作时间的有（　　）。

A. 不可避免的中断时间　　　　B. 休息时间
C. 准备与结束工作时间　　　　D. 基本工作时间
E. 辅助工作时间

77. 根据《建设工程工程量清单计价规范》GB 50500—2013，关于计日工的说法，正确的有（　　）。

A. 发包人通知承包人以计日工方式实施的零星工作，承包人应予执行
B. 采用计日工计价的任何一项变更工作，承包人都应将相关报表和凭证送发包人复核
C. 发包人在收到承包人提交现场签证报告后的2天内，应予以确认计日工记录汇总
D. 计日工是承包人完成合同范围内的零星项目按合同约定的单价计价的一种方式
E. 每个支付期末，承包人应向发包人提交本期间所有计日工记录的签证汇总表

78. 关于施工成本控制的说法，正确的有（　　）。

A. 采用合同措施控制施工成本，应包括从合同谈判直至合同终结的全过程
B. 施工成本控制应贯穿于项目从投标阶段直至竣工验收的全过程
C. 合同文件和成本计划是成本控制的目标
D. 现行成本控制的程序不符合动态跟踪控制的原理
E. 成本控制可分为事先控制、事中控制和事后控制

79. 某商品混凝土目标成本与实际成本对比如下表，关于其成本分析的说法，正确的有（　　）。

项目	单位	目标	实际
产量	m³	600	640
单价	元	715	755
损耗	%	4	3

A. 实际成本与目标成本的差额是 51536 元
B. 产量增加使成本增加了 28600 元
C. 单价提高使成本增加了 26624 元
D. 该商品混凝土目标成本是 497696 元
E. 损耗率下降使成本减少了 4832 元

80. 关于建设工程项目进度控制的说法，正确的有（　　）。
A. 各参与方都有进度控制的任务
B. 各参与方进度控制的目标和时间范畴相同
C. 进度控制是一个动态的管理过程
D. 进度目标的分析论证是进度控制的一个环节
E. 项目实施过程中不允许调整进度计划

81. 关于实施性施工进度计划作用的说法，正确的有（　　）。
A. 确定一个月度的资源需求
B. 作为编制单体工程施工进度计划的依据
C. 论证施工总进度目标
D. 确定里程碑事件的进度目标
E. 确定施工作业的具体安排

82. 某分部工程的单代号网络计划如图所示（时间单位：天），正确的有（　　）。

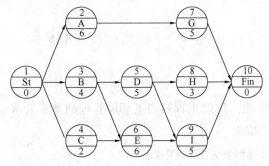

A. 计算工期为 15
B. 有两条关键线路
C. 工作 H 的自由时差为 2
D. 工作 G 的总时差和自由时差均为 4
E. 工作 D 和 I 之间的时间间隔为 1

83. 施工方进度控制工作的主要环节包括（　　）。
A. 确定施工项目的进度目标
B. 论证施工项目的进度目标
C. 编制施工进度计划及相关资源需求计划

D. 组织施工进度计划的实施
E. 施工进度计划的检查与调整

84. 与一般工业产品的生产相比较，建设工程施工质量控制的特点有（　　）。
A. 需要控制的因素多 B. 控制的难度大
C. 过程控制的要求高 D. 控制的标准化程度高
E. "终检"的全面性强

85. 项目施工质量工作计划的内容有（　　）。
A. 质量目标的具体描述 B. 重要工序的检验大纲
C. 质量事故的预防成本 D. 质量计划修订程序
E. 特殊的质量评定费用

86. 根据《关于做好房屋建筑和市政基础设施工程质量事故报告和调查处理工作的通知》（建质〔2010〕111号）的规定，质量事故处理报告的内容有（　　）。
A. 对事故处理的建议 B. 事故原因分析及论证
C. 事故发生后的应急防护措施 D. 事故调查的原始资料
E. 检查验收记录

87. 政府质量监督机构按照监督方案应对工程项目全过程施工的情况进行不定期检查，其中在（　　）阶段应每月安排监督检查。
A. 施工准备 B. 基础施工
C. 主体结构施工 D. 设备安装
E. 竣工验收

88. 根据现行法律法规，建设工程对施工环境管理的基本要求有（　　）。
A. 应采取生态保护措施
B. 建筑材料和装修材料必须符合国家标准
C. 建设工程项目中的防治污染设施必须与主体工程同时设计、同时施工和同时投产使用
D. 经行政部门批准后可以引进低于我国环保规定的特定技术
E. 尽量减少建设工程施工所产生的噪声对周围生活环境的影响

89. 关于从事危险化学品特种作业人员条件的说法，正确的有（　　）。
A. 应当具备初中及以上文化程度
B. 取得操作证后准许独立作业

C. 技能熟练后操作证可以不复审
D. 年满 18 周岁，且不超过国家法定退休年龄
E. 经社区或县级以上医疗机构体检健康合格

90. 编制生产安全事故应急预案的目的有（   ）。
A. 避免紧急情况发生时出现混乱
B. 满足《职业健康安全管理体系》论证的要求
C. 确保按照合理的响应流程采取适当的救援措施
D. 预防和减少可能随之引发的职业健康安全和环境影响
E. 确保建设主管部门尽快开展调查处理

91. 关于物资采购合同中交货日期的说法，正确的有（   ）。
A. 供货方负责送货的，以供货方按合同规定通知的提货日期为准
B. 供货方负责送货的，以采购方收货戳记的日期为准
C. 采购方提货的，以供货方按合同规定通知的提货日期为准
D. 采购方提货的，以采购方收货戳记的日期为准
E. 委托运输部门代运的产品，一般以供货方发运产品时承运单位签发的日期为准

92. 当采用变动单价时，合同中可以约定合同单价调整的情况有（   ）。
A. 工程量发生较大的变化　　　　B. 承包商自身成本发生较大的变化
C. 业主资金不到位　　　　　　　D. 通货膨胀达到一定水平
E. 国家相关政策发生变化

93. 成本加酬金合同的形式主要有（   ）。
A. 最大成本加税金合同　　　　　B. 成本加固定费用合同
C. 成本加固定比例费用合同　　　D. 成本加奖金合同
E. 最大成本加费用合同

94. 承包商索赔成立应具备的前提条件有（   ）。
A. 与合同对照，事件已造成了承包人工程项目成本的额外支出或直接工期损失
B. 造成费用增加或工期损失的原因，按合同约定不属于承包人的行为责任或风险责任
C. 承包人按合同规定的程序和时间提交索赔意向通知和索赔报告
D. 造成费用增加或工期损失数额巨大，超出了正常的承受范围
E. 索赔费用计算正确，并且容易分析

95. 下列施工文件档案资料中,属于工程质量控制资料的有（　　）。
A. 施工测量放线报验表
B. 水泥见证检测报告
C. 交接检查记录
D. 检验批质量验收记录表
E. 竣工验收证明书

2014年度参考答案及解析

一、单项选择题

1. D

【考点】 施工方项目管理的目标和任务。

【解析】 施工总承包方对所承包的建设工程承担施工任务的执行和组织的总的责任，它的主要管理任务如下：

(1) 负责整个工程的施工安全、施工总进度控制、施工质量控制和施工的组织等。

(2) 控制施工的成本（这是施工总承包方内部的管理任务）。

(3) 施工总承包方是工程施工的总执行者和总组织者，它除了完成自己承担的施工任务以外，还负责组织和指挥它自行分包的分包施工单位和业主指定的分包施工单位的施工（业主指定的分包施工单位有可能与业主单独签订合同，也可能与施工总承包方签约，不论采用何种合同模式，施工总承包方应负责组织和管理业主指定的分包施工单位的施工，这也是国际惯例），并为分包施工单位提供和创造必要的施工条件。

(4) 负责施工资源的供应组织。

(5) 代表施工方与业主方、设计方、工程监理方等外部单位进行必要的联系和协调等。

因此，正确选项是D。

2. D

【考点】 施工管理的工作任务分工。

【解析】 每一个建设项目都应编制项目管理任务分工表，这是一个项目的组织设计文件的一部分。在编制项目管理任务分工表前，应结合项目的特点，对项目实施各阶段的费用（投资或成本）控制、进度控制、质量控制、合同管理、信息管理和组织与协调等管理任务进行详细分解。在项目管理任务分解的基础上，明确项目经理和上述管理任务主管工作部门或主管人员的工作任务，从而编制工作任务分工表。

因此，正确选项是D。

3. B

【考点】 施工管理的组织结构。

【解析】 在线性组织结构中，每一个工作部门只能对其直接的下属部门下达工作指令，每一个工作部门也只有一个直接的上级部门，因此，每一个工作部门只有唯一个指令源，避免了由于矛盾的指令而影响组织系统的运行。

因此，正确选项是B。

4.C

【考点】 施工组织设计的内容。

【解析】 施工平面图是施工方案及施工进度计划在空间上的全面安排。它把投入的各种资源、材料、构件、机械、道路、水电供应网络、生产、生活活动场地及各种临时工程设施合理地布置在施工现场，使整个现场能有组织地进行文明施工。

因此，正确选项是C。

5.B

【考点】 项目目标的动态控制方法。

【解析】 项目目标动态控制的工作程序如下：

(1) 项目目标动态控制的准备工作：将对项目的目标（如投资/成本、进度和质量目标）进行分解，以确定用于目标控制的计划值（如计划投资/成本、计划进度和质量标准等）。

(2) 在项目实施过程中（如设计过程中、招投标过程中和施工过程中等）对项目目标进行动态跟踪和控制：

①收集项目目标的实际值，如实际投资/成本、实际施工进度和施工的质量状况等；

②定期（如每两周或每月）进行项目目标的计划值和实际值的比较；

③通过项目目标的计划值和实际值的比较，如有偏差，则采取纠偏措施进行纠偏。

因此，正确选项是B。

6.C

【考点】 施工方项目经理的任务。

【解析】 项目经理在承担工程项目施工的管理过程中，应当按照建筑施工企业与建设单位签订的工程承包合同，与本企业法定代表人签订项目承包合同，并在企业法定代表人授权范围内，行使以下管理权力：

(1) 组织项目管理班子；

(2) 以企业法定代表人的代表身份处理与所承担的工程项目有关的外部关系，受托签署有关合同；

(3) 指挥工程项目建设的生产经营活动，调配并管理进入工程项目的人力、资金、物资、机械设备等生产要素；

(4) 选择施工作业队伍；

(5) 进行合理的经济分配；

(6) 企业法定代表人授予的其他管理权力。

因此，正确选项是C。

7.B

【考点】 施工方项目经理的责任。

【解析】 项目经理对施工承担全面管理的责任：工程项目施工应建立以项目经理为首的生产经营管理系统，实行项目经理负责制。项目经理在工程项目施工中处于中心地位，对工程项目施工负有全面管理的责任。

因此，正确选项是 B。

8. A

【考点】 建设工程施工风险管理的任务和方法。

【解析】 施工风险管理过程包括施工全过程的风险识别、风险评估、风险响应和风险控制。

因此，正确选项是 A。

9. C

【考点】 建设工程监理的工作任务。

【解析】 监理工程师应当按照工程监理规范的要求，采取旁站、巡视和平行检验等形式，对建设工程实施监理（引自《建设工程质量管理条例》第三十八条）。

因此，正确选项是 C。

10. B

【考点】 建设工程监理的工作任务。

【解析】 我国推行建设工程监理制度的目的是：

(1) 确保工程建设质量；

(2) 提高工程建设水平；

(3) 充分发挥投资效益。

因此，正确选项是 B。

11. A

【考点】 按造价形成划分的建筑安装工程费用项目组成。

【解析】 措施项目费包括：安全文明施工费、夜间施工增加费、二次搬运费、冬雨期施工增加费、已完工程定位复测费、特殊地区施工增加费、大型机械设备进出场及安拆费、脚手架工程费。

检验试验费和施工机具使用费属于直接工程费；总承包服务费属于其他项目费。

因此，正确选项是 A。

12. A

【考点】 按费用构成要素划分的建筑安装工程项目费用组成。

【解析】 建筑安装企业管理费中的税金是指企业按规定缴纳的房产税、车船使用税、土地使用税、印花税等。

因此，正确选项是 A。

13. B

【考点】 工程量清单计价。

【解析】 工程量清单计价下编制投标报价的原则如下：

(1) 投标报价由投标人自主确定，但必须执行《建设工程工程量清单计价规范》的强制性规定。投标价应由投标人或受其委托具有相应资质的工程造价咨询人编制。

(2) 投标人的投标报价不得低于成本。
(3) 按招标人提供的工程量清单填报价格。
(4) 投标报价要以招标文件中设定的承发包双方责任划分，作为设定投标报价费用项目和费用计算的基础。
(5) 应该以施工方案、技术措施等作为投标报价计算的基本条件。
(6) 报价计算方法要科学严谨，简明适用。

因此，正确选项是 B。

14. B

【考点】 建设工程定额的分类。

【解析】 预算定额是以建筑物或构筑物各个分部分项工程为对象编制的定额。预算定额是以施工定额为基础综合扩大编制的，同时也是编制概算定额的基础。

因此，正确选项是 B。

15. D

【考点】 施工机械台班使用定额。

【解析】 机械工作时间也分为必需消耗的时间和损失时间两大类。

在必需消耗的工作时间里，包括有效工作、不可避免的无负荷工作和不可避免的中断三项时间消耗。其中，不可避免的中断工作时间，是与工艺过程的特点、机械的使用和保养、工人休息有关的中断时间。

损失的工作时间，包括多余工作、停工、违背劳动纪律所消耗的工作时间和低负荷下的工作时间。因技术人员过错造成机械降低负荷情况下的工作时间、操作机械的工人违反劳动纪律所消耗的时间和施工组织不当造成的机械停工时间都属于损失的工作时间，不计入定额时间。

因此，正确选项是 D。

16. D

【考点】 合同价款约定。

【解析】 采用单价合同时，工程量清单是合同文件必不可少的组成内容，其中的工程量一般不具备合同约束力（量可调），工程款结算时按照合同中约定应予计量并实际完成的工程量计算进行调整。

采用固定总价合同时，工程量清单中的工程量具备合同约束力（量不可调），工程量以合同图纸的标示内容为准，工程量以外的其他内容一般均赋予合同约束力，以方便合同变更的计量和计价。

固定单价合同是合同约定的工程价款中所包含的工程量清单项目综合单价在约定条件内是固定的，不予调整，工程量允许调整。

因此，正确选项是 D。

17. B

【考点】 工程计量。

【解析】 总价合同计量：

（1）采用工程量清单方式招标形成的总价合同，其工程量的计量参照单价合同的计量规定。

（2）采用经审定批准的施工图纸及其预算方式发包形成的总价合同，除按照工程变更规定引起的工程量增减外，总价合同各项目的工程量是承包人用于结算的最终工程量。

（3）承包人应在合同约定的每个计量周期内，对已完成的工程进行计量，并向发包人提交达到工程形象目标完成的工程量和有关计量资料的报告。

发包人应在收到报告后7天内对承包人提交的上述资料进行复核，以确定实际完成的工程量和工程形象目标。

因此，正确选项是B。

18. A

【考点】 合同价款调整。

【解析】 已签约合同中的暂列金额应由发包人掌握使用，发包人按照合同的规定作出支付后，如有剩余，则暂列金额余额归发包人所有。

因此，正确选项是A。

19. A

【考点】 工程变更。

【解析】 如果发包人提出的工程变更，因非承包人原因删减了合同中的某项原定工作或工程，致使承包人发生的费用或（和）得到的利益不能被包括在其他已支付或应支付的项目中，也未被包含在任何替代的工作或工程中，则承包人有权提出并得到合理的费用及利润补偿。

因此，正确选项是A。

20. C

【考点】 施工成本管理的任务与措施。

【解析】 施工成本偏差的控制，分析是关键，纠偏是核心，要针对分析得出的偏差发生原因，采取切实措施，加以纠正。

因此，正确选项是C。

21. B

【考点】 施工成本管理的任务。

【解析】 施工成本计划是以货币形式编制施工项目在计划期内的生产费用、成本水平、成本降低率以及为降低成本所采取的主要措施和规划的书面方案，它是建立施工项目成本管理责任制、开展成本控制和核算的基础，它是该项目降低成本的指导文件，是设立目标成本的依据。

因此，正确选项是B。

22. A

【考点】 施工成本计划的类型。

【解析】 竞争性成本计划是工程项目投标及签订合同阶段的估算成本计划,在投标报价过程中,虽也着力考虑降低成本的途径和措施,但总体上较为粗略。指导性成本计划是选派项目经理阶段的预算成本计划,是项目经理的责任成本目标。实施性计划成本是项目施工准备阶段的施工预算成本计划,它以项目实施方案为依据,落实项目经理责任目标为出发点,采用企业的施工定额,通过施工预算的编制而形成的实施性施工成本计划。

因此,正确选项是 A。

23. A

【考点】 施工成本分析的方法。

【解析】 分部分项工程成本分析是施工项目成本分析的基础。分部分项工程成本分析的对象为已完成分部分项工程。分析的方法是:进行预算成本、目标成本和实际成本的"三算"对比,分别计算实际偏差和目标偏差,分析偏差产生的原因,为今后的分部分项工程成本寻求节约途径。

分部分项工程成本分析的资料来源是:预算成本来自投标报价成本,目标成本来自施工预算,实际成本来自施工任务单的实际工程量、实耗人工和限额领料单的实耗材料。

因此,正确选项是 A。

24. B

【考点】 施工成本控制的步骤。

【解析】 在确定了施工成本计划之后,必须定期地进行施工成本计划值与实际值的比较,当实际值偏离计划值时,分析产生偏差的原因,采取适当的纠偏措施,以确保施工成本控制目标的实现。其步骤是:比较—分析—预测—纠偏—检查。

因此,正确选项是 B。

25. B

【考点】 施工成本控制的方法:赢得值法。

【解析】 费用偏差(CV)=已完工作预算费用($BCWP$)-已完工作实际费用($ACWP$)。当费用偏差(CV)为负值时,即表示项目运行超出预算费用;当费用偏差(CV)为正值时,表示项目运行节支,实际费用没有超出预算费用。根据题意,土方工程的费用偏差为:$3000 \times 25 - 3000 \times 26 = -3000$。

因此,正确选项是 B。

26. B

【考点】 建设工程项目进度计划系统。

【解析】 建设工程项目进度计划系统是由多个相互关联的进度计划组成的系统,它是项目进度控制的依据。由于各种进度计划编制所需要的必要资料是在项目进展过程中逐步形成的,因此项目进度计划系统的建立和完善也有一个过程,它也是逐步完善的。

因此,正确选项是 B。

27. D

【考点】 建设工程项目的总进度目标的内涵。

【解析】 建设工程项目总进度目标的控制是业主方项目管理的任务（若采用建设项目总承包的模式，协助业主进行项目总进度目标的控制也是建设项目总承包方项目管理的任务）。在进行建设工程项目总进度目标控制前，首先应分析和论证目标实现的可能性。

因此，正确选项是 D。

28. D

【考点】 双代号网络计划的基本概念。

【解析】 在各条线路中，有一条或几条线路的总时间最长，称为关键路线，一般用双线或粗线标注。其他线路长度均小于关键线路，称为非关键线路。网络计划中总时差最小的工作是关键工作。自始至终全部由关键工作组成的线路为关键线路，或线路上总的工作持续时间最长的线路为关键线路。

因此，正确选项是 D。

29. D

【考点】 横道图进度计划的编制方法。

【解析】 横道图的另一种形式是将工作简要说明直接放在横道图上，这样，一行上可容纳多项工作，这一般运用在重复性的任务上。横道图也可将最重要的逻辑关系标注在内。如果将所有逻辑关系均标注在图上，则横道图的简洁性的最大优点将丧失。横道图进度计划法也存在一些问题，如：

（1）工序（工作）之间的逻辑关系可以设法表达，但不易表达清楚；

（2）适用于手工编制计划；

（3）没有通过严谨的进度计划时间参数计算，不能确定计划的关键工作、关键路线与时差；

（4）计划调整只能用手工方式进行，其工作量较大；

（5）难以适应大的进度计划系统。

因此，正确选项是 D。

30. B

【考点】 工程网络计划的类型和应用。

【解析】 网络计划的线路有 6 条，分别是：①→③→⑤→⑦、①→③→④→⑥→⑦、①→③→⑤→⑥→⑦、①→④→⑥→⑦、①→②→④→⑥→⑦、①→②→⑥→⑦。各线路的长度分别是：17、17、16、16、16、12，即计算工期为 17 天。

因此，正确选项是 B。

31. C

【考点】 工程网络计划的类型和应用。

【解析】 线路上总的工作持续时间最长的线路为关键线路。由图结构特点可列举如下：

①→④→⑤→⑥→⑧→⑨→⑪

①→②→③→④→⑤→⑥→⑧→⑨→⑪

①→④→⑤→⑥→⑧→⑩→⑪
①→②→③→④→⑤→⑥→⑧→⑩→⑪
①→④→⑤→⑥→⑦→⑩→⑪
①→②→③→④→⑤→⑥→⑦→⑩→⑪

因此，正确选项是 C。

32. D

【考点】 工程网络计划的类型和应用。

【解析】 单代号网络计划时间参数的计算应在确定各项工作的持续时间之后进行。时间参数的计算顺序和计算方法基本上与双代号网络计划时间参数的计算相同。单代号网络计划时间参数的标注形式如下图所示。

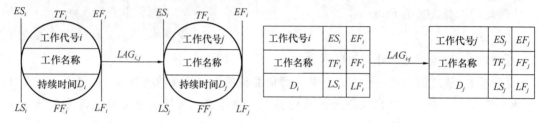

单代号网络计划时间参数的标注形式

本解析只计算最早开始时间、最早完成时间、最迟开始时间和最迟完成时间，剩余时间参数的计算留给读者进行，计算结果如下：

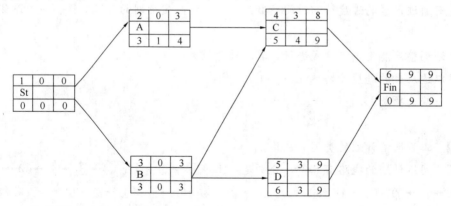

工作 C 最迟开始时间是 4。

因此，正确选项是 D。

33. B

【考点】 工程网络计划的类型和应用。

【解析】 绘制网络图时，箭线不宜交叉。当交叉不可避免时，可用过桥法或指向法，故 A 不正确；双代号网络图中应只有一个起点节点，故 B 正确；关键线路、关键工作安排在图面中心位置，其他工作分散在两边，并非硬性要求，故 C 不正确；网络图中的工作箭线不宜画成任意方向或曲线形状，尽可能用水平线或斜线，因此 D 不正确。

因此，正确选项是 B。

34. C

【考点】 施工方进度控制的任务。

【解析】 施工进度计划的调整应包括下列内容：

(1) 工程量的调整；

(2) 工作（工序）起止时间的调整；

(3) 工作关系的调整；

(4) 资源提供条件的调整；

(5) 必要目标的调整。

因此，正确选项是 C。

35. B

【考点】 施工方进度控制的措施。

【解析】 确定进度控制的工作流程属于进度控制的组织措施；优化施工方案属于进度控制的技术措施；选择合适的施工承发包方式、选择合理的合同结构均属于进度控制的管理措施。

因此，正确选项是 B。

36. D

【考点】 施工质量管理和质量控制的概念和特点。

【解析】 工程项目的施工质量控制应强调过程控制，边施工边检查边整改，及时做好检查、认证记录。

因此，正确选项是 D。

37. A

【考点】 施工质量的影响因素。

【解析】 我国实行的执业资格注册制度和管理及作业人员持证上岗制度等，从本质上说，就是对从事施工活动的人的素质和能力进行必要的控制。在施工质量管理中，人的因素起决定性的作用。所以，施工质量控制应以控制人的因素为基本出发点。

因此，正确选项是 A。

38. C

【考点】 施工质量保证体系的建立和运行。

【解析】 项目施工质量保证体系，必须有明确的质量目标，并符合项目质量总目标的要求；要以工程承包合同为基本依据，逐级分解目标以形成在合同环境下的项目施工质量保证体系的各级质量目标。

因此，正确选项是 C。

39. A

【考点】 施工企业质量管理体系的建立和运行。

【解析】 质量手册是阐明一个企业的质量政策、质量体系和质量实践的文件，是实施和保持质量体系过程中长期遵循的纲领性文件。质量手册的主要内容包括：企业的质量方针、质量目标；组织机构和质量职责；各项质量活动的基本控制程序或体系要素；质量评审、修改和控制管理办法。

因此，正确选项是 A。

40. D

【考点】 施工企业质量管理体系的建立和运行。

【解析】 质量管理体系认证的程序是由具有公正的第三方认证机构，依据质量管理体系的要求标准，审核企业质量管理体系要求的符合性和实施的有效性，进行独立、客观、科学、公正的评价，得出结论。认证应按申请、审核、审批与注册发证等程序进行。

因此，正确选项是 D。

41. A

【考点】 现场质量检查的方法。

【解析】 实测法：通过实测数据与施工规范、质量标准的要求及允许偏差值进行对照，以此判断质量是否符合要求。其手段可概括为"靠、量、吊、套"四个字。所谓靠，就是用直尺、塞尺检查诸如墙面、地面、路面等的平整度；量，就是指用测量工具和计量仪表等检查断面尺寸、轴线、标高、湿度、温度等的偏差。例如，大理石板拼缝尺寸与超差数量，摊铺沥青拌合料的温度，混凝土坍落度的检测等；吊，就是利用托线板以及线锤吊线检查垂直度。例如，砌体垂直度检查、门窗的安装等；套，是以方尺套方，辅以塞尺检查。例如，对阴阳角的方正、踢脚线的垂直度、预制构件的方正、门窗口及构件的对角线检查等。

因此，正确选项是 A。

42. B

【考点】 材料的质量控制。

【解析】 水泥物理力学性能检验：同一生产厂、同一等级、同一品种、同一批号且连续进场的水泥，袋装不超过200t为一检验批，散装不超过500t为一检验批，每批抽样不少于一次。取样应在同一批水泥的不同部位等量采集，取样点不少于20个点，并应具有代表性，且总重量不少于12kg。

因此，正确选项是 B。

43. A

【考点】 技术准备的质量控制。

【解析】 技术准备是指在正式开展施工作业活动前进行的技术准备工作。这类工作内容繁多，主要在室内进行，例如：熟悉施工图纸，进行详细的设计交底和图纸审查；进行工程项目划分和编号；细化施工技术方案和施工人员、机具的配置方案，编制施工作业技术指导书，绘制各种施工详图（如测量放线图、大样图及配筋、配板、配线图表等），进行必要的技术交底和技术培训。技术准备的质量控制，包括对上述技术准备工作成果的复核审查，检查这些成果是否符合相关技术规范、规程的要求和对施工质量的保证程度；制定施工质量控制计划，设置质量控制点，明确关键部位的质量管理点等。

因此，正确选项是 A。

44. D

【考点】 工序施工质量控制。

【解析】 施工过程是由一系列相互联系与制约的工序构成，工序是人、材料、机械设备、施工方法和环境因素对工程质量综合起作用的过程，所以对施工过程的质量控制，必须以工序质量控制为基础和核心。因此，工序的质量控制是施工阶段质量控制的重点。只有严格控制工序质量，才能确保施工项目的实体质量。工序施工质量控制主要包括工序施工条件质量控制和工序施工效果质量控制。工序施工条件控制就是控制工序活动的各种投入要素质量和环境条件质量。

因此，正确选项是 D。

45. A

【考点】 工程质量事故的分类。

【解析】 按照住房和城乡建设部《关于做好房屋建筑和市政基础设施工程质量事故报告和调查处理工作的通知》（建质〔2010〕111号），根据工程质量事故造成的人员伤亡或者直接经济损失，工程质量事故分为4个等级：

（1）特别重大事故，是指造成30人以上死亡，或者100人以上重伤，或者1亿元以上直接经济损失的事故；

（2）重大事故，是指造成10人以上30人以下死亡，或者50人以上100人以下重伤，或者5000万元以上1亿元以下直接经济损失的事故；

（3）较大事故，是指造成3人以上10人以下死亡，或者10人以上50人以下重伤，或者1000万元以上5000万元以下直接经济损失的事故；

（4）一般事故，是指造成3人以下死亡，或者10人以下重伤，或者100万元以上1000万元以下直接经济损失的事故。

因此，正确选项是 A。

46. B

【考点】 工程质量事故产生的原因。

【解析】 管理原因引发的质量事故是指管理上的不完善或失误引发的质量事故。例如，施工单位或监理单位的质量体系不完善，检验制度不严密，质量控制不严格，质量管理措施落实不力，检测仪器设备管理不善而失准，材料检验不严等原因引起的质量事故。

因此，正确选项是 B。

47. A

【考点】 施工质量政府监督的职能。

【解析】 监督的主要内容是地基基础、主体结构、环境质量和与此相关的工程建设各方主体的质量行为。

因此，正确选项是 A。

48. A

【考点】 施工过程的质量监督。

【解析】 对工程项目建设中的结构主要部位（如桩基、基础、主体结构等），除进行常规检查外，应在分部工程验收时进行监督，监督检查验收合格后，方可进行后续工程的施工。建设单位应将施工、设计、监理和建设单位各方分别签字的质量验收证明在验收后三天内报送工程质量监督机构备案。

因此，正确选项是 A。

49. D

【考点】 职业健康安全管理体系的运行。

【解析】 文件管理：对适用的规范、规程等行业标准应及时购买补充，对适用的表格要及时发放。

因此，正确选项是 D。

50. B

【考点】 特种作业人员的安全教育。

【解析】 特种作业人员应具备的条件：(1) 年满十八周岁以上，且不超过国家法定的退休年龄；(2) 体检健康合格；(3) 具有初中及以上文化程度；(4) 具备必要的安全技术知识与技能；(5) 相应特种作业规定的其他条件。

因此，正确选项是 B。

51. B

【考点】 施工安全管理实施策划的原则。

【解析】 施工安全管理实施策划有以下七个原则：

(1) 预防性；

(2) 安全过程性；

(3) 科学性；

(4) 可操作性和针对性；

(5) 动态控制；

(6) 持续改进；

(7) 实效的最优化。

由上可知，施工过程中发现问题及时处理，属于动态控制的原则。

因此，正确选项是 B。

52. A

【考点】 施工安全管理实施。

【解析】 施工安全管理实施的基本要求：

(1) 必须取得《安全生产许可证》后方可施工；

(2) 必须建立健全安全管理保障制度；

(3) 各类施工人员必须具备相应的安全生产资格方可上岗；

（4）所有新工人（包括新招收的合同工、临时工、农民工及实习和代培人员）必须经过三级安全教育，即：施工人员进场作业前进行公司、项目部、作业班组的安全教育；

（5）特种作业（指对操作者本人和其他工种作业人员以及对周围设施的安全有重大危险因素的作业）人员，必须经过专门培训，并取得特种作业资格；

（6）对查出的事故隐患要做到整改"五定"的要求；

（7）必须把好安全生产的"七关"标准；

（8）必须建立安全生产值班制度，并有现场领导带班。

由上述（4）可知，三级安全教育具体应由公司、项目部和班组负责实施。

因此，正确选项是 A。

53. A

【考点】 安全生产管理制度体系。

【解析】 安全检查的内容包括查思想、查管理、查隐患、查整改、查死亡事故处理等，安全检查的重点是检查"三违"和安全责任制的落实。

因此，正确选项是 A。

54. D

【考点】 建设工程生产安全事故报告和调查处理。

【解析】 建设主管部门应当依照有关法律法规的规定，对因降低安全生产条件导致事故发生的施工单位给予暂扣或吊销安全生产许可证的处罚；对事故负有责任的相关单位给予罚款、停业整顿、降低资质等级或吊销资质证书的处罚。

因此，正确选项是 D。

55. C

【考点】 生产安全事故应急预案的内容。

【解析】 生产安全事故应急预案应形成体系，针对各级各类可能发生的事故和所有危险源制定专项应急预案和现场应急处置方案，并明确事前、事中、事后的各个过程中相关部门和有关人员的职责。生产规模小、危险因素少的施工单位，综合应急预案和专项应急预案可以合并编写。

因此，正确选项是 C。

56. C

【考点】 施工现场文明施工的要求。

【解析】 食堂必须有卫生许可证，并应符合卫生标准，生、熟食操作应分开，熟食操作时应有防蝇间或防蝇罩。禁止使用塑料制品作熟食容器，炊事员和茶水工须持有效的健康证明和上岗证。

因此，正确选项是 C。

57. C

【考点】 施工现场噪声污染的处理。

【解析】 施工现场的搅拌机、固定式混凝土输送泵、电锯、大型空气压缩机等强噪声机械设备应搭设封闭式机械棚,并尽可能离居民区远一些设置,以减少强噪声的污染。在工厂车间生产制作门窗,是将电锯等强噪声机械设备转移至离居民区远一些的地方,即属于声源转移。

因此,正确选项是C。

58. B

【考点】 施工现场环境保护的要求。

【解析】 建设工程施工由于受技术、经济条件限制,对环境的污染不能控制在规定范围内的,建设单位应当会同施工单位事先报请当地人民政府建设行政主管部门和环境保护行政主管部门批准。

因此,正确选项是B。

59. A

【考点】 施工平行承发包模式。

【解析】 施工平行承发包,又称为分别承发包,是指发包方根据建设工程项目的特点、项目进展情况和控制目标的要求等因素,将建设工程项目按照一定的原则分解,将其施工任务分别发包给不同的施工单位,各个施工单位分别与发包方签订施工承包合同,其合同结构图如下图所示。

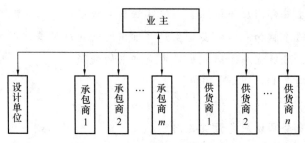

施工平行承发包模式的合同结构图

因此,正确选项是A。

60. A

【考点】 施工总承包管理模式。

【解析】 施工总承包管理模式与施工总承包模式相比具有以下优点:

(1) 合同总价不是一次确定,某一部分施工图设计完成以后,再进行该部分工程的施工招标,确定该部分工程的合同价,因此整个项目的合同总额的确定较有依据;

(2) 所有分包合同和分供货合同的发包,都通过招标获得有竞争力的投标报价,对业主方节约投资有利;

(3) 施工总承包管理单位只收取总包管理费,不赚总包与分包之间的差价;

(4) 每完成一部分施工图设计,就可以进行该部分工程的施工招标,可以边设计边施工,可以提前开工,缩短建设周期,有利于进度控制。

由上述(4)可知,施工总承包管理模式可以提前开工,缩短建设周期。

因此,正确选项是A。

61. C

【考点】 施工承包合同的主要内容。

【解析】 发包人义务：

（1）遵守法律：发包人在履行合同过程中应遵守法律，并保证承包人免于承担因发包人违反法律而引起的任何责任。

（2）发出开工通知：发包人应委托监理人按合同约定向承包人发出开工通知。

（3）提供施工场地：发包人应按专用合同条款约定向承包人提供施工场地，以及施工场地内地下管线和地下设施等有关资料，并保证资料的真实、准确、完整。

（4）协助承包人办理证件和批件：发包人应协助承包人办理法律规定的有关施工证件和批件。

（5）组织设计交底：发包人应根据合同进度计划，组织设计单位向承包人进行设计交底。

（6）支付合同价款：发包人应按合同约定向承包人及时支付合同价款。

（7）组织竣工验收：发包人应按合同约定及时组织竣工验收。

（8）其他义务：发包人应履行合同约定的其他义务。

由上述（4）可知，答案C错误。

因此，正确选项是C。

62. D

【考点】 施工专业分包合同的内容。

【解析】 承包人的工作：

（1）向分包人提供与分包工程相关的各种证件、批件和各种相关资料，向分包人提供具备施工条件的施工场地；

（2）组织分包人参加发包人组织的图纸会审，向分包人进行设计图纸交底；

（3）提供本合同专用条款中约定的设备和设施，并承担因此发生的费用；

（4）随时为分包人提供确保分包工程的施工所要求的施工场地和通道等，满足施工运输的需要，保证施工期间的畅通；

（5）负责整个施工场地的管理工作，协调分包人与同一施工场地的其他分包人之间的交叉配合，确保分包人按照经批准的施工组织设计进行施工。

由上述可知，D选项不包含在承包人的工作中，因此不正确。

因此，正确选项是D。

63. C

【考点】 施工承包合同的主要内容。

【解析】 监理人暂停施工指示：

（1）监理人认为有必要时，可向承包人作出暂停施工的指示，承包人应按监理人指示暂停施工。不论由于何种原因引起的暂停施工，暂停施工期间承包人应负责妥善保护工程并提供安全保障。

(2) 由于发包人的原因发生暂停施工的紧急情况，且监理人未及时下达暂停施工指示的，承包人可先暂停施工，并及时向监理人提出暂停施工的书面请求。监理人应在接到书面请求后的 24 小时内予以答复，逾期未答复的，视为同意承包人的暂停施工请求。

由上述（2）可知，选项 C 正确。

因此，正确选项是 C。

64. B

【考点】 固定总价合同。

【解析】 固定总价合同的价格计算是以图纸及规定、规范为基础，工程任务和内容明确，业主的要求和条件清楚，合同总价一次包死，固定不变，即不再因为环境的变化和工程量的增减而变化。在这类合同中承包商承担了全部的工作量和价格的风险，因此，承包商在报价时对一切费用的价格变动因素以及不可预见因素都做了充分估计，并将其包含在合同价格之中，价格的风险即是通货膨胀的风险。

因此，正确选项是 B。

65. A

【考点】 成本加酬金合同的运用。

【解析】 采用成本加酬金合同，承包商不承担任何价格变化或工程量变化的风险，这些风险主要由业主承担，对业主的投资控制很不利。而承包商则往往缺乏控制成本的积极性，常常不仅不愿意控制成本，甚至还会期望提高成本以提高自己的经济效益，因此这种合同容易被那些不道德或不称职的承包商滥用，从而损害工程的整体效益。

因此，正确选项是 A。

66. A

【考点】 施工合同变更管理。

【解析】 根据国家发展和改革委员会等九部委联合编制的《标准施工招标文件》中的通用合同条款的规定，除专用合同条款另有约定外，在履行合同中发生以下情形之一，应按照本条规定进行变更：

(1) 取消合同中任何一项工作，但被取消的工作不能转由发包人或其他人实施；

(2) 改变合同中任何一项工作的质量或其他特性；

(3) 改变合同工程的基线、标高、位置或尺寸；

(4) 改变合同中任何一项工作的施工时间或改变已批准的施工工艺或顺序；

(5) 为完成工程需要追加的额外工作。

由上述（1）可知，选项 A 不属于工程变更的范围。

因此，正确选项是 A。

67. B

【考点】 施工合同跟踪与控制。

【解析】 合同实施偏差分析的内容包括以下三个方面：

(1) 产生偏差的原因分析；

(2) 合同实施偏差的责任分析；

(3) 合同实施趋势分析。

由上述（3）可知，选项 B 正确。

因此，正确选项是 B。

68. B

【考点】 施工合同索赔的程序。

【解析】 在工程实施过程中发生索赔事件以后，或者承包人发现索赔机会，首先要提出索赔意向，即在合同规定时间内将索赔意向用书面形式及时通知发包人或者工程师，向对方表明索赔愿望、要求或者声明保留索赔权利，这是索赔工作程序的第一步。

因此，正确选项是 B。

69. D

【考点】 施工合同索赔的程序。

【解析】 根据九部委《标准施工招标文件》中的通用合同条款，关于承包人索赔的提出，规定如下：

(1) 承包人应在知道或应当知道索赔事件发生后 28 天内，向监理人递交索赔意向通知书，并说明发生索赔事件的事由。承包人未在前述 28 天内发出索赔意向通知书的，丧失要求追加付款和（或）延长工期的权利；

(2) 承包人应在发出索赔意向通知书后 28 天内，向监理人正式递交索赔通知书。索赔通知书应详细说明索赔理由以及要求追加的付款金额和（或）延长的工期，并附必要的记录和证明材料；

(3) 索赔事件具有连续影响的，承包人应按合理时间间隔继续递交延续索赔通知，说明连续影响的实际情况和记录，列出累计的追加付款金额和（或）工期延长天数；

(4) 在索赔事件影响结束后的 28 天内，承包人应向监理人递交最终索赔通知书，说明最终要求索赔的追加付款金额和延长的工期，并附必要的记录和证明材料。

由上述（2）可知，选项 D 正确。

因此，正确选项是 D。

70. D

【考点】 施工信息管理的任务。

【解析】 "信息交流（信息沟通）"的问题指的是一方没有及时，或没有将另一方所需要的信息（如所需的信息的内容、针对性的信息和完整的信息），或没有将正确的信息传递给另一方。如设计变更没有及时通知施工方，而导致返工；如业主方没有将施工进度严重拖延的信息及时告知大型设备供货方，而设备供货方仍按原计划将设备运到施工现场，致使大型设备在现场无法存放和妥善保管；如施工已产生了重大质量问题的隐患，而没有及时向有关技术负责人及时汇报等。以上列举的问题都会不同程度地影响项目目标的实现。

因此，正确选项是 D。

二、多项选择题

71. A、C

【考点】 安全生产管理制度体系。

【解析】 根据《建设工程安全生产管理条例》第二十六条的规定：施工单位应当在施工组织设计中编制安全技术措施和施工现场临时用电方案，对下列达到一定规模的危险性较大的分部分项工程编制专项施工方案，并附具安全验算结果，经施工单位技术负责人、总监理工程师签字后实施，由专职安全生产管理人员进行现场监督，包括基坑支护与降水工程；土方开挖工程；模板工程；起重吊装工程；脚手架工程；拆除、爆破工程；国务院建设行政主管部门或者其他有关部门规定的其他危险性较大的工程。

对前款所列工程中涉及深基坑、地下暗挖工程、高大模板工程的专项施工方案，施工单位应当组织专家进行论证、审查。

因此，正确选项是 A、C。

72. A、C、D、E

【考点】 施工管理的工作流程组织。

【解析】 工作流程图用图的形式反映一个组织系统中各项工作之间的逻辑关系，它可用以描述工作流程组织。作流程图用矩形框表示工作，箭线表示工作之间的逻辑关系，菱形框表示判别条件。也可用两个矩形框分别表示工作和工作的执行者。

因此，正确选项是 A、C、D、E。

73. C、E

【考点】 施工项目经理的任务和责任。

【解析】 《建设工程施工合同（示范文本）》GF—2013—0201 中涉及项目经理有如下条款：

项目经理应是承包人正式聘用的员工。项目经理每月在施工现场时间不得少于专用合同条款约定的天数。项目经理不得同时担任其他项目的项目经理。

因此，正确选项是 C、E。

74. B、C、D、E

【考点】 施工方项目经理的责任。

【解析】 参考《建设工程项目管理规范》GB/T 50326—2006，项目经理应履行下列职责：

(1) 项目管理目标责任书规定的职责；

(2) 主持编制项目管理实施规划，并对项目目标进行系统管理；

(3) 对资源进行动态管理；

(4) 建立各种专业管理体系，并组织实施；

(5) 进行授权范围内的利益分配；

(6) 收集工程资料，准备结算资料，参与工程竣工验收；

(7) 接受审计，处理项目经理部解体的善后工作；

(8) 协助组织进行项目的检查、鉴定和评奖申报工作。

因此，正确选项是 B、C、D、E。

75. A、B、C、D

【考点】 按造价形成划分的建筑安装工程费用项目组成。

【解析】 措施项目费包括：安全文明施工费、夜间施工增加费、二次搬运费、冬雨季施工增加费、已完工程及设备保护费、工程定位复测费、特殊地区施工增加费、大型机械设备进出场及安拆费、脚手架工程费。

因此，正确选项是 A、B、C、D。

76. C、D、E

【考点】 人工定额。

【解析】 工人有效工作时间是从生产效果来看与产品生产直接有关的时间消耗。包括基本工作时间、辅助工作时间、准备与结束工作时间。

因此，正确选项是 C、D、E。

77. A、B、C、E

【考点】 计日工。

【解析】 计日工是指在施工过程中，承包人完成发包人提出的工程合同范围以外的零星项目或工作，按合同约定的单价计价的一种方式。

(1) 发包人通知承包人以计日工方式实施的零星工作，承包人应予执行。

(2) 采用计日工计价的任何一项变更工作，承包人应在该项变更的实施过程中，按合同约定提交一下报表和有关凭证送发包人审核：

①工作名称、内容和数量；

②投入该工作所有人员的姓名、工种、级别和耗用工时；

③投入该工作的材料名称、类别和数量；

④投入该工作的施工设备型号、台数和耗用台时；

⑤发包人要求提交的其他资料和凭证。

(3) 任一计日工项目持续进行时，承包人应在该项工作实施结束后的 24 小时内，向发包人提交有计日工记录汇总的现场签证报告一式三份。发包人在收到承包人提交现场签证报告后的 2 天内予以确认并将其中一份返还给承包人，作为计日工计价和支付的依据。发包人逾期未确认也未提出修改意见的，视为承包人提交的现场签证报告已被发包人认可。

(4) 任一计日工项目实施结束后。发包人应按照确认的计日工现场签证报告核实该类项目的工程数量，并根据核实的工程数量和承包人已标价工程量清单中的计日工单价计算，提出应付价款；已标价工程量清单中没有该类计日工单价的，由发承包双方按本规范第 9.3 节的规定商定计日工单价计算。

(5) 每个支付期末，承包人应按照本规范第 10.4 节的规定向发包人提交本期间所有计日工记录的签证汇总表，以说明本期间自己认为有权得到的计日工价款，列入进度款支付。

因此，正确选项是 A、B、C、E。

78. A、B、C、E

【考点】 施工成本控制。

【解析】 建设工程项目施工成本控制应贯穿于项目从投标阶段开始直至竣工验收的全过程，它是企业全面成本管理的重要环节。施工成本控制可分为事先控制、事中控制（过程控制）和事后控制。在项目的施工过程中，需按动态控制原理对实际施工成本的发生过程进行有效控制。

采用合同措施控制施工成本，应贯穿整个合同周期，包括从合同谈判开始到合同终结的全过程。

合同文件和成本计划是成本控制的目标，进度报告和工程变更与索赔资料是成本控制过程中的动态资料。

成本控制的程序体现了动态跟踪控制的原理。成本控制报告可单独编制，也可以根据需要与进度、质量、安全和其他进展报告结合，提出综合进展报告。

因此，正确选项是 A、B、C、E。

79. A、C、E

【考点】 因素分析法。

【解析】 目标成本：$600 \times 715 \times 1.04 = 446160$，实际成本：$640 \times 755 \times 1.03 = 497696$，实际成本与目标成本的差额是 51536 元；产量增加使成本增加了 $(640-600) \times 715 \times 1.04 = 29744$；单价提高使成本增加了 $640 \times (755-715) \times 1.04 = 26624$；损耗率下降使成本减少了 $640 \times 755 \times (1.04-1.03) = 4832$。

因此，正确选项是 A、C、E。

80. A、C、D

【考点】 建设工程项目总进度目标。

【解析】 由于项目进度控制不同的需要和不同的用途，业主方和项目各参与方可以编制多个不同的建设工程项目进度计划系统，由不同深度的计划构成的进度计划系统，由不同功能的计划构成的进度计划系统，由不同项目参与方的计划构成的进度计划系统，由不同周期的计划构成的进度计划系统。在建设工程项目进度计划系统中各进度计划或各子系统进度计划编制和调整时，必须注意其相互间的联系和协调，建设项目是在动态条件下实施的，进度控制也就必须是一个动态的管理过程。各参与方进度控制的目标和时间范畴是不相同的，进度目标分析论证是进度控制的一个环节，项目实施过程中允许调整进度计划。

因此，正确选项是 A、C、D。

81. A、E

【考点】 实施性施工进度计划的作用。

【解析】 实施性施工进度计划的主要作用如下：

(1) 确定施工作业的具体安排；

(2) 确定（或据此可计算）一个月度或旬的人工需求（工种和相应的数量）；

(3) 确定（或据此可计算）一个月度或旬的施工机械的需求（机械名称和数量）；

(4) 确定（或据此可计算）一个月度或旬的建筑材料（包括成品、半成品和辅助材料等）的需求（建筑材料的名称和数量）；

(5) 确定（或据此可计算）一个月度或旬的资金的需求等。

因此，正确选项是 A、E。

82. A、D、E

【考点】 单代号网络计划。

【解析】 网络计划的起点节点的最早开始时间为零。工作最早完成时间等于该工作最早开始时间加上其持续时间，相邻两项工作 i 和 j 之间的时间间隔 LAG_{i-j} 等于紧后工作 j 的最早开始时间 ES_j 和本工作的最早完成时间 EF_i 之差，即：$LAG_{i-j}=ES_j-EF_i$。其他工作 i 的总时差 TF_i 等于该工作的各个紧后工作 j 的总时差 TF_j 加该工作与其紧后工作之间的时间间隔 LAG_{i-j} 之和的最小值，即：$TF_i=\min\{TF_j+LAG_{i-j}\}$。当工作 i 有紧后工作 j 时，其自由时差 FF_i 等于该工作与其紧后工作 j 之间的时间间隔 LAG_{i-j} 的最小值，即：$FF_i=\min\{LAG_{i-j}\}$。

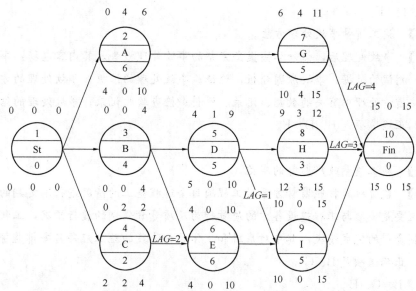

因此，正确选项是 A、D、E。

83. C、D、E

【考点】 施工方进度控制的主要工作环节。

【解析】 施工方进度控制的主要工作环节包括：

(1) 编制施工进度计划及相关的资源需求计划；

(2) 组织施工进度计划的实施；

(3) 施工进度计划的检查与调整。

因此，正确选项是 C、D、E。

84. A、B、C

【考点】 施工质量管理和质量控制的特点。

【解析】 建设工程施工质量控制的特点有：

(1) 控制因素多；

(2) 控制难度大；

(3) 过程控制要求高；

(4) 终检局限大。

因此，正确选项是 A、B、C。

85. A、B、D

【考点】 施工质量保证体系的建立和运行。

【解析】 施工质量工作计划主要包括：质量目标的具体描述和定量描述整个项目施工质量形成的各工作环节的责任和权限；采用的特定程序、方法和工作指导书；重要工序（工作）的试验、检验、验证和审核大纲；质量计划修订程序；为达到质量目标所采取的其他措施。

因此，正确选项是 A、B、D。

86. B、D、E

【考点】 施工质量事故处理方法。

【解析】 事故处理后，必须尽快提交完整的事故处理报告，其内容包括：事故调查的原始资料、测试的数据；事故原因分析、论证；事故处理的依据；事故处理的方案及技术措施；实施质量处理中有关的数据、记录、资料；检查验收记录；事故处理的结论等。

因此，正确选项是 B、D、E。

87. B、C

【考点】 施工质量政府监督的实施。

【解析】 监督机构按照监督方案对工程项目全过程施工的情况进行不定期的检查。检查的内容主要是：参与工程建设各方的质量行为及质量责任制的履行情况，工程实体质量和质量控制资料的完成情况，其中对基础和主体结构阶段的施工应每月安排监督检查。

因此，正确选项是 B、C。

88. A、B、C、E

【考点】 建设工程环境保护的要求。

【解析】 根据《中华人民共和国环境保护法》和《中华人民共和国环境影响评价法》等有关法律法规的有关规定，建设工程对施工环境管理的基本要求如下：

(1) 建设工程应当采用节能、节水等有利于环境与资源保护的建筑设计方案、建筑材料、建筑构配件及设备。建筑材料和装修材料必须符合国家标准。禁止生产、销售和使用有毒、有害物质超过国家标准的建筑材料和装修材料。

(2) 建设工程项目中防治污染的设施，必须与主体工程同时设计、同时施工、同时投产使用。

(3) 应采取生态保护措施，有效预防和控制生态破坏。

(4) 尽量减少建设工程施工所产生的噪声对周围生活环境的影响。

(5) 禁止引进不符合我国环境保护规定要求的技术和设备。

因此，正确选项是 A、B、C、E。

89. B、D、E

【考点】 施工安全管理。

【解析】 选项 A 应该是具备高中或者相当于高中及以上文化程度；选项 C 需要复审。

因此，正确选项是 B、D、E。

90. A、C、D

【考点】 生产安全事故应急预案的内容。

【解析】 编制应急预案的目的，是避免紧急情况发生时出现混乱，确保按照合理的响应流程采取适当的救援措施，预防和减少可能随之引发的职业健康安全和环境影响。

因此，正确选项是 A、C、D。

91. B、C、E

【考点】 物资采购合同的主要内容。

【解析】 交货日期的确定可以按照下列方式：

(1) 供货方负责送货的，以采购方收货戳记的日期为准；

(2) 采购方提货的，以供货方按合同规定通知的提货日期为准；

(3) 凡委托运输部门或单位运输、送货或代运的产品，一般以供货方发运产品时承运单位签发的日期为准，不是以向承运单位提出申请的日期为准。

因此，正确选项是 B、C、E。

92. A、D、E

【考点】 单价合同的运用。

【解析】 当采用变动单价合同时，合同双方可以约定一个估计的工程量。当实际工程量发生较大变化时，可以对单价进行调整，同时还应该约定如何对单价进行调整；当然也可以约定，当通货膨胀达到一定水平或者国家政策发生变化时，可以对哪些工程内容的单价进行调整以及如何调整等。

因此，正确选项是 A、D、E。

93. B、C、D、E

【考点】 成本加酬金合同的运用。

【解析】 成本加酬金合同有许多种形式，主要如下：

(1) 成本加固定费用合同；

(2) 成本加固定比例费用合同；

(3) 成本加奖金合同；

(4) 最大成本加费用合同。

因此，正确选项是 B、C、D、E。

94. A、B、C

【考点】 施工合同索赔的依据和证据。

【解析】 索赔的成立，应该同时具备以下三个前提条件：

（1）与合同对照，事件已造成了承包人工程项目成本的额外支出，或直接工期损失；

（2）造成费用增加或工期损失的原因，按合同约定不属于承包人的行为责任或风险责任；

（3）承包人按合同规定的程序和时间提交索赔意向通知和索赔报告。

以上三个条件必须同时具备，缺一不可。

因此，正确选项是 A、B、C。

95. B、C

【考点】 施工文件档案管理的主要内容。

【解析】 工程质量控制资料是建设工程施工全过程全面反映工程质量控制和保证的依据性证明资料。应包括：

（1）工程项目原材料、构配件、成品、半成品和设备的出厂合格证及进场检（试）验报告；

（2）施工试验记录和见证检测报告；

（3）隐蔽工程验收记录文件；

（4）交接检查记录。

由上述（1）、（4）可知，选项 B、C 正确。

因此，正确选项是 B、C。

2013 年度二级建造师执业资格考试试卷

一、单项选择题（共 70 题，每题 1 分。每题的备选项中，只有 1 个最符合题意）

1. 根据建设工程项目的阶段划分，属于设计准备阶段工作的是（　　）。
   A. 编制项目可行性研究报告 B. 编制初步设计
   C. 编制设计任务书　　　　　D. 编制项目建议书

2. 关于施工方项目管理目标和任务的说法，正确的是（　　）。
   A. 施工总承包管理方对所承包的工程承担施工任务的执行和组织的总的责任
   B. 施工方项目管理服务于施工方自身的利益，而不需要考虑其他方
   C. 建设项目工程总承包的主要意义是总价包干和"交钥匙"
   D. 由业主选定的分包方应经施工总承包管理方的认可

3. 组织结构模式反映一个组织系统中各子系统之间或各工作部门之间的（　　）关系。
   A. 协作　　　　　　　　　　B. 监督
   C. 指令　　　　　　　　　　D. 配合

4. 下列组织工具中，能够反映项目所有工作任务的是（　　）。
   A. 项目结构图　　　　　　　B. 组织结构图
   C. 工作流程图　　　　　　　D. 工作任务分工表

5. 某工程施工项目经理部，根据项目特点制定了项目成本控制、进度控制、质量控制和合同管理等工作流程。这些工作流程组织属于（　　）。
   A. 管理工作流程组织　　　　B. 信息处理工作流程组织
   C. 物质流程组织　　　　　　D. 施工作业流程组织

6. 下列施工组织设计内容中，应当首先确定的是（　　）。
   A. 施工平面图设计　　　　　B. 机具设备需求计划
   C. 施工方案　　　　　　　　D. 施工进度计划

7. 某住宅小区建设中，承包商针对其中一幢住宅楼施工所编制的施工组织设计，属

于( )。

A. 施工组织总设计
B. 单项工程施工组织设计
C. 单位工程施工组织设计
D. 分部工程施工组织设计

8. 关于项目目标动态控制的说法,错误的是( )。

A. 动态控制首先应将目标分解,制定目标控制的计划值
B. 目标的计划值在任何情况下都应保持不变
C. 当目标的计划值和实际值发生偏差时应进行纠偏
D. 在项目实施过程中对项目目标进行动态跟踪和控制

9. 根据《建设工程项目管理规范》GB/T 50326—2006,项目管理目标责任书由( )制定。

A. 施工企业经营部门
B. 法定代表人或其授权人与项目经理协商
C. 建设单位和施工企业法定代表人协商
D. 施工企业合同预算部门

10. 施工方项目经理在承担工程项目施工管理过程中,以( )身份处理与所承担的工程项目有关的外部关系。

A. 施工企业决策者
B. 施工企业法定代表人
C. 施工企业法定代表人的代表
D. 建设单位项目管理者

11. 根据《建设工程项目管理规范》GB/T 50326—2006,对于预计后果为中度损失和发生可能性为中等的风险,应列为( )等风险。

A. 2
B. 3
C. 4
D. 5

12. 施工风险管理过程包括施工全过程的风险识别、风险评估、风险响应和( )。

A. 风险转移
B. 风险跟踪
C. 风险控制
D. 风险排序

13. 工程建设监理规划编制完成后,必须经( )审核批准。

A. 业主
B. 总监理工程师
C. 专业监理工程师
D. 监理单位技术负责人

14. 根据《建设工程安全生产管理条例》,工程监理单位应当审核施工组织设计中的

安全技术措施或者专项施工方案是否符合（　　）。

  A. 工程建设设计文件   B. 工程建设强制性标准
  C. 工程建设施工合同   D. 工程建设技术规程

15. 根据《建筑安装工程费用项目组成》（建标［2003］206 号），病假在六个月以内的生产工人的工资属于（　　）。

  A. 生产工人基本工资   B. 生产工人辅助工资
  C. 职工福利费   D. 企业管理费

16. 根据现行规定，施工企业为职工缴纳的工伤保险费，属于建筑安装工程费中的（　　）。

  A. 文明施工费   B. 劳动保险费
  C. 规费   D. 安全施工费

17. 建筑安装工程税金中，城市维护建设税的计算基数是（　　）。

  A. 建安工程产值   B. 应纳所得税额
  C. 应纳营业税额   D. 直接工程费

18. 某地基基础工程直接工程费为 1000 万元，以直接费为计算基础计算建筑安装工程费，其中措施费为直接工程费的 5％，间接费费率为 8％，利润率为 5％，综合税率为 3.35％。则该工程的建筑安装工程含税造价为（　　）万元。

  A. 1186.500   B. 1190.700
  C. 1226.248   D. 1230.588

19. 编制人工定额时，工人工作必须消耗的时间不包括（　　）。

  A. 有效工作时间   B. 休息时间
  C. 不可避免中断时间   D. 偶然工作时间

20. 施工机械台班产量定额等于（　　）。

  A. 机械净工作生产率×工作班延续时间
  B. 机械净工作生产率×机械利用系数
  C. 机械净工作生产率×工作班延续时间×机械利用系数
  D. 机械净工作生产率×工作班延续时间×机械运行时间

21. 斗容量为 1m³ 的反铲挖土机，挖三类土，装车，深度在 3m 内，小组成员 4 人，机械台班产量为 3.84（定额单位 100m³），则挖 100m³ 的人工时间定额为（　　）工日。

  A. 3.84   B. 1.04

C. 0.78 D. 0.26

22. 下列施工成本计划指标中，属于质量指标的是（   ）。
    A. 单位工程成本计划额 B. 设计预算成本计划降低率
    C. 设计预算成本计划降低额 D. 材料计划成本额

23. 某分部工程的成本计划数据如下表所示。则第5周的施工成本计划值是（   ）万元。

编码	项目名称	时间（周）	费用强度（万元/周）	工程进度（周）										
				1	2	3	4	5	6	7	8	9	10	11	12
11	场地平整	1	20												
12	土方开挖	4	30												
13	基础垫层	4	45												
14	混凝土基础	6	80												
15	土方回填	3	30												

A. 75 B. 80
C. 125 D. 155

24. 通过加强施工定额管理和施工任务单管理，控制活劳动和物化劳动的消耗。这属于施工成本管理措施的（   ）。
    A. 组织措施 B. 技术措施
    C. 经济措施 D. 合同措施

25. 施工成本控制的步骤是（   ）。
    A. 预测—检查—比较—分析—纠偏
    B. 检查—比较—分析—预测—纠偏
    C. 分析—检查—比较—预测—纠偏
    D. 比较—分析—预测—纠偏—检查

26. 某工程某月计划完成工程桩100根，计划单价为1.3万元/根。实际完成工程桩110根，实际单价为1.4万元/根。则费用偏差（CV）为（   ）万元。
    A. 11 B. 13
    C. −11 D. −13

27. 某分部工程商品混凝土消耗情况如下表，则由于混凝土量增加导致的成本增加额为（   ）元。

项目	单位	计划	实际
消耗量	m³	300	320
单价	元/m³	430	460

A. 8600　　　　　　　　　　　　B. 9200
C. 9600　　　　　　　　　　　　D. 18200

28. 某工程包含两个子项工程：甲子项工程估计工程量为5000m³，合同单价240元/m³；乙子项估计工程量2500m³，合同单价580元/m³。工程预付款为合同价的12%，主要材料和构配件所占比重为60%。则该工程预付款的起扣点为（   ）万元。
   A. 96　　　　　　　　　　　　B. 116
   C. 176　　　　　　　　　　　　D. 212

29. 根据《建设工程工程量清单计价规范》GB 50500—2008，因分部分项工程量清单漏项或非承包人原因的工程变更，需要增加新的分部分项工程量清单项目，引起措施项目发生变化，原措施费中没有的措施项目，其费用的确定方法是（   ）。
   A. 由发包人提出适当的措施费变更，经承包人确认后调整
   B. 由承包人提出适当的措施费变更，经发包人确认后调整
   C. 由监理人提出适当的措施费变更，经发、承包人确认后调整
   D. 参照原有措施费的组价方法调整

30. 建设工程项目总进度目标的控制是（   ）项目管理的任务。
   A. 设计方　　　　　　　　　　B. 施工方
   C. 业主方　　　　　　　　　　D. 供货方

31. 建设工程项目总进度目标论证的工作包括：①项目结构分析；②编制各层进度计划；③进度计划系统的结构分析；④项目的工作编码。其正确的工作顺序是（   ）。
   A. ①—③—②—④　　　　　　B. ①—③—④—②
   C. ③—②—①—④　　　　　　D. ④—①—③—②

32. 施工企业的施工生产计划与建设工程项目施工进度计划的关系是（   ）。
   A. 施工生产计划是项目施工进度计划的集合
   B. 属同一个计划系统，但范围不同
   C. 属两个不同系统的计划，两者之间没有关系
   D. 属两个不同系统的计划，但两者紧密相关

33. 下列进度计划中,属于实施性施工进度计划的是（ ）。
   A. 项目施工总进度计划　　　　　　　B. 项目施工年度计划
   C. 项目月度施工计划　　　　　　　　D. 企业旬施工生产计划

34. 双代号网络图中,工作是用（ ）表示的。
   A. 箭线及其两端节点编号　　　　　　B. 节点及其编号
   C. 箭线及其起始节点编号　　　　　　D. 箭线及其终点节点编号

35. 某工程的单代号网络计划如下图所示（时间单位：天），该计划的计算工期为（ ）天。

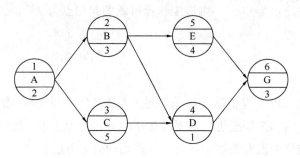

   A. 9　　　　　　　　　　　　　　　B. 11
   C. 12　　　　　　　　　　　　　　　D. 15

36. 某分部工程双代号时标网络计划如下图所示（时间单位：天），工作 A 的总时差为（ ）天。

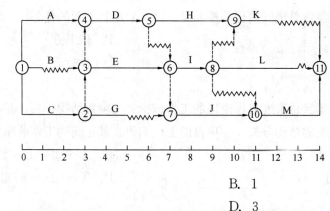

   A. 0　　　　　　　　　　　　　　　B. 1
   C. 2　　　　　　　　　　　　　　　D. 3

37. 某工程网络计划中,工作 N 最早完成时间为第 17 天,持续时间为 5 天。该工作有三项紧后工作,它们的最早开始时间分别为第 25 天、第 27 天和第 30 天,则工作 N 的自由时差为（ ）天。
   A. 2　　　　　　　　　　　　　　　B. 3

C. 7 D. 8

38. 某工程双代号网络计划如下图所示（时间单位：天），其关键线路有（　　）条。

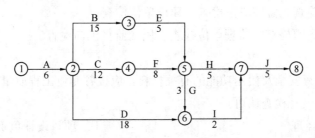

A. 2 B. 3
C. 4 D. 5

39. 下列建设工程项目进度控制的措施中，属于技术措施的是（　　）。
A. 确定各类进度计划的审批程序 B. 优化项目的设计方案或施工方案
C. 选择合理的合同结构 D. 选择工程承发包方式

40. 关于施工质量控制的说法，正确的是（　　）。
A. 施工质量控制独立于施工质量管理
B. 施工质量控制的关键在于工程项目的终检
C. 施工质量控制的特点仅由施工生产的特点决定
D. 施工质量控制应强调过程控制

41. 施工现场照明条件属于影响施工质量环境因素中的（　　）。
A. 自然环境因素 B. 作业环境因素
C. 施工质量管理环境因素 D. 技术环境因素

42. 施工质量保证体系的运行，应以（　　）为重心。
A. 计划管理 B. 过程管理
C. 结果管理 D. 成品保护

43. 施工企业质量管理体系文件由质量手册、程序文件、质量计划和（　　）等构成。
A. 质量方针 B. 质量目标
C. 质量记录 D. 质量评审

44. 施工质量检查中工序交接检查的"三检"制度是指（　　）。
   A. 自检、互检、专检
   B. 质量员检查、技术负责人检查、项目经理检查
   C. 施工单位检查、监理单位检查、建设单位检查
   D. 施工单位内部检查、监理单位检查、质量监督机构检查

45. 凡涉及工程安全及使用功能的有关材料，应按各专业工程质量验收规范规定进行复验，并应经（　　）检查认可。
   A. 施工项目经理　　　　　　　　　　B. 项目设计负责人
   C. 施工项目技术负责人　　　　　　　D. 监理工程师

46. 根据施工技术交底有关规定，项目开工前向承担施工的负责人或分包人进行书面技术交底的人，应该是（　　）。
   A. 项目经理　　　　　　　　　　　　B. 项目技术负责人
   C. 项目质检员　　　　　　　　　　　D. 项目专职安全员

47. 工程项目正式竣工验收完成后，由（　　）在《竣工验收鉴定证书》中做出验收结论。
   A. 建设单位　　　　　　　　　　　　B. 施工单位
   C. 监理单位　　　　　　　　　　　　D. 验收委员会

48. 施工质量事故发生以后，按规定的时间和程序，及时向施工企业报告事故的状况，积极组织事故调查的人，应该是（　　）。
   A. 施工项目负责人　　　　　　　　　B. 施工技术负责人
   C. 施工单位质检员　　　　　　　　　D. 项目总监理工程师

49. 某工厂设备基础的混凝土浇筑过程中，由于施工管理不善，导致28d的混凝土实际强度达不到设计规定强度的30%。对这起质量事故的正确处理方法是（　　）。
   A. 修补处理　　　　　　　　　　　　B. 加固处理
   C. 返工处理　　　　　　　　　　　　D. 不作处理

50. 工程项目开工前，负责向监督机构申报建设工程质量监督手续的单位应该是（　　）。
   A. 建设单位　　　　　　　　　　　　B. 施工单位
   C. 监理单位　　　　　　　　　　　　D. 设计单位

51. 施工项目现场设置专职安全员，是施工安全保证体系中的（　　）保证措施。

A. 组织 B. 技术
C. 制度 D. 投入

52. 施工安全技术保证体系中，不论是安全专项工程还是安全专项技术，首先应满足安全（　　）要求。
   A. 可靠性技术 B. 限控技术
   C. 保（排）险技术 D. 保护技术

53. 施工安全管理计划应在工程项目开工前编制，并经（　　）批准后实施。
   A. 建设单位 B. 项目专职安全员
   C. 项目技术负责人 D. 项目经理

54. 安全生产组织制度属于施工安全制度保证体系中的（　　）类别。
   A. 岗位管理 B. 措施管理
   C. 投入和物资管理 D. 日常管理

55. 建设工程三大管理体系是指质量管理体系、环境管理体系和（　　）。
   A. 职业健康安全管理体系 B. 环境评价体系
   C. 技术管理体系 D. 人力资源管理体系

56. 施工企业实施环境管理体系标准的关键是（　　）。
   A. 采用 PDCA 循环管理模式 B. 坚持持续改进和环境污染预防
   C. 组织最高管理者的承诺 D. 组织全体员工的参与

57. 根据《生产安全事故报告和调查处理条例》（国务院令第 493 号），生产安全事故发生后，受伤者或最先发现事故的人员应立即用最快的传递手段，向（　　）报告。
   A. 项目经理 B. 安全员
   C. 施工单位负责人 D. 项目总监理工程师

58. 根据《建筑施工场界噪声限值》GB 12523—90，推土机在夜间施工时的施工噪声限值是（　　）dB。
   A. 55 B. 65
   C. 75 D. 85

59. 关于建设工程职业健康安全与环境管理的说法，正确的是（　　）。
   A. 职业健康安全与环境管理对一般有害的因素实施管理和控制

B. 职业健康安全管理的目的是保护建设工程的生产者和使用者的健康与安全

C. 职业健康安全与环境管理体系应独立于组织的其他管理体系之外

D. 职业健康安全与环境管理的主体是组织，管理的对象是一个组织的活动

60. 业主把某建设项目土建工程发包给 A 施工单位，安装工程发包给 B 施工单位，装饰装修工程发包给 C 施工单位。该业主采用的施工任务委托模式是（   ）。

A. 施工平行承发包模式
B. 施工总承包模式
C. 施工总承包管理模式
D. 工程总承包模式

61. 关于施工总承包模式的说法，正确的是（   ）。

A. 工程质量的好坏取决于业主的管理水平
B. 施工总承包模式适用于建设周期紧迫的项目
C. 施工总承包合同一般采用单价合同
D. 施工总承包模式下业主对施工总承包单位的依赖较大

62. 在施工总承包管理模式下，分包单位一般与（   ）签订合同。

A. 业主
B. 工程总承包单位
C. 施工总承包单位
D. 业主、施工总承包管理单位三方共同

63. 根据《建设工程施工专业分包合同（示范文本）》GF—2003—0213，关于发包人、承包人和分包人关系的说法，正确的是（   ）。

A. 发包人向分包人提供具备施工条件的施工场地
B. 分包人可直接致电发包人或工程师
C. 就分包范围内的有关工作，承包人随时可以向分包人发出指令
D. 分包合同价款与总承包合同相应部分价款存在连带关系

64. 根据《建设工程施工劳务分包合同（示范文本）》GF—2003—0214，劳务分包项目的施工组织设计应由（   ）负责编制。

A. 发包人
B. 监理人
C. 承包人
D. 劳务分包人

65. 建筑材料采购合同条款的相关说法，正确的是（   ）。

A. 不属于国家定价的材料（产品），由供方确定价格
B. 建筑材料的包装物由供方负责，并且一般不另向需方收费

C. 需方提货的，交货日期以需方收货戳记的日期为准
D. 建筑材料采购合同通常采用固定总价合同

66. 采用单价合同招标时，对于投标书中明显的数字计算错误，业主有权力先作修改再评标，当总价和单价的计算结果不一致时，以单价为准调整总价。这体现了单价合同（　　）的特点。

A. 工程量优先
B. 单价优先
C. 总价优先
D. 风险均摊

67. 某土石方工程按混合方式计价，其中土方工程实行总价包干，包干价 20 万元；石方工程实行单价合同。该工程有关的工程量和价格资料如下表所示。则该工程的结算价款是（　　）万元。

项　目	估计工程量（m³）	实际工程量（m³）	合同单价（元/m³）
土方工程	4000	4200	—
石方工程	2800	3000	240

A. 87.2
B. 88.2
C. 92.0
D. 93.0

68. 根据《标准施工招标文件》中的通用合同条款，在合同履行过程中，没有（　　）的变更指示，承包人不得擅自变更。

A. 业主
B. 设计人
C. 监理人
D. 规划主管部门

69. 关于建设工程索赔成立条件的说法，正确的是（　　）。
A. 导致索赔的事件必须是对方的过错，索赔才能成立
B. 只要对方存在过错，不管是否造成损失，索赔都能成立
C. 只要索赔事件的事实存在，在合同有效期内任何时候提出索赔都能成立
D. 不按照合同规定的程序提交索赔报告，索赔不能成立

70. 施工方信息管理手段的核心是（　　）。
A. 实现工程管理信息化
B. 编制信息管理手册
C. 建立基于互联网的信息处理平台
D. 实现办公自动化

二、多项选择题（共25题，每题2分。每题的备选项中，有2个或2个以上符合题意，至少有1个错项。错选，本题不得分；少选，所选的每个选项得0.5分）

71. 关于项目结构图和组织结构图的说法，正确的有（　　）。
A. 项目结构图中，矩形框表示工作任务
B. 组织结构图中，矩形框表示工作部门
C. 项目结构图中，用双向箭线连接矩形框
D. 组织结构图中，用直线连接矩形框
E. 项目结构图和组织结构图都是组织工具

72. 某建设项目业主采用如下图所示的组织结构模式。关于业主和各参与方之间组织关系的说法，正确的有（　　）。

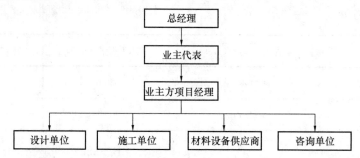

A. 总经理可直接向业主项目经理下达指令
B. 业主代表必须通过业主项目经理下达指令
C. 施工单位不可直接接受总经理指令
D. 设计单位可直接接受业主方项目经理的指令
E. 咨询单位的唯一指令来源是业主方项目经理

73. 项目目标动态控制过程中，属于事前控制内容的有（　　）。
A. 分析可能导致项目目标偏离的各种影响因素
B. 针对可能导致目标偏离的影响因素采取预防措施
C. 定期进行目标计划值和实际值的比较
D. 发现目标偏离时采取纠偏措施
E. 分析目标偏离产生的原因和影响

74. 建设工程施工风险管理过程中，风险识别的工作有（　　）。
A. 分析各种风险的损失量
B. 确定风险因素
C. 收集与施工风险相关的信息
D. 分析各种风险因素发生的概率
E. 编制施工风险识别报告

75. 根据《建筑安装工程费用项目组成》(建标〔2003〕206号),下列费用属于措施费的有（　　）。

A. 环境保护费
B. 机械修理费
C. 文明施工费
D. 工程排污费
E. 安全施工费

76. 根据《建设工程工程量清单计价规范》GB 50500—2008,"其他项目清单"的内容一般包括（　　）。

A. 暂估价
B. 计日工
C. 暂列金额
D. 总承包服务费
E. 工程排污费

77. 施工作业的定额时间,是在拟定基本工作时间和（　　）的基础上编制的。

A. 辅助工作时间
B. 准备与结束时间
C. 不可避免的中断时间
D. 偶然时间
E. 休息时间

78. 按成本组成,施工成本分解为人工费、材料费和（　　）。

A. 措施费
B. 施工机械使用费
C. 企业管理费
D. 间接费
E. 暂估价

79. 用赢得值法进行成本控制,其基本参数有（　　）。

A. 已完工作预算费用
B. 计划工作预算费用
C. 已完工作实际费用
D. 计划工作实际费用
E. 费用绩效指数

80. 根据《建设工程施工合同（示范文本）》GF—1999—0201,发生工程变更时,若合同中已有适用于变更工程的价格,则采用合同中单价或价格的情况有（　　）。

A. 直接套用
B. 换算后采用
C. 部分套用
D. 参照其价格水平另行确定变更价格
E. 承发包双方重新协商变更价格

81. 按计划的功能划分,建设工程项目施工进度计划分为（　　）。

A. 控制性进度计划 B. 指示性进度计划
C. 指导性进度计划 D. 实施性进度计划
E. 总结性进度计划

82. 某双代号网络计划如下图所示，图中存在的绘图错误有（   ）。

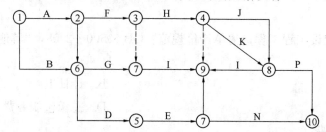

A. 循环回路 B. 多个终点节点
C. 多个起点节点 D. 节点编号重复
E. 两项工作有相同的节点编号

83. 关于网络计划关键线路的说法，正确的有（   ）。
A. 单代号网络计划中由关键工作组成的线路
B. 总持续时间最长的线路
C. 时标网络计划中没有波形线的线路
D. 双代号网络计划中无虚箭线的线路
E. 双代号网络计划中由关键节点连成的线路

84. 施工进度计划检查后，应编制进度报告，其内容有（   ）。
A. 进度计划实施情况的综合描述
B. 实际工程进度与计划进度的比较
C. 前一次进度计划检查提出问题的整改情况
D. 进度计划在实施过程中存在的问题及其原因分析
E. 进度的预测

85. 施工过程的工程质量验收中，分项工程质量验收合格的条件有（   ）。
A. 观感质量验收符合要求
B. 所含检验批均已验收合格
C. 所含检验批质量验收资料完整
D. 有关安全和功能的检测资料完整
E. 主要功能性项目的抽查结果符合相关专业验收规范的规定

86. 施工质量事故处理的程序中，事故处理环节的主要工作有（   ）。

A. 事故调查
B. 事故的技术处理
C. 制订事故处理方案
D. 事故的责任处罚
E. 事故处理鉴定验收

87. 政府对建设工程质量监督的职能包括（   ）。

A. 监督工程建设参与各方主体的质量行为
B. 评定施工企业的施工资质等级
C. 监督检查涉及结构安全和使用功能的实体施工质量
D. 监督工程质量验收
E. 监督已验收合格工程进度款的支付

88. 关于施工安全管理基本要求的说法，正确的有（   ）。

A. 施工人员必须具备相应的安全生产资格方可上岗
B. 临时作业人员在接受项目部的安全教育后即可进场作业
C. 必须把好安全生产的"四关"标准
D. 对查出的事故隐患要做到整改"五定"的要求
E. 特种作业人员必须经过专门培训，并取得特种作业资格

89. 根据《生产安全事故报告和调查处理条例》（国务院令第493号），对事故发生单位主要负责人处上一年年收入40%～80%的罚款的情形有（   ）。

A. 不立即组织事故抢救
B. 谎报或者瞒报事故
C. 迟报或者漏报事故
D. 在事故调查处理期间擅离职守
E. 伪造或者故意破坏事故现场

90. 在某市中心施工的工程，施工单位采取的下列环境保护措施，正确的有（   ）。

A. 用餐人数在100人以上的施工现场临时食堂，设置简易有效的隔油池
B. 施工现场水磨石作业产生的污水，分批排入市政污水管网
C. 严格控制施工作业时间，晚上作业不超过22时，早晨作业不早于6时
D. 施工现场外围设置1.5m高的围挡
E. 在进行沥青防潮防水作业时，使用密闭和带有烟尘处理装置的加热设备

91. 根据《建设工程施工专业分包合同（示范文本）》GF—2003—0213，分包人的工作包括（   ）。

A. 按照分包合同的约定，对分包工程进行设计、施工、竣工和保修
B. 按照合同约定的时间，完成规定的设计内容，并承担由此发生的费用

C. 在合同约定的时间内，向承包人提供工程进度计划及相应进度统计报表
D. 在合同约定的时间内，向承包人提交详细施工组织设计
E. 已竣工工程未交付承包人之前，负责已完分包工程的成品保护工作

92. 根据《建设工程施工合同（示范文本）》GF—1999—0201，合同双方可约定对合同价款进行调整的条件有（　　）。
    A. 法律、行政法规和国家有关政策变化影响合同价款
    B. 工程造价管理部门公布的价格调整
    C. 市场价格的任何波动
    D. 一周内非承包人原因停水、停电、停气造成的停工累计超过 8h
    E. 与计划相比，实际工程量变动超过一定幅度

93. 根据《标准施工招标文件》，关于施工合同变更及管理的说法，正确的有（　　）。
    A. 在合同履行过程中，监理人可随时向承包人作出变更指令
    B. 采用计日工计价的任何一项变更工作，按合同约定列入措施项目清单结算款中
    C. 在合同履行过程中，承包人对发包人提供的图纸可提出书面变更建议
    D. 承包人在收到监理人作出的变更指示后，应按变更指示进行变更工作
    E. 承包人应在收到变更指示的 14 天内向监理人提交变更报价书

94. 承包人向发包人提交的索赔报告，其内容包括（　　）。
    A. 索赔证据　　　　　　　　　　B. 索赔事件总述
    C. 索赔合理性论证　　　　　　　D. 索赔款项（或工期）计算书
    E. 索赔意向通知

95. 施工单位在建设工程档案管理中的职责包括（　　）。
    A. 配备专职档案管理员，负责施工资料的管理工作
    B. 按照施工合同的约定，接受建设单位的委托进行工程档案的组织和编制工作
    C. 按要求在竣工前将施工文件整理汇总完毕
    D. 及时将施工档案资料移交建设单位
    E. 竣工预验收以后，及时将档案资料移交城建档案部门

2013 年度参考答案及解析

一、单项选择题

1. C

【考点】 建设工程项目管理的类型。

【解析】 建设工程项目的阶段划分如下图所示。

建设工程项目的阶段划分

属于设计准备阶段的工作是编制设计任务书。

因此,正确选项是 C。

2. D

【考点】 施工方项目管理的目标和任务。

【解析】 对于选项 A,施工总承包方(GC,General Contractor)对所承包的建设工程承担施工任务的执行和组织的总的责任,而非施工总承包管理方。

对于选项 B,不论是业主方选定的分包方,或经业主方授权由施工总承包管理方选定的分包方,施工总承包管理方都承担对其的组织和管理责任。可见,施工方项目管理服务除须考虑自身利益,也应考虑各方利益。

对于选项 C,建设项目工程总承包的主要意义并不在于总价包干,也不是"交钥匙",其核心是通过设计与施工过程的组织集成,促进设计与施工的紧密结合,以达到为项目建设增值的目的。C 选项错误。

对于选项 D,施工总承包管理方和施工总承包方承担相同的管理任务和责任,即负责整个工程的施工安全控制、施工总进度控制、施工质量控制和施工的组织等。因此，由业主方选定的分包方应经施工总承包管理方的认可，否则施工总承包管理方难以承担对工程管理的总的责任。

因此，正确选项是 D。

3. C

【考点】 施工管理的组织。

【解析】 组织结构模式反映一个组织系统中各子系统之间或各元素（各工作部门或各管理人员）之间的指令关系。

因此，正确选项是 C。

4. A

【考点】 各组织工具的特点。

【解析】 项目结构图（Project Diagram，或称 WBS——Work Breakdown Structure）是一个组织工具，它通过树状图的方式对一个项目的结构进行逐层分解，以反映组成该项目的所有工作任务。

对于选项 B，对一个项目的组织结构进行分解，并用图的方式表示，就形成项目组织结构图（DOBS 图，Diagram of Organizational Breakdown Structure），或称项目管理组织结构图。项目组织结构图反映一个组织系统（如项目管理班子）中各子系统之间和各元素（如各工作部门）之间的组织关系，反映的是各工作单位、各工作部门和各工作人员之间的组织关系。

选项 C，工作流程图用图的形式反映一个组织系统中各项工作之间的逻辑关系，它可用以描述工作流程组织。

选项 D，在工作任务分工表中应明确各项工作任务由哪个工作部门（或个人）负责，由哪些工作部门（或个人）配合或参与。

因此，正确选项是 A。

5. A

【考点】 施工管理的工作流程组织。

【解析】 工作流程组织包括：

（1）管理工作流程组织，如投资控制、进度控制、合同管理、付款和设计变更等流程；

（2）信息处理工作流程组织，如与生成月度进度报告有关的数据处理流程；

（3）物质流程组织，如钢结构深化设计工作流程，弱电工程物资采购工作流程，外立面施工工作流程等。

因此，正确选项是 A。

6. C

【考点】 施工组织设计的编制方法。

【解析】 施工组织总设计的编制通常采用如下程序：

（1）收集和熟悉编制施工组织总设计所需的有关资料和图纸，进行项目特点和施工条件的调查研究；

（2）计算主要工种工程的工程量；

（3）确定施工的总体部署；

（4）拟订施工方案；

（5）编制施工总进度计划；

（6）编制资源需求量计划；

（7）编制施工准备工作计划；

（8）施工总平面图设计；

（9）计算主要技术经济指标。

因此，正确选项是C。

7. C

【考点】 施工组织设计的内容。

【解析】 根据施工组织设计编制的广度、深度和作用的不同，可分为：

（1）施工组织总设计；

（2）单位工程施工组织设计；

（3）分部（分项）工程施工组织设计。

其中，单位工程施工组织设计是以单位工程（如一栋楼房、一个烟囱、一段道路、一座桥等）为对象编制的。

因此，正确选项是C。

8. B

【考点】 建设工程项目目标动态的控制。

【解析】 在对项目目标进行动态跟踪和控制中，如有必要（即原定的项目目标不合理，或原定的项目目标无法实现），进行项目目标的调整，目标调整后控制过程再回到上述的第一步。故目标计划值在任何情况下都应保持不变，错误。

因此，正确选项是B。

9. B

【考点】 施工方项目经理的责任。

【解析】 项目管理目标责任书应在项目实施之前，由法定代表人或其授权人与项目经理协商制定。

因此，正确选项是B。

10. C

【考点】 施工方项目经理的任务。

【解析】 项目经理在承担工程项目施工的管理过程中，应当按照建筑施工企业与建设单位签订的工程承包合同，与本企业法定代表人签订项目承包合同，并在企业法定代表人授权范围内，行使以下管理权力：

323

(1) 组织项目管理班子；

(2) 以企业法定代表人的代表身份处理与所承担的工程项目有关的外部关系，受托签署有关合同；

(3) 指挥工程项目建设的生产经营活动，调配并管理进入工程项目的人力、资金、物资、机械设备等生产要素；

(4) 选择施工作业队伍；

(5) 进行合理的经济分配；

(6) 企业法定代表人授予的其他管理权力。

因此，正确选项是 C。

11. B

【考点】 风险和风险量。

【解析】 在《建设工程项目管理规范》GB/T 50326—2006 的条文说明中所列风险等级评估如下表所示。

风险等级评估表

可能性 \ 后果 风险等级	轻度损失	中度损失	重大损失
很大	3	4	5
中等	2	3	4
极小	1	2	3

因此，正确选项是 B。

12. C

【考点】 建设工程施工风险管理过程。

【解析】 施工风险管理过程包括施工全过程的风险识别、风险评估、风险响应和风险控制。

因此，正确选项是 C。

13. D

【考点】 建设工程监理的工作方法。

【解析】 工程建设监理规划应在签订委托监理合同及收到设计文件后开始编制，完成后必须经监理单位技术负责人审核批准，并应在召开第一次工地会议前报送业主。

因此，正确选项是 D。

14. B

【考点】 建设工程监理的工作任务。

【解析】《建设工程安全生产管理条例》第十四条规定："工程监理单位应当审查施工组织设计中的安全技术措施或者专项施工方案是否符合工程建设强制性标准。工程监理单位在实施监理过程中，发现存在安全事故隐患的，应当要求施工单位整改；情况严重的，应当要求施工单位暂时停止施工，并及时报告建设单位。施工单位拒不整改或者不停止施工的，工程监理单位应当及时向有关主管部门报告。工程监理单位和监理工程师应当按照法律、法规和工程建设强制性标准实施监理，并对建设工程安全生产承担监理责任。"

因此，正确选项是 B。

15. B

【考点】 建筑安装工程费用人工费的构成。

【解析】 根据《建筑安装工程费用项目组成》（建标〔2003〕206 号）（此文件已更新），人工费是指直接从事建筑安装工程施工的生产工人开支的各项费用，包括以下内容：

(1) 基本工资：是指发放给生产工人的基本工资。

(2) 工资性补贴：是指按规定标准发放的物价补贴，煤、燃气补贴，交通补贴，住房补贴，流动施工津贴等。

(3) 生产工人辅助工资：是指生产工人年有效施工天数以外非作业天数的工资，包括职工学习、培训期间的工资，调动工作、探亲、休假期间的工资，因气候影响的停工工资，女工哺乳时间的工资，病假在六个月以内的工资及产、婚、丧假期的工资。

(4) 职工福利费：是指按规定标准计提的职工福利费。

(5) 生产工人劳动保护费：是指按规定标准发放的劳动保护用品的购置费及修理费，徒工服装补贴、防暑降温费、在有碍身体健康环境中施工的保健费用等。

因此，正确选项是 B。

16. C

【考点】 建筑安装工程费用中规费构成。

【解析】 根据《建筑安装工程费用项目组成》（建标〔2003〕206 号）（此文件已更新），规费是指政府和有关权力部门规定必须缴纳的费用（简称规费），包括以下内容：

(1) 工程排污费

工程排污费是指施工现场按规定缴纳的工程排污费。

(2) 社会保障费

社会保障费包括养老保险费、失业保险费、医疗保险费。其中：养老保险费是指企业按规定标准为职工缴纳的基本养老保险费；失业保险费是指企业按照国家规定标准为职工缴纳的失业保险费；医疗保险费是指企业按照规定标准为职工缴纳的基本医疗保险费。

(3) 住房公积金

住房公积金是指企业按规定标准为职工缴纳的住房公积金。

(4) 工伤保险费

工伤保险费是指按照建筑法规定，企业应当依法为职工参加工伤保险缴纳工伤保险费。鼓励企业为从事危险作业的职工办理意外伤害保险，支付保险费。

因此，正确选项是 C。

17. C

【考点】 建筑安装费用中城市维护建设税的计算。

【解析】 根据《建筑安装工程费用项目组成》（建标〔2003〕206号）（此文件已更新），城市维护建设税是国家为了加强城乡的维护建设，扩大和稳定城市、乡镇维护建设资金来源，而对有经营收入的单位和个人征收的一种税。

城市维护建设税应纳税额的计算公式为：

$$应纳税额＝应纳营业税额\times 适用税率$$

城市维护建设税的纳税人所在地为市区的，按营业税的7%征收；所在地为县镇的，按营业税的5%征收；所在地为农村的，按营业税的1%征收。

因此，正确选项是C。

18. D

【考点】 建筑安装工程费用工料单价法计价方法。

【解析】 根据建设部第107号部令《建筑工程施工发包与承包计价管理办法》，以直接费为计算基数的工料单价法计价程序见下表。

以直接费为计算基数的工料单价法计价程序

序号	费用项目	计算方法	备注
1	直接工程费	按预算表	
2	措施费	按规定标准计算	
3	小计（直接费）	(1)＋(2)	
4	间接费	(3)×相应费率	
5	利润	[(3)＋(4)]×相应利润率	
6	合计（不含税造价）	(3)＋(4)＋(5)	
7	含税造价	(6)×(1＋相应税率)	

本题中：措施费＝直接工程费×5%＝1000×5%＝50万元；

直接费＝直接工程费＋措施费＝1000＋50＝1050万元；

间接费＝直接费×间接费费率＝1050×8%＝84万元；

利润＝（直接费＋间接费）×利润率＝(1050＋84)×5%＝56.7万元；

含税造价＝（直接费＋间接费＋利润）×（1＋综合税率）

＝(1050＋84＋56.7)×(1＋3.35%)＝1230.588万元。

因此，正确选项是D。

19. D

【考点】 工人工作时间消耗的分类。

【解析】 工人在工作班内消耗的工作时间，按其消耗的性质，基本可以分为两大类：必须消耗的时间和损失时间。必须消耗的时间是工人在正常施工条件下，为完成一定产品（工作任务）所消耗的时间。它是制定定额的主要根据。

工人工作时间的分类如下图所示。

因此，正确选项是D。

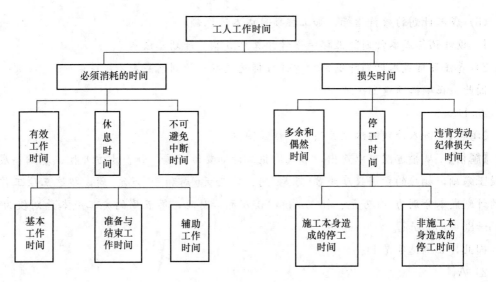

工人工作时间消耗分类

20. C

【考点】 机械产量定额编制。

【解析】 机械产量定额,是指在合理劳动组织与合理使用机械条件下,机械在每个台班时间内,应完成合格产品的数量。

施工机械台班产量定额＝机械净工作生产率×工作班延续时间×机械利用系数。

因此,正确选项是C。

21. B

【考点】 人工时间定额的编制。

【解析】 由于机械必须由工人小组配合,所以完成单位合格产品的时间定额,同时列出人工时间定额。即:

$$单位产品人工时间定额（工日）=\frac{小组成员总人数}{台班产量}$$

本题中人工时间定额＝4/3.84＝1.04 工日/100m³。

因此,正确选项是B。

22. B

【考点】 施工成本计划的指标。

【解析】 施工成本计划一般情况下有以下三类指标:

(1) 成本计划的数量指标,如:

1) 按子项汇总的工程项目计划总成本指标;

2) 按分部汇总的各单位工程(或子项目)计划成本指标;

3) 按人工、材料、机械等各主要生产要素计划成本指标。

(2) 成本计划的质量指标,如施工项目总成本降低率,可采用:

1) 设计预算成本计划降低率＝设计预算总成本计划降低额/设计预算总成本

2) 责任目标成本计划降低率＝责任目标总成本计划降低额/责任目标总成本

(3) 成本计划的效益指标，如工程项目成本降低额：
1) 设计预算成本计划降低额＝设计预算总成本－计划总成本
2) 责任目标成本计划降低额＝责任目标总成本－计划总成本
因此，正确选项是 B。

23. D

【考点】 成本计划的编制方法——横道图法。

【解析】 从横道图可以看出，第五周施工计划要做三项工作：土方开挖、基础垫层和混凝土基础，相应的费用强度为 30 万元/周、45 万元/周和 80 万元/周，即这三项工作每周的计划成本分别为 30 万元、45 万元和 80 万元，因此，第五周的施工成本计划值为 30＋45＋80＝155 万元。

因此，正确选项是 D。

24. A

【考点】 施工成本管理的措施。

【解析】 施工成本管理措施通常可以归纳为组织措施、技术措施、经济措施、合同措施。

(1) 组织措施

组织措施是从施工成本管理的组织方面采取的措施。施工成本控制是全员的活动，如实行项目经理责任制，落实施工成本管理的组织机构和人员，明确各级施工成本管理人员的任务和职能分工、权利和责任。施工成本管理不仅是专业成本管理人员的工作，各级项目管理人员都负有成本控制责任。

组织措施的另一方面是编制施工成本控制工作计划，确定合理详细的工作流程。要做好施工采购规划，通过生产要素的优化配置、合理使用、动态管理，有效控制实际成本；加强施工定额管理和施工任务单管理，控制活劳动和物化劳动的消耗；加强施工调度，避免因施工计划不周和盲目调度造成窝工损失、机械利用率降低、物料积压等而使施工成本增加。成本控制工作只有建立在科学管理的基础之上，具备合理的管理体制、完善的规章制度、稳定的作业秩序、完整准确的信息传递，才能取得成效。组织措施是其他各类措施的前提和保障，而且一般不需要增加什么费用，运用得当可以收到良好的效果。

(2) 技术措施

施工过程中降低成本的技术措施，包括如进行技术经济分析，确定最佳的施工方案。结合施工方法，进行材料使用的比选，在满足功能要求的前提下，通过代用、改变配合比、使用添加剂等方法降低材料消耗的费用。确定最合适的施工机械、设备使用方案。结合项目的施工组织设计及自然地理条件，降低材料的库存成本和运输成本。先进的施工技术的应用，新材料的运用，新开发机械设备的使用等。在实践中，也要避免仅从技术角度选定方案而忽视对其经济效果的分析论证。

技术措施不仅对解决施工成本管理过程中的技术问题是不可缺少的，而且对纠正施工成本管理目标偏差也有相当重要的作用。因此，运用技术纠偏措施的关键，一是要能提出多个不同的技术方案,二是要对不同的技术方案进行技术经济分析。

(3) 经济措施

经济措施是最易为人们所接受和采用的措施。管理人员应编制资金使用计划,确定、分解施工成本管理目标。对施工成本管理目标进行风险分析,并制定防范性对策。对各种支出,应认真做好资金的使用计划,并在施工中严格控制各项开支。及时准确地记录、收集、整理、核算实际发生的成本。对各种变更,及时做好增减账,及时落实业主签证,及时结算工程款。通过偏差分析和未完工工程预测,可发现一些潜在的将引起未完工程施工成本增加的问题,并以主动控制为出发点,及时采取预防措施。由此可见,经济措施的运用绝不仅仅是财务人员的事情。

(4) 合同措施

采用合同措施控制施工成本,应贯穿整个合同周期,包括从合同谈判开始到合同终结的全过程。首先是选用合适的合同结构,对各种合同结构模式进行分析、比较,在合同谈判时,要争取选用适合于工程规模、性质和特点的合同结构模式。其次,在合同的条款中应仔细考虑一切影响成本和效益的因素,特别是潜在的风险因素。通过对引起成本变动的风险因素的识别和分析,采取必要的风险对策,如通过合理的方式,增加承担风险的个体数量,降低损失发生的比例,并最终使这些策略反映在合同的具体条款中。在合同执行期间,合同管理的措施既要密切注视对方合同执行的情况,以寻求合同索赔的机会;同时也要密切关注自己履行合同的情况,以防止被对方索赔。

因此,正确选项是 A。

25. D

【考点】 施工成本控制的步骤。

【解析】 施工成本控制的步骤如下:

(1) 比较

按照某种确定的方式将施工成本计划值与实际值逐项进行比较,以发现施工成本是否已超支。

(2) 分析

在比较的基础上,对比较的结果进行分析,以确定偏差的严重性及偏差产生的原因。这一步是施工成本控制工作的核心,其主要目的在于找出产生偏差的原因,从而采取有针对性的措施,减少或避免相同原因的问题再次发生或减少由此造成的损失。

(3) 预测

按照完成情况估计完成项目所需的总费用。

(4) 纠偏

当工程项目的实际施工成本出现了偏差,应当根据工程的具体情况、偏差分析和预测的结果,采取适当的措施,以期达到使施工成本偏差尽可能小的目的。纠偏是施工成本控制中最具实质性的一步。只有通过纠偏,才能最终达到有效控制施工成本的目的。

(5) 检查

它是指对工程的进展进行跟踪和检查，及时了解工程进展状况以及纠偏措施的执行情况和效果，为今后的工作积累经验。

因此，正确选项是 D。

26. C

【考点】 施工成本控制的相关内容。

【解析】 已完工作预算费用（BCWP）＝已完成工作量×预算单价

计划工作预算费用（BCWS）＝计划工作量×预算单价

已完工作实际费用（ACWP）＝已完成工作量×实际单价

费用偏差（CV）＝已完工作预算费用（BCWP）－已完工作实际费用（ACWP）

进度偏差（SV）＝已完工作预算费用（BCWP）－计划工作预算费用（BCWS）

本题中，已完工作预算费用（BCWP）＝110×1.3＝143万元；

已完工作实际费用（ACWP）＝110×1.4＝154万元；

费用偏差（CV）＝143－154＝－11。

因此，正确选项是 C。

27. A

【考点】 成本分析的因素分析法。

【解析】 施工成本分析的基本方法包括：比较法、因素分析法、差额计算法、比率法等。其中因素分析法又称连环置换法。这种方法可用来分析各种因素对成本的影响程度。在进行分析时，首先要假定众多因素中的一个因素发生了变化，而其他因素不变，然后逐个替换，分别比较其计算结果，以确定各个因素的变化对成本的影响程度。

项目	单位	计划	实际	差值
消耗量	m³	300	320	+20
单价	元/m³	430	460	+30
成本	元	129000	147200	+18200

本题中，计划成本＝300×430＝129000 元；

用实际消耗量 320 替代计划成本中的计划消耗量 300 得：

$$320×430＝137600 \text{元}；$$

则由于混凝土量增加导致的成本增加额为 137600－129000＝8600 元。

因此，正确选项是 A。

28. D

【考点】 工程预付款的起扣点的计算。

【解析】 本题中合同总价款为：5000×240＋2500×580＝265 万元；

工程预付款为：265×12%＝31.8 万元；

工程预付款的起扣点为：265－31.8/60%＝212 万元。

因此，正确选项是 D。

29. B

【考点】 变更价款的确定。

【解析】 根据《建设工程工程量清单计价规范》GB 50500—2008（此规范已更新），关于工程价款的调整有如下规定：

(1) 在发、承包双方履行合同的过程中，当国家的法律、法规、规章及政策发生变化，国家建设主管部门或其他授权的工程造价管理机构据此发布工程造价调整文件，工程价款应当进行调整。

(2) 若因施工中出现施工图纸（含设计变更）与工程量清单项目特征描述不一致时，发、承包双方应按新的项目特征，即实际施工的项目特征重新确定相应工程量清单项目的综合单价。

(3) 若因分部分项工程量清单漏项或非承包人原因引起的工程变更，造成增加新的工程量清单项目时，其对应的综合单价按下列方法确定：

1) 合同中已有适用的综合单价，按合同中已有的综合单价确定；

2) 合同中有类似的综合单价，参照类似的综合单价确定；

3) 合同中没有适用或类似的综合单价，由承包人提出综合单价，经发包人确认后执行；

4) 若因分部分项工程量清单漏项或非承包人原因的工程变更，需要增加新的分部分项工程量清单项目，引起措施项目发生变化，造成施工组织设计或施工方案变更，则：

①原措施费中已有的措施项目，按原有措施费的组价方法调整；

②原措施费中没有的措施项目，由承包人根据措施项目变更情况，提出适当的措施费变更，经发包人确认后调整。

因此，正确选项是 B。

30. C

【考点】 建设工程项目总进度目标。

【解析】 建设工程项目总进度目标的控制是业主方项目管理的任务（若采用建设项目总承包的模式，协助业主进行项目总进度目标的控制也是建设项目总承包方项目管理的任务）。

因此，正确选项是 C。

31. B

【考点】 建设工程项目总进度目标的论证。

【解析】 建设工程项目总进度目标论证的工作步骤如下：

(1) 调查研究和收集资料；

(2) 进行项目结构分析；

(3) 进行进度计划系统的结构分析；

(4) 确定项目的工作编码；

(5) 编制各层（各级）进度计划；

(6) 协调各层进度计划的关系和编制总进度计划；

(7) 若所编制的总进度计划不符合项目的进度目标，则设法调整；

(8) 若经过多次调整，进度目标无法实现，则报告项目决策者。

因此，正确选项是 B。

32. D

【考点】 施工方进度计划的类型。

【解析】 施工方所编制的与施工进度有关的计划包括施工企业的施工生产计划和建设工程项目施工进度计划，如下图所示。

施工企业的施工生产计划，属企业计划的范畴。它以整个施工企业为系统，根据施工任务量、企业经营的需求和资源利用的可能性等，合理安排计划周期内的施工生产活动。

建设工程项目施工进度计划，属工程项目管理的范畴。它以每个建设工程项目的施工为系统，依据企业的施工生产计划的总体安排和履行施工合同的要求，以及施工的条件［包括设计资料提供的条件、施工现场的条件、施工的组织条件、施工的技术条件和资源（主要指人力、物力和财力）条件等］和资源利用的可能性，合理安排一个项目施工的进度。

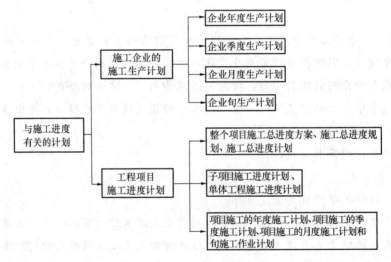

与施工进度有关的计划

施工企业的施工生产计划与建设工程项目施工进度计划虽属两个不同系统的计划，但是，两者是紧密相关的。前者针对整个企业，而后者则针对一个具体工程项目，计划的编制有一个自下而上和自上而下的往复多次的协调过程。

因此，正确选项是 D。

33. C

【考点】 实施性施工进度计划。

【解析】 项目施工的月度施工计划和旬施工作业计划是用于直接组织施工作业的计划，它是实施性施工进度计划。此月度施工计划与旬施工作业计划均为针对一个项目的。

因此，正确选项是 C。

34. A

【考点】 双代号网络计划。

【解析】 双代号网络图是以箭线及其两端节点的编号表示工作的网络图，如下图所示。

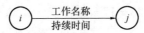

双代号网络图工作的表示方法

因此，正确选项是 A。

35. C

【考点】 单代号网络计划的应用。

【解析】 $ES_1=0$；$EF_1=ES_1+D_1=0+2=2$；
$ES_2=EF_1=2$；$EF_2=ES_2+D_2=2+3=5$；
$ES_3=EF_1=2$；$EF_3=ES_3+D_3=2+5=7$；
$ES_4=\max\{EF_2, EF_3\}=7$；$EF_4=ES_4+D_4=7+1=8$；
$ES_5=EF_2=5$；$EF_5=ES_5+D_5=5+4=9$；
$ES_6=\max\{EF_4, EF_5\}=9$；$EF_6=ES_6+D_6=9+3=12$。

经计算得到：计划工期 12 天。

因此，正确选项是 C。

36. B

【考点】 双代号时标网络计划的应用。

【解析】 某工作的总时差应等于本工作与其各紧后工作之间的时间间隔加该紧后工作的总时差所得之和的最小值，即：

$$TF_i=\min\{LAG_{i,j}+TF_j\}$$

相邻两项工作之间的时间间隔是指其紧后工作的最早开始时间与本工作的最早完成时间的差值，即：$LAG_{i,j}=ES_j-EF_i$。

在本题中，工作 A 的紧后工作为 D，D 的完成节点⑥为关键节点，所以 D 的总时差为 1 天；A 工作和 D 工作的时间间隔为 0，所以 A 的总时差即为 D 的总时差 1 天。

因此，正确选项是 B。

37. C

【考点】 自由时差的计算。

【解析】 某工作的自由时差等于紧后工作的最早开始时间减去本工作的最早完成时间。

时标网络计划的坐标体系有计算坐标体系、工作日坐标体系和日历坐标体系 3 种。本题中涉及计算坐标体系和工作日坐标体系。计算坐标体系主要用作网络时间参数的计算。按照计算坐标体系，网络计划所表示的计划任务从第 0 天开始，就不易理解。实际上在日常表达中应为第 1 天开始。而工作日坐标体系可以明确表示各项工作在整个工程开工后第几天（上班时刻）开始和第几天（下班时刻）完成。

所以，在工作日坐标体系中，整个工程的开工日期和各项工作的开始日期分别等于计算坐标体系中整个工程的开工日期和各项工作的开始日期加1；而整个工程的完工日期和各项工作的完成日期就等于计算坐标体系中整个工程的完工日期和各项工作的完成日期。

于是，N 工作的自由时差为 25－17－1＝7 天

因此，正确选项是 C。

38. C

【考点】 关键线路。

【解析】 将网络计划中的每一条线路的长度计算出来（线路上各工作持续时间之和），线路长度最长的线路称之为关键线路。分别为：①—②—③—⑤—⑦—⑧；①—②—④—⑤—⑦—⑧；①—②—③—⑤—⑥—⑦—⑧；①—②—④—⑤—⑥—⑦—⑧。

因此，正确选项是 C。

39. B

【考点】 施工方进度控制的技术措施。

【解析】 施工进度控制的技术措施涉及对实现施工进度目标有利的设计技术和施工技术的选用。

（1）不同的设计理念、设计技术路线、设计方案会对工程进度产生不同的影响，在工程进度受阻时，应分析是否存在设计技术的影响因素，为实现进度目标有无设计变更的必要和是否可能变更。

（2）施工方案对工程进度有直接的影响，在决策选用时，不仅应分析技术的先进性和经济合理性，还应考虑其对进度的影响。在工程进度受阻时，应分析是否存在施工技术的影响因素，为实现进度目标有无改变施工技术、施工方法和施工机械的可能性。

因此，正确选项是 B。

40. D

【考点】 施工质量管理和质量控制的概念和特点。

【解析】 此题解答应正确理解质量管理和质量控制的概念和特点。施工质量管理是指工程项目在施工安装和施工验收阶段，指挥和控制工程施工组织关于质量的相互协调的活动，使工程项目施工围绕着使产品质量满足不断更新的质量要求，而开展的策划、组织、计划、实施、检查、监督和审核等所有管理活动的总和；质量控制是质量管理的一部分，是致力于满足质量要求的一系列相关活动，所以 A 不正确。

施工质量控制的特点是由工程项目的工程特点和施工生产的特点决定的，所以 C 不正确。

工程项目建成以后不能像一般工业产品那样，依靠终检来判断产品的质量和控制产品的质量；也不可能像工业产品那样将其拆卸或解体检查内在质量，或更换不合格的零部件。所以，工程项目的终检（竣工验收）存在一定的局限性。故此，工程项目的施工质量

控制应强调过程控制，边施工边检查边整改，及时做好检查、认证记录。所以B不正确，正确选项是D。

41. B

【考点】 施工质量的影响因素。

【解析】 施工质量的影响因素主要有"人（Man）、材料（Material）、机械（Machine）、方法（Method）及环境（Environment）"等五大方面，即4M1E。本题主要考点是对"环境"因素的理解和认识。

环境的因素主要包括现场自然环境因素、施工质量管理环境因素和施工作业环境因素。现场自然环境因素主要指工程地质、水文、气象条件和周边建筑、地下障碍物以及其他不可抗力等对施工质量的影响因素。施工质量管理环境因素主要指施工单位质量保证体系、质量管理制度和各参建施工单位之间的协调等因素。显然答案A、C不正确。

技术环境是指可以为施工作业提供技术支撑或服务的方法、手段和措施；施工作业环境因素主要指施工现场的给排水条件，各种能源介质供应，施工照明、通风、安全防护设施，施工场地空间条件和通道，以及交通运输和道路条件等因素。所以"施工现场照明条件"不是技术环境。

因此，正确选项是B。

42. B

【考点】 施工质量保证体系的内容。

【解析】 只要正确理解了质量保证体系的含义，本题比较容易判断。质量保证体系是为使人们确信某产品或某项服务能满足给定的质量要求所必需的全部有计划、有系统的活动。工程项目的施工质量保证体系就是以控制和保证施工产品质量为目标，从施工准备、施工生产到竣工投产的全过程，运用系统的概念和方法，在全体人员的参与下，建立一套严密、协调、高效的全方位的管理体系，从而使工程项目施工质量管理制度化、标准化。

因此，答案A、C、D都只强调了质量保证的某一个方面，含义不完整，而且题目强调了"运行"，正确选项是B。

43. C

【考点】 施工企业质量管理体系文件的构成。

【解析】 首先，题目考核点是质量管理体系文件的组成；其次，质量方针和质量目标是质量管理的指导思想和要达成的结果，包含在质量手册中，因此A、B选项不恰当；再次，质量评审属于外部对质量管理体系的评价，非质量管理体系文件本身。质量手册、程序文件和质量计划都是质量管理的依据和标准，完整的管理过程还包括对实际情况的记录以及计划和实际的对比、纠偏。

因此，正确选项是C。

44. A

【考点】 现场质量检查的内容。

【解析】 "三检"即三种检查，从备选项分析，每个选项均有三个检查，并且备选项中涉及的检查，如质量员检查、技术负责人检查、项目经理检查、施工单位检查、监理单位检查、建设单位检查、质量监督机构检查，在实际工作中都是存在的，但是仔细分析题目可以看出，题目的考核点是"工序交接检查"。

因此，正确选项是 A。

45. D

【考点】 材料的质量控制。

【解析】 凡涉及工程安全及使用功能的有关材料，应按各专业工程质量验收规范规定进行复验，并应经监理工程师（建设单位技术负责人）检查认可，这是有关法律法规的规定。从题目分析，考点是进场材料的复验，A 和 C 是施工单位管理人员，并且一般不负责材料复验，设计负责人现场对工程质量进行检查验收，没有对材料进行复验的职责。

因此，正确选项是 D。

46. B

【考点】 技术交底。

【解析】 做好技术交底是保证施工质量的重要措施之一。施工现场应当实行层层技术交底制度，本题考核的是"向承担施工的负责人或分包人交底"，从管理层次分析，C 和 D 答案不恰当，从 A 和 B 选项分析，题目所问的是技术交底，从分工职责看，最符合题目的是项目技术负责人。

因此，正确选项是 B。

47. D

【考点】 施工项目竣工质量验收。

【解析】 施工项目竣工质量验收是施工质量控制的最后一个环节，是对施工过程质量控制成果的全面检验，是从终端把关方面进行质量控制。未经验收或验收不合格的工程，不得交付使用。工程项目竣工验收工作，通常可分为三个阶段，即竣工验收的准备、初步验收（预验收）和正式验收。竣工验收由建设单位组织，验收组由建设、勘察、设计、施工、监理和其他有关方面的专家组成，验收组可下设若干个专业组。对工程勘察、设计、施工、设备安装质量和各管理环节等方面做出全面评价，形成经验收组人员签署的工程竣工验收意见。A、B、C 都只是验收组织的一个方面。

因此，正确选项是 D。

48. A

【考点】 施工质量事故的处理程序。

【解析】 施工质量事故发生以后，应按照规定的程序和时间及时报告，本题的核心考核点是向施工企业报告，总监理工程师从组织关系看，没有义务向施工企业报告，所以 D 不正确；A、B、C 选项分析，三者都是施工企业的人员，但施工项目负责人是施工企业的代理人，向施工企业报告是项目负责人的职责。

因此，正确选项是 A。

49. C

【考点】 施工质量事故处理的基本方法。

【解析】 修补处理、加固处理、返工处理、不作处理、限制使用等都是质量事故处理的基本方法，适用于不同的质量事故情况，从题目的资料分析，"28d 的混凝土实际强度达不到设计规定强度的30%"属于强度严重不足，而且是设计基础的混凝土，属于关键部位的工程，涉及结构安全。

因此，正确选项是C。

50. A

【考点】 施工质量政府监督的实施。

【解析】 政府质量监督是政府为了确保建设工程质量、保障公共卫生、保护人民群众生命和财产，按国家法律、法规、技术标准、规范及其他相关管理规定，而实施的一种监督、检查、管理及执法行为。是在工程项目开工前应完成的前期工作，同时《建设工程质量管理条例》（国务院令279号）也有明确规定：建设单位领取施工许可证或者开工报告前，应当按照国家有关规定办理工程质量监督手续。

因此，正确选项是A。

51. A

【考点】 施工安全保证体系。

【解析】 施工安全保证体系包括组织保证体系、制度保证体系、技术保证体系、投入保证体系和信息保证体系。正确回答本题，需要理解各种保证体系的基本含义，题目的设置专职安全员，属于人员方面的安排，是组织保证体系的内容。

因此，正确选项是A。

52. A

【考点】 施工安全技术保证体系。

【解析】 施工安全技术保证由专项工程、专项技术、专项管理、专项治理四种类别构成，每种类别又有若干项目，每个项目都包括安全可靠性技术、安全限控技术、安全保险与排险技术和安全保护技术等四种技术。在四种技术中，首先是技术本身应该安全可靠，在可靠性失灵时，其他技术发挥作用，减少潜在的安全危害和损失。

因此，正确选项是A。

53. D

【考点】 施工安全管理计划。

【解析】 施工安全管理计划是施工单位现场安全管理的前提，属于施工方计划体系的组成部分，因此，A选项不恰当，B、C、D选项虽然都是施工项目的管理人员，但是安全管理计划是开工前针对整个施工项目编制的，且是一项综合性的计划，不是纯粹的技术性问题，不能由专职安全员或者技术负责人审批，应由项目负责人负责审批。

因此，正确选项是D。

54. A

【考点】 施工安全制度保证体系。

【解析】 施工安全的制度保证体系是为贯彻执行安全生产法律、法规、强制性标准、工程施工设计和安全技术措施，确保施工安全而提供制度的支持与保证体系。包括岗位管理、措施管理、投入和物资管理、日常管理几个类别。从字面容易判断，安全生产组织制度显然不属于投入和物资管理，因此 C 不正确，措施管理主要是指技术措施和手段的方案编制、审批、实施、检查等方面的制度，因此 B 不是最佳答案，比较 A 和 D，日常管理是指对经常性的工作而做出的制度规定，如检查、验收、隐患处理等方面的，而组织制度是事先确定并相对稳定的一项制度，从"组织"的含义也可以理解，正确选项是 A。

55. A

【考点】 职业健康安全与环境管理。

【解析】 建立、实施和保持质量、环境与职业健康安全三项国际通行的管理体系认证是现代企业管理的一个重要标志。应试时要注意题目考核的知识层次，该题比较容易回答，从题目考点分析，考核的内容是这三个总体体系的层面，备选答案 B、C、D 均不属于这一层面，或者说，B、C、D 只是三大管理体系任何一个体系中的某一个方面，最符合题意的答案是 A。

56. B

【考点】 环境管理体系标准的应用原则。

【解析】 正确回答本题需要理解标准应用各项原则在整个管理体系运行中的作用。A 选项 PDCA 循环是管理过程的基本流程；选项 C 和 D 都是关于人员和组织的，组织最高管理者的承诺和责任以及全员的参与是有效地实施环境管理体系标准的基本要求；坚持持续改进和环境污染预防既是实施该体系的目标，也是实施环境管理体系标准的关键。

因此，正确选项是 B。

57. C

【考点】 安全生产事故的报告和处理。

【解析】 本题考点既是条例的规定，同时也可以从理解的角度作答，根据《中华人民共和国建筑法》，施工现场安全由施工总承包单位负责，同时施工单位是最终的责任主体，项目部是施工单位的代理机构，为了快速地报告和处理安全事故，受伤者或最先发现事故的人员不必经过项目经理或安全员报告，更不是总监理工程师。

因此，正确选项是 C。

58. A

【考点】 施工现场噪声污染的处理。

【解析】 本题需要对现场各种噪声源的影响程度有个大致的范围认识，另外要注意夜间噪声的最高极限是 55dB，如打桩机的噪声不可能控制在 55dB 以下，因此禁止夜间施工，本题考核的是推土机。

因此，正确选项是 A。

59. D

【考点】 职业健康安全和环境管理的概念和特点。

【解析】 本题是综合性知识题。施工生产的特点导致施工过程中的事故的潜在不安全因素和人的不安全因素较多，使企业的经营管理，特别是施工现场的职业健康安全与环境管理比其他工业企业的管理更为复杂；组织实施职业健康安全管理体系的目的是辨别组织内部存在的危险源，控制其所带来的风险，从而避免或减少事故的发生；所以A、B不准确。

职业健康安全和环境管理是施工生产过程中的管理，不可能独立于其他管理之外，职业健康安全管理体系是组织全部管理体系中专门管理健康安全工作的部分；所以C选项不正确。

因此，正确选项是D。

60. A

【考点】 施工承发包的模式。

【解析】 常见的施工任务委托模式主要有如下几种：

(1) 施工总承包模式：发包方委托一个施工单位或由多个施工单位组成的施工联合体或施工合作体作为施工总承包单位，施工总承包单位视需要再委托其他施工单位作为分包单位配合施工；

(2) 施工总承包管理模式：发包方委托一个施工单位或由多个施工单位组成的施工联合体或施工合作体作为施工总承包管理单位，发包方另委托其他施工单位作为分包单位进行施工；

(3) 施工平行承发包模式：发包方不委托施工总承包单位，而平行委托多个施工单位进行施工。

本题中业主把建设项目平行委托给A施工单位、B施工单位、C施工单位，故属于施工平行承发包模式。

因此，正确选项是A。

61. D

【考点】 施工总承包模式的特点。

【解析】 与平行承发包模式相比，采用施工总承包模式，业主的合同管理工作量大大减小了，组织和协调工作量也大大减小，协调比较容易，故A不正确；一般要等施工图设计全部结束后，才能进行施工总承包单位的招标，开工日期较迟，建设周期势必较长，对进度控制不利。这是施工总承包模式的最大缺点，限制了其在建设周期紧迫的工程项目中的应用，故B不正确；一般情况下，招标人在通过招标选择承包人时通常以施工图设计为依据，即施工图设计已经完成，施工总承包合同一般实行总价合同，故C不正确；采用施工总承包模式，项目质量的好坏很大程度上取决于施工总承包单位的选择，取决于施工总承包单位的管理水平和技术水平。业主对施工总承包单位的依赖较大，故D正确。

因此，正确选项是D。

62. A

【考点】 施工总承包管理模式的特点。

【解析】 采用施工总承包管理模式，业主通常通过招标选择分包单位。一般情况下，分包合同由业主与分包单位直接签订，但每一个分包人的选择和每一个分包合同的签订都要经过施工总承包管理单位的认可，因为施工总承包管理单位要承担施工总体管理和目标控制的任务和责任。

因此，正确选项是 A。

63. C

【考点】 《建设工程施工专业分包合同（示范文本）》GF—2003—0213 的主要内容。

【解析】 根据《建设工程施工专业分包合同（示范文本）》GF—2003—0213，承包人向分包人提供与分包工程相关的各种证件、批件和各种相关资料，向分包人提供具备施工条件的施工场地，所以 A 不正确；分包人须服从承包人转发的发包人或工程师与分包工程有关的指令。未经承包人允许，分包人不得以任何理由与发包人或工程师发生直接工作联系，分包人不得直接致函发包人或工程师，也不得直接接受发包人或工程师的指令。如分包人与发包人或工程师发生直接工作联系，将被视为违约，并承担违约责任，故 B 不正确；分包合同价款与总包合同相应部分价款无任何连带关系，故 D 不正确；就分包工程范围内的有关工作，承包人随时可以向分包人发出指令，分包人应执行承包人根据分包合同所发出的所有指令。分包人拒不执行指令，承包人可委托其他施工单位完成该指令事项，发生的费用从应付给分包人的相应款项中扣除，故 C 正确。

因此，正确选项是 C。

64. C

【考点】 《建设工程施工劳务分包合同（示范文本）》GF—2003—0214 的主要内容。

【解析】 《建设工程施工劳务分包合同（示范文本）》GF—2003—0214 中规定的工程承包人的主要义务中包括负责编制施工组织设计，统一制定各项管理目标，组织编制年、季、月施工计划、物资需用量计划表，实施对工程质量、工期、安全生产、文明施工、计量检测、实验化验的控制、监督、检查和验收。

因此，正确选项是 C。

65. B

【考点】 建筑材料采购合同的主要内容。

【解析】 合同中对价格的规定如下：

（1）有国家定价的材料，应按国家定价执行；

（2）按规定应由国家定价的但国家尚无定价的材料，其价格应报请物价主管部门的批准；

（3）不属于国家定价的产品，可由供需双方协商确定价格。

所以 A 不正确。

日期的确定可以按照下列方式：

（1）供货方负责送货的，以采购方收货戳记的日期为准；

（2）采购方提货的，以供货方按合同规定通知的提货日期为准；

(3) 凡委托运输部门或单位运输、送货或代运的产品，一般以供货方发运产品时承运单位签发的日期为准，不是以向承运单位提出申请的日期为准。

故 C 不正确。

包装物一般应由建筑材料的供货方负责供应，并且一般不得另外向采购方收取包装费。故 B 正确。

此外设备采购合同通常采用固定总价合同，故 D 不正确。

因此，正确选项是 B。

66. B

【考点】 单价合同的特点。

【解析】 单价合同的特点是单价优先，例如 FIDIC 土木工程施工合同中，业主给出的工程量清单表中的数字是参考数字，而实际工程款则按实际完成的工程量和承包商投标时所报的单价计算。虽然在投标报价、评标以及签订合同中，人们常常注重总价格，但在工程款结算中单价优先，对于投标书中明显的数字计算错误，业主有权力先作修改再评标，当总价和单价的计算结果不一致时，以单价为准调整总价。

因此，正确选项是 B。

67. C

【考点】 总价合同与单价合同的特点。

【解析】 本题中土方工程实行总价包干，该部分的工程计算价款即为合同包干价为 20 万元；

石方工程实行单价合同，工程的结算价款＝实际工程量×合同单价＝3000×240＝72 万元；

该工程的结算价款为：20＋72＝92 万元。

因此，正确选项是 C。

68. C

【考点】 工程变更的程序。

【解析】 根据《标准施工招标文件》中通用合同条款的规定，在履行合同过程中，经发包人同意，监理人可按合同约定的变更程序向承包人作出变更指示，承包人应遵照执行。没有监理人的变更指示，承包人不得擅自变更。

因此，正确选项是 C。

69. D

【考点】 索赔成立的前提条件。

【解析】 索赔的成立，应该同时具备以下三个前提条件：

(1) 与合同对照，事件已造成了承包人工程项目成本的额外支出，或直接工期损失；

(2) 造成费用增加或工期损失的原因，按合同约定不属于承包人的行为责任或风险责任；

(3) 承包人按合同规定的程序和时间提交索赔意向通知和索赔报告。

以上三个条件必须同时具备，缺一不可。

因此，正确选项是 D。

70. A

【考点】 施工方信息管理的手段。

【解析】 施工方信息管理手段的核心是实现工程管理信息化。

因此，正确选项是 A。

二、多项选择题

71. A、B、E

【考点】 项目结构分析和施工管理的组织结构。

【解析】 项目结构图（Project Diagram，或称 WBS——Work Breakdown Structure）是一个组织工具，它通过树状图的方式对一个项目的结构进行逐层分解，以反映组成该项目的所有工作任务。项目结构图中，矩形框表示工作任务（或第一层、第二层子项目等），矩形框之间的连接用连线表示。

组织结构模式可用组织结构图来描述，组织结构图也是一个重要的组织工具，反映一个组织系统中各组成部门（组成元素）之间的组织关系（指令关系）。在组织结构图中，矩形框表示工作部门，上级工作部门对其直接下属工作部门的指令关系用单向箭线表示。

因此，正确选项是 A、B、E。

72. B、C、D、E

【考点】 施工管理的组织结构。

【解析】 此题中为线性组织结构，应符合线性组织结构的特点。在线性组织结构中，每一个工作部门只能对其直接的下属部门下达工作指令，每一个工作部门也只有一个直接的上级部门。

因此，正确选项是 B、C、D、E。

73. A、B

【考点】 项目目标的动态控制方法。

【解析】 为避免项目目标偏离的发生，还应重视事前的主动控制，即事前分析可能导致项目目标偏离的各种影响因素，并针对这些影响因素采取有效的预防措施。

因此，正确选项是 A、B。

74. B、C、E

【考点】 风险识别的工作任务。

【解析】 风险识别的任务是识别施工全过程存在哪些风险。其工作程序包括：

（1）收集与施工风险有关的信息；

（2）确定风险因素；

（3）编制施工风险识别报告。

因此，正确选项是 B、C、E。

75. A、C、E

【考点】 建筑安装工程费用中措施费的构成。

【解析】 根据《建筑安装工程费用项目组成》（建标〔2003〕206号）（此文件已更新），措施费是指为完成工程项目施工，发生于该工程施工前和施工过程中非工程实体项目的费用，一般包括下列项目：

(1) 环境保护费；

(2) 文明施工费；

(3) 安全施工费；

(4) 临时设施费；

(5) 夜间施工增加费；

(6) 二次搬运费；

(7) 大型机械设备进出场及安拆费；

(8) 混凝土、钢筋混凝土模板及支架费；

(9) 脚手架费；

(10) 已完工程及设备保护费；

(11) 施工排水、降水费。

因此，正确选项是 A、C、E。

76. A、B、C、D

【考点】 其他项目清单的构成。

【解析】 根据《建设工程工程量清单计价规范》GB 50500—2008（此规范已更新），其他项目费由暂列金额、暂估价、计日工、总承包服务费等内容构成。

因此，正确选项是 A、B、C、D。

77. A、B、C、E

【考点】 人工定额的编制。

【解析】 施工作业的定额时间，是在拟定基本工作时间、辅助工作时间、准备与结束时间、不可避免的中断时间，以及休息时间的基础上编制的。

因此，正确选项是 A、B、C、E。

78. A、B、D

【考点】 施工成本的组成。

【解析】 施工成本是指在建设工程项目的施工过程中所发生的全部生产费用的总和，包括所消耗的原材料、辅助材料、构配件等的费用，周转材料的摊销费或租赁费等，施工机械的使用费或租赁费等，支付给生产工人的工资、奖金、工资性质的津贴等，以及进行施工组织与管理所发生的全部费用支出。建设工程项目施工成本由直接成本和间接成本所组成。

直接成本是指施工过程中耗费的构成工程实体或有助于工程实体形成的各项费用支出，是可以直接计入工程对象的费用，包括人工费、材料费、施工机械使用费和施工措施费等。

间接成本是指为施工准备、组织和管理施工生产的全部费用的支出，是非直接用于也无法直接计入工程对象，但为进行工程施工所必须发生的费用，包括管理人员工资、办公费、差旅交通费等。

因此，正确选项是 A、B、D。

79. A、B、C

【考点】 成本控制的方法中的赢得值法。

【解析】 赢得值法（Earned Value Management，EVM）作为一项先进的项目管理技术，最初是美国国防部于1967年首次确立的。到目前为止国际上先进的工程公司已普遍采用赢得值法进行工程项目的费用、进度综合分析控制。用赢得值法进行费用、进度综合分析控制，基本参数有三项，即已完工作预算费用、计划工作预算费用和已完工作实际费用。

因此，正确选项是 A、B、C。

80. A、B、C

【考点】 工程变更价款的确定。

【解析】 根据《建设工程施工合同（示范文本）》GF—1999—0201（此示范文本已更新），采用合同中工程量清单的单价或价格有几种情况：一是直接套用，即从工程量清单上直接拿来使用；二是间接套用，即依据工程量清单，通过换算后采用；三是部分套用，即依据工程量清单，取其价格中的某一部分使用。

因此，正确选项是 A、B、C。

81. A、C、D

【考点】 施工方进度计划的类型。

【解析】 建设工程项目施工进度计划若从计划的功能区分，可分为控制性施工进度计划、指导性施工进度计划和实施性施工进度计划。

因此，正确选项是 A、C、D。

82. B、D、E

【考点】 双代号网络计划的绘图规则。

【解析】 双代号网络计划的绘图规则有：

(1) 双代号网络图必须正确表达已定的逻辑关系。

(2) 双代号网络图中，严禁出现循环回路。所谓循环回路是指从网络图中的某一个节点出发，顺着箭线方向又回到了原来出发点的线路。

(3) 双代号网络图中，在节点之间严禁出现带双向箭头或无箭头的连线。

(4) 双代号网络图中，严禁出现没有箭头节点或没有箭尾节点的箭线。

(5) 当双代号网络图的某些节点有多条外向箭线或多条内向箭线时，为使图形简洁，可使用母线法绘制（但应满足一项工作用一条箭线和相应的一对节点表示）。

(6) 绘制网络图时，箭线不宜交叉。当交叉不可避免时，可用过桥法或指向法。

(7) 双代号网络图中应只有一个起点节点和一个终点节点（多目标网络计划除外），而其他所有节点均应是中间节点。

(8) 双代号网络图应条理清楚，布局合理。例如，网络图中的工作箭线不宜画成任意方向或曲线形状，尽可能用水平线或斜线；关键线路、关键工作安排在图面中心位置，其他工作分散在两边；避免倒回箭头等。

因此，正确选项是 B、D、E。

83. B、C

【考点】 关键线路。

【解析】 双代号网络计划中，自始至终全部由关键工作组成的线路为关键线路，或线路上总的工作持续时间最长的线路为关键线路。网络图上的关键线路可用双线或粗线标注。

单代号网络计划中，从起点节点开始到终点节点均为关键工作，且所有工作的时间间隔为零的线路为关键线路。

因此，正确选项是 B、C。

84. A、B、D、E

【考点】 施工方进度控制报告。

【解析】 施工进度计划检查后，应按下列内容编制进度报告：

(1) 进度计划实施情况的综合描述；
(2) 实际工程进度与计划进度的比较；
(3) 进度计划在实施过程中存在的问题及其原因分析；
(4) 进度执行情况对工程质量、安全和施工成本的影响情况；
(5) 将采取的措施；
(6) 进度的预测。

因此，正确选项是 A、B、D、E。

85. B、C

【考点】 施工过程的质量验收。

【解析】 正确回答本题需要掌握工程质量验收的层次关系和验收的主要内容。本题考核的分项工程质量验收，它的基础是检验批的质量，包括实体质量和质量保证资料，分项工程一般不具备完整的观感检查、功能测试等条件。

因此，正确选项是 B、C。

86. B、D

【考点】 质量事故处理程序。

【解析】 质量事故处理程序包括事故调查、事故的原因分析、制订事故处理的方案、事故处理、事故处理的鉴定验收等环节。而考核点是其中事故处理环节的工作，要注意看清楚题目，否则容易出现错选多选。事故处理主要包括：事故的技术处理，以解决施工质量不合格和缺陷问题；事故的责任处罚，根据事故的性质、损失大小、情节轻重对事故的责任单位和责任人做出相应的行政处分直至追究刑事责任。

因此，正确选项是 B、D。

87. A、C、D

【考点】 政府质量监督的性质和权限。

【解析】 政府质量监督的性质，是政府为了确保建设工程质量，保障公共卫生，保护人民群众生命和财产，按国家法律、法规、技术标准、规范及其他相关管理规定，而实施的一种监督、检查、管理及执法行为。政府对建设工程质量监督的职能主要包括以下几个方面：(1) 监督检查施工现场工程建设参与各方主体的质量行为。(2) 监督检查工程实体的施工质量，特别是基础、主体结构、主要设备安装等涉及结构安全和使用功能的施工质量。(3) 监督工程质量验收。另外从字面也可以理解，B 不是施工过程中的质量监督，E 与质量监督没有直接关系。

因此，正确选项是 A、C、D。

88. A、D、E

【考点】 施工安全管理实施的基本要求。

【解析】 安全生产要把好"七关"，即：教育关、措施关、交底关、防护关、文明关、验收关、检查关，C 不完整。所有新工人（包括新招收的合同工、临时工、农民工及实习和代培人员）必须经过三级安全教育，即：施工人员进场作业前进行公司、项目部、作业班组的安全教育，B 不正确。需要注意的是 A 是指的安全生产资格，并没有提安全生产资格证，所以是正确的。

因此，正确选项是 A、D、E。

89. A、C、D

【考点】 事故报告和调查处理中的法律责任。

【解析】 事故报告和调查处理中的违法行为，包括事故发生单位及其有关人员的违法行为，还包括政府、有关部门及其有关人员的违法行为，其种类主要有以下几种：(1) 不立即组织事故抢救；(2) 在事故调查处理期间擅离职守；(3) 迟报或者漏报事故；(4) 谎报或者瞒报事故；(5) 伪造或者故意破坏事故现场；(6) 转移、隐匿资金、财产，或者销毁有关证据、资料；(7) 拒绝接受调查或者拒绝提供有关情况和资料；(8) 在事故调查中作伪证或者指使他人作伪证；(9) 事故发生后逃匿；(10) 阻碍、干涉事故调查工作；(11) 对事故调查工作不负责任，致使事故调查工作有重大疏漏；(12) 包庇、袒护负有事故责任的人员或者借机打击报复；(13) 故意拖延或者拒绝落实经批复的对事故责任人的处理意见。

事故发生单位主要负责人有上述 (1) ～ (3) 条违法行为之一的，处上一年年收入 40%～80% 的罚款；事故发生单位及其有关人员有上述 (4) ～ (9) 条违法行为之一的，对事故发生单位处 100 万元以上 500 万元以下的罚款；对主要负责人、直接负责的主管人员和其他直接责任人员处上一年年收入 60%～100% 的罚款。

因此，正确选项是 A、C、D。

90. A、C、E

【考点】 施工现场环境保护措施。

【解析】 本题为有关环境保护措施的综合题,具有一定的现场经验比较容易判断。A 表示规模较大时,临时食堂的油污应进行处理以后排放;B 比较明显的是不符合环境保护的做法;C 是基本规定,有现场经验或基本知识的容易回答;D 需要一定的现场经验或基本知识,围挡的高度市区主要路段不宜低于 2.5m,一般路段不低于 1.8m,本题背景明确工程在市中心,因此 D 不正确。凡进行沥青防水作业时,要使用密闭和带有烟尘处理装置的加热设备,故 E 正确。

因此,正确选项是 A、C、E。

91. A、C、D、E

【考点】 考察建设工程施工专业分包人的工作。

【解析】 根据《建设工程施工专业分包合同(示范文本)》GF—2003—0213,分包人的工作:

(1) 按照分包合同的约定,对分包工程进行设计(分包合同有约定时)、施工、竣工和保修。

(2) 按照合同约定的时间,完成规定的设计内容,报承包人确认后在分包工程中使用。承包人承担由此发生的费用。

(3) 在合同约定的时间内,向承包人提供年、季、月度工程进度计划及相应进度统计报表。

(4) 在合同约定的时间内,向承包人提交详细施工组织设计,承包人应在专用条款约定的时间内批准,分包人方可执行。

(5) 遵守政府有关主管部门对施工场地交通、施工噪声以及环境保护和安全文明生产等的管理规定,按规定办理有关手续,并以书面形式通知承包人,承包人承担由此发生的费用,因分包人责任造成的罚款除外。

(6) 分包人应允许承包人、发包人、工程师及其三方中任何一方授权的人员在工作时间内,合理进入分包工程施工场地或材料存放的地点,以及施工场地以外与分包合同有关的分包人的任何工作或准备的地点,分包人应提供方便。

(7) 已竣工工程未交付承包人之前,分包人应负责已完分包工程的成品保护工作,保护期间发生损坏,分包人自费予以修复;承包人要求分包人采取特殊措施保护的工程部位和相应的追加合同价款,双方在合同专用条款内约定。

因此,正确选项是 A、C、D、E。

92. A、B、D

【考点】 合同价款调整的条件。

【解析】 根据《建设工程施工合同(示范文本)》GF—1999—0201(此示范文本已更新),合同双方可约定,在以下条件下可对合同价款进行调整:

(1) 法律、行政法规和国家有关政策变化影响合同价款;

(2) 工程造价管理部门公布的价格调整；

(3) 一周内非承包人原因停水、停电、停气造成的停工累计超过8h；

(4) 双方约定的其他因素。

因此，正确选项是A、B、D。

93. C、D、E

【考点】 施工合同变更及管理。

【解析】 在合同履行过程中，可能发生通用合同条款第15.1款约定情形的，监理人可向承包人发出变更意向书；在合同履行过程中，已经发生通用合同条款第15.1款约定情形的，监理人应按照合同约定的程序向承包人发出变更指示；承包人收到监理人按合同约定发出的图纸和文件，经检查认为其中存在第15.1款约定情形的，可向监理人提出书面变更建议。变更建议应阐明要求变更的依据，并附必要的图纸和说明。故A不正确，C正确。

根据《标准施工招标文件》中通用合同条款的规定，变更指示只能由监理人发出。变更指示应说明变更的目的、范围、内容以及变更的工程量及其进度和技术要求，并附有关图纸和文件。承包人收到变更指示后，应按变更指示进行变更工作。除专用合同条款对期限另有约定外，承包人应在收到变更指示或变更意向书后的14天内，向监理人提交变更报价书。故D、E正确。

根据《标准施工招标文件》中通用合同条款的规定：发包人认为有必要时，由监理人通知承包人以计日工方式实施变更的零星工作。其价款按列入已标价工程量清单中的计日工计价子目及其单价进行计算。故B不正确。

因此，正确选项是C、D、E。

94. A、B、C、D

【考点】 索赔报告的主要内容。

【解析】 索赔文件的主要内容包括以下几个方面：

(1) 总述部分

概要论述索赔事项发生的日期和过程；承包人为该索赔事项付出的努力和附加开支；承包人的具体索赔要求。

(2) 论证部分

论证部分是索赔报告的关键部分，其目的是说明自己有索赔权，是索赔能否成立的关键。

(3) 索赔款项（或工期）计算部分

如果说索赔报告论证部分的任务是解决索赔权能否成立，则款项计算是为解决能得多少款项。前者定性，后者定量。

(4) 证据部分

要注意引用的每个证据的效力或可信程度，对重要的证据资料最好附以文字说明，或附以确认件。

因此，正确选项是A、B、C、D。

95. A、B、C、D

【考点】 施工单位在建设工程档案管理中的职责。

【解析】 施工单位在建设工程档案管理中的职责：

(1) 实行技术负责人负责制，逐级建立、健全施工文件管理岗位责任制。配备专职档案管理员，负责施工资料的管理工作。工程项目的施工文件应设专门的部门（专人）负责收集和整理。

(2) 建设工程实行施工总承包的，由施工总承包单位负责收集、汇总各分包单位形成的工程档案，各分包单位应将本单位形成的工程文件整理、立卷后及时移交总承包单位。建设工程项目由几个单位承包的，各承包单位负责收集、整理、立卷其承包项目的工程文件，并应及时向建设单位移交，各承包单位应保证归档文件的完整、准确、系统，能够全面反映工程建设活动的全过程。

(3) 可以按照施工合同的约定，接受建设单位的委托进行工程档案的组织和编制工作。

(4) 按要求在竣工前将施工文件整理汇总完毕，再移交建设单位进行工程竣工验收。

(5) 负责编制的施工文件的套数不得少于地方城建档案管理部门要求，但应有完整的施工文件移交建设单位及自行保存，保存期可根据工程性质以及地方城建档案管理部门有关要求确定。如建设单位对施工文件的编制套数有特殊要求的，可另行约定。

因此，正确选项是 A、B、C、D。